普通高等教育规划教材

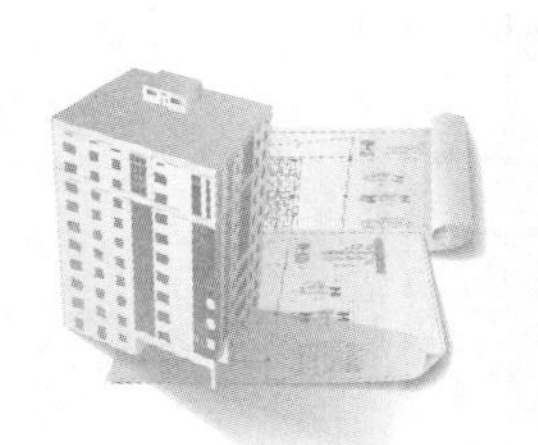

JIANZHU GONGCHENG ZHITU

建筑工程制图

第二版

李东锋　王文杰　倪小真　主编
全庆光　曹艳霞　陈永杰　郑加文　副主编

化学工业出版社
·北京·

内容提要

本书主要介绍建筑工程制图基础，点、直线和平面的投影，视图、剖面图与断面图，建筑施工图，建筑结构施工图，给水排水施工图，采暖通风施工图、电气施工图等内容。本书以现行国家标准和行业规范作为依据，书中的知识点和对应的建筑图样实例相对应，删除了繁琐的画法几何部分，使所表达的内容更浅显、直观，贴近实际。

本书是高等院校土木建筑类工程制图课程的教学用书，也可供相关专业读者学习参考。

图书在版编目（CIP）数据

建筑工程制图/李东锋，王文杰，倪小真主编．—2版．—北京：化学工业出版社，2020.4（2022.9重印）
ISBN 978-7-122-36563-7

Ⅰ．①建…　Ⅱ．①李…②王…③倪…　Ⅲ．①建筑制图—高等职业教育—教材　Ⅳ．①TU204

中国版本图书馆CIP数据核字（2020）第052545号

责任编辑：吕佳丽　　文字编辑：邢启壮
责任校对：宋　玮　　装帧设计：王晓宇

出版发行：化学工业出版社（北京市东城区青年湖南街13号　邮政编码100011）
印　　装：三河市延风印装有限公司
787mm×1092mm　1/16　印张10½　字数259千字　2022年9月北京第2版第3次印刷

购书咨询：010-64518888　　售后服务：010-64518899
网　　址：http://www.cip.com.cn
凡购买本书，如有缺损质量问题，本社销售中心负责调换。

定　　价：29.80元

前言

建筑工程图表达了建筑物的建筑、结构和设备等设计的主要内容和技术要求，是建筑工程施工时的主要依据。

本书在编写过程中力求突出以下特点：

（1）将书中的知识点和对应的建筑图样实例相对应，使所表达的内容更浅显和直观；

（2）以现行国家标准和行业规范作为依据，明确制图与识图的各项工作任务，使所表述内容更贴近实际，更符合识读与绘图能力；

（3）由于画法几何部分涉及的规律较多，但在实际的建筑工程绘图中是采用简单直接的正投影方式，故删除了繁琐的画法几何部分，对于难以理解的投影，在实际的教学中通过电脑模型、轴测图加以理解，以加强建筑制图的实际应用；

（4）本书配套有《建筑工程图识读》，其以一套完整的建筑图纸讲授图纸的识读，供教师教学及学生学习参考，读者可单独购买。

本书是高校土木建筑类工程制图课程的教学用书，由李东锋、王文杰、倪小真主编，全庆光、曹艳霞、陈永杰、郑加文副主编，江林蔓、陈振洲、易振宗、陈炜煜绘制了部分图纸。

本书主要内容包括建筑制图基础知识，建筑投影的基本知识，视图、剖面图和断面图，建筑施工图，建筑结构施工图，建筑给排水施工图，建筑暖通施工图，建筑电气施工图八个章节的内容。 全书由李东锋统稿，王荣教授审稿。

本书是高等院校土木建筑类工程制图课程的教学用书，也可供相关专业读者学习参考。

由于编者水平所限，书中如有不足之处敬请使用本书的师生与读者批评指正，以便修订时加以改进。 如读者在使用本书的过程中有其他意见或建议，请向编者（710704658@qq.com）提出宝贵意见。

编者

2020 年 2 月

目录

1 建筑工程制图基础

1.1 手工绘图工具

绘制工程图样的方法有两种：一种是手工绘图，一种是计算机绘图。本节主要讲述手工绘图的方法，通过学习，要求熟练地掌握制图工具和仪器的正确使用方法。

1.1.1 图板、丁字尺和三角板

1.1.1.1 图板

图板是画图时铺放图纸的垫板。图板的左边是导向边，图板与丁字尺如图 1-1 所示。图板是木制品，用后应妥善保存，既不能暴晒也不能在潮湿的环境中存放。图板的规格见表 1-1。

表 1-1 图板的规格

图板规格	0	1	2	3
图板尺寸/mm	920×1220	610×920	460×610	305×460

1.1.1.2 丁字尺

丁字尺是画水平线的长尺。画图时，应使尺头始终紧靠图板左侧的导向边。画图时必须从左至右，丁字尺的使用如图 1-2 所示。丁字尺是用有机玻璃制成的，容易摔断、变形，用

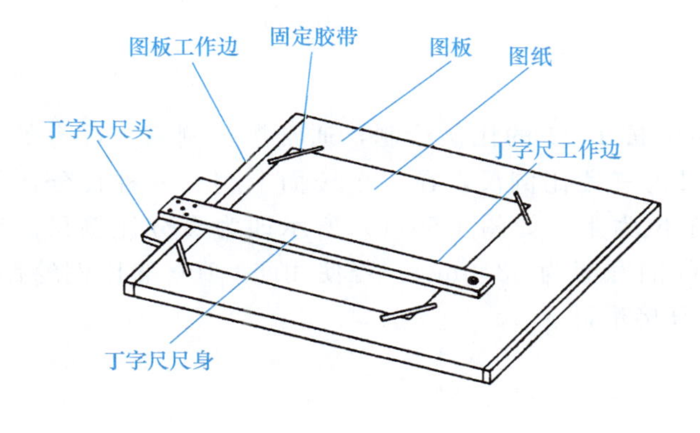

图 1-1 图板与丁字尺

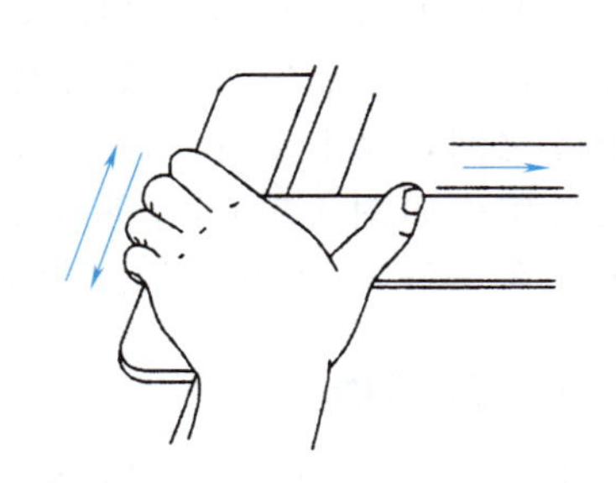

图 1-2 丁字尺的使用

后应将其挂在墙上。

1.1.1.3 三角板

绘图三角板两块为一副（45°×45°×90°、30°×60°×90°），配合丁字尺画竖直线或 30°、45°、60°、15°、75°、105°等的倾斜线，如图 1-3 所示。

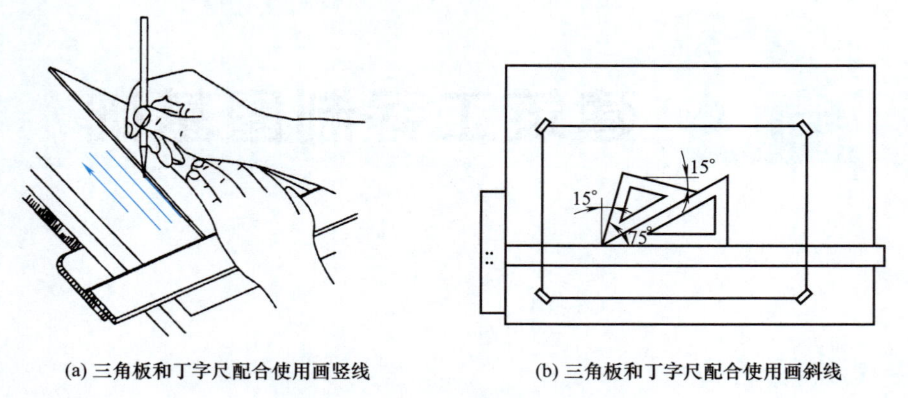

(a) 三角板和丁字尺配合使用画竖线　　(b) 三角板和丁字尺配合使用画斜线

图 1-3　三角板与丁字尺的配合使用

1.1.2 圆规

圆规是画圆和圆弧的工具。在使用前，应先调整针脚，使针尖略长于铅芯，如图 1-4（a）所示。画较大圆时，应加延伸杆，使圆规两端都与纸面垂直，如图 1-4（b）所示。

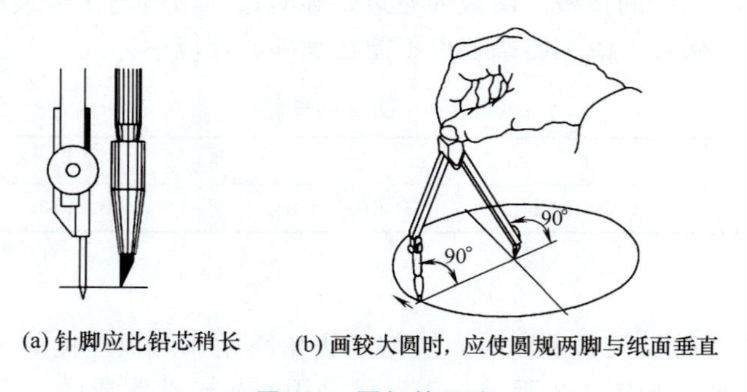

(a) 针脚应比铅芯稍长　　(b) 画较大圆时，应使圆规两脚与纸面垂直

图 1-4　圆规的用法

1.1.3 比例尺

由于建筑物与其构件都较大，不可能按 1∶1 的比例绘制，通常按比例缩小，为了绘图方便，常使用比例尺。常用的比例尺为三棱比例尺，在三个棱面上刻有六种百分比例或千分比例，尺上刻度所注写的数字单位为米，如图 1-5（a）所示即为百分比例尺。比例尺的使用如图 1-5（b）所示。某房间的开间为 3300mm，若使用 1∶100 的比例绘制，就可以在一条 1∶100 比例尺的刻度上直接量得 3.3m。

1.1.4 曲线板

曲线板是用来描绘非圆曲线的常用工具。绘图时，首先定出曲线上足够数量的点，用铅笔轻轻地把各点光滑地连接起来，然后在曲线板上选择曲率合适部分进行连接并描深。每次

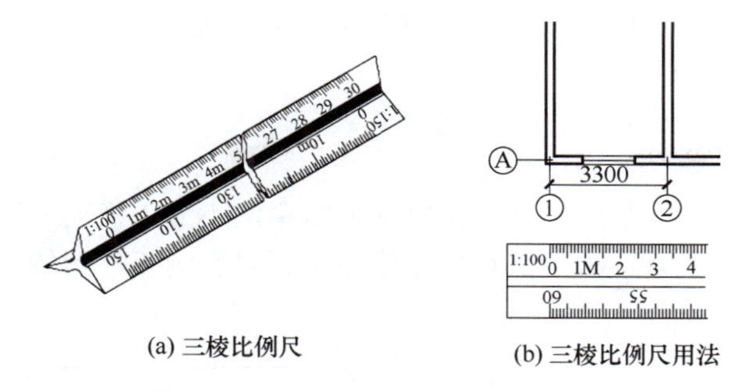

(a) 三棱比例尺　　(b) 三棱比例尺用法

图 1-5　比例尺及用法

描绘曲线段不得少于三个点，连接时应留出一小段不描，作为下段连接时光滑过渡之用。如图 1-6 所示。

1.1.5 铅笔

绘图铅笔的铅芯分别用 B 和 H 表示其软硬程度。B 前的数字越大，表示铅芯越软，H 前的数字越大，表示铅芯越硬，HB 的铅笔软硬度适中。绘图时根据不同的要求，使用以下几种软硬度不同的铅笔：H～3H 用于画底稿线；HB、B 用于注写文字；2B、3B 用于加深图线。

加深图线时，用于加深粗实线的铅芯削成铲形，如图 1-7（b）所示，其余线型的铅芯磨成圆锥形，如图 1-7（a）所示。画图时，应使铅笔垂直纸面，向运动方向倾斜 75°，如图 1-7（c）所示。

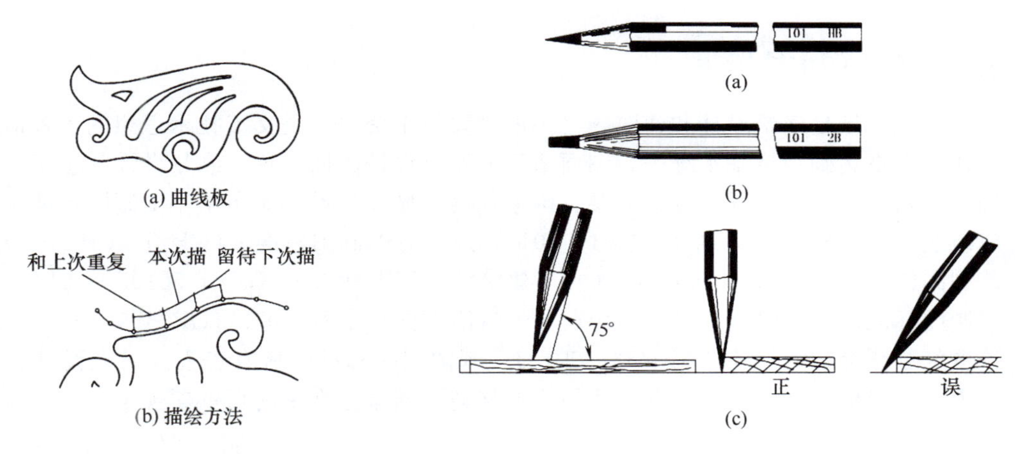

(a) 曲线板　(b) 描绘方法　(a)　(b)　(c)

图 1-6　曲线的描绘方法

图 1-7　铅笔的使用

1.1.6 绘图针管笔

绘图针管笔是描图上墨线的画线工具，由针管、通针、吸墨管和笔套组成，如图 1-8 所

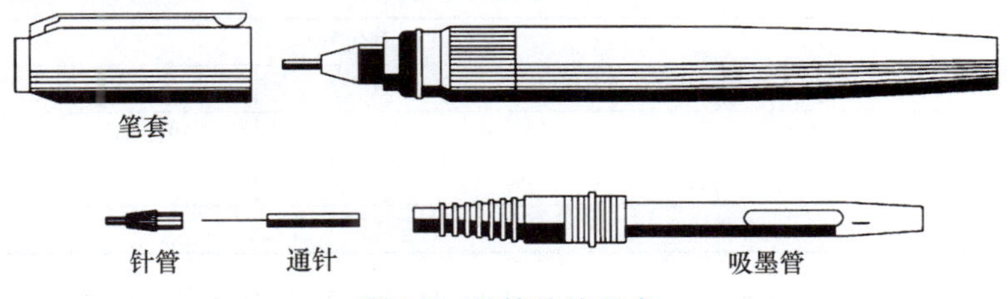

图 1-8　针管笔的组成

示。针管直径有0.1～1.2mm粗细不同的规格，绘图时应使用专用墨水，用完后立即清洗针管，以防堵塞。

1.1.7 其他制图用品

除了上述工具以外，在绘图时，还需要准备削铅笔小刀、橡皮、固定图纸的胶带纸、量角器、擦图片（修改图线时，为了防止擦除错误图线时影响相邻图线，用它遮住不需要擦去的部分）等，如图1-9所示。

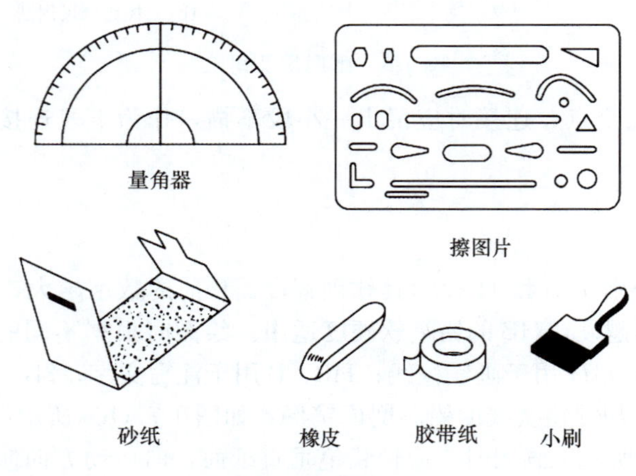

图1-9 其他制图用品

1.2 建筑制图标准

建筑图纸是建筑设计和建筑施工中的重要技术资料，是交流技术思想的工程语言。为了使建筑图纸达到规格基本统一，图面清晰简明，保证图面质量，满足设计、施工、管理、存档的要求，以适应工程建设的需要，国家住房和城乡建设部颁布了一批制图标准，有《房屋建筑制图统一标准》（GB/T 50001—2017）及《总图制图标准》（GB/T 50103—2010）、《建筑制图标准》（GB/T 50104—2010）、《建筑结构制图标准》（GB/T 50105—2010）、《暖通空调制图标准》（GB/T 50114—2010）、《建筑给水排水制图标准》（GB/T 50106—2010）、《建筑电气制图标准》（GB/T 50786—2012）。制图国家标准是所有工程人员在设计、施工、管理中必须严格执行的国家法令，我们要严格遵守国家标准中的每一项规定。

1.2.1 图纸幅面

为了合理使用图纸，便于装订和管理，所有设计图纸的幅面及图框尺寸，均应符合表1-2的规定。

表1-2 图纸及图框尺寸　　单位：mm

尺寸代号	幅面代号				
	A0	A1	A2	A3	A4
$b \times l$	841×1189	594×841	420×594	297×420	210×297
c	10			5	
a	25				

图中 $b \times l$ 为图纸的短边乘以长边，a、c 为图框线到幅面线之间的宽度。图纸幅面尺寸

相当于$\sqrt{2}$系列，即 $l=\sqrt{2}b$。A0 号幅面的面积为 1m²，A1 号幅面是 A0 号幅面的对开，其他幅面类推。

图纸幅面通常有横式和竖式两种形式。以长边为水平边的为横式幅面；以短边为水平边的称为竖式幅面。A0～A3 图纸宜横式使用；必要时，也可立式使用，如图 1-10～图 1-13 所示。一个工程设计中，每个专业所使用的图纸不宜多于两种幅面，不含目录及表格所使用的 A4 幅面。

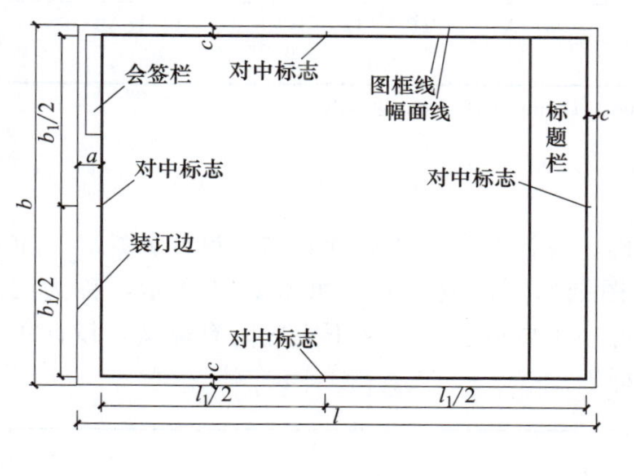

图 1-10　A0～A3 横式图幅（一）

图 1-11　A0～A3 横式图幅（二）

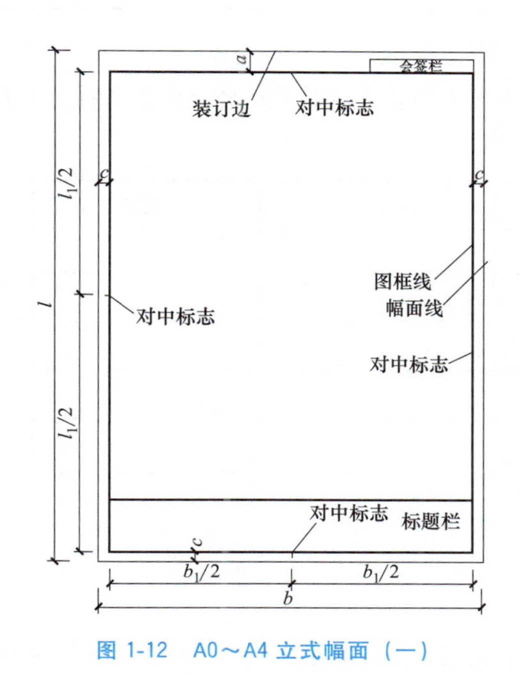

图 1-12　A0～A4 立式幅面（一）

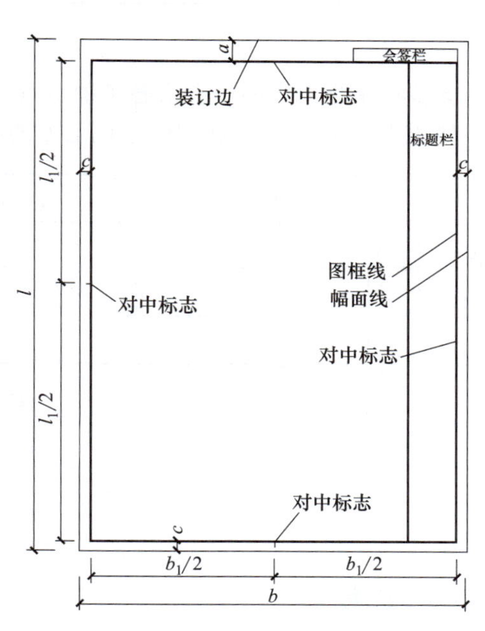

图 1-13　A0～A4 立式幅面（二）

图幅内应画出图框线，图框线用粗实线绘制，与图纸幅面线的间距宽 a 和 c 应符合表 1-2 的规定。

为了使图样复制和缩微摄影时定位方便，可采用对中符号，它是位于四边幅面线中点处的一段实线，线宽为 0.35mm，伸入图框内为 5mm，如图 1-10 所示。

图纸的短边一般不应加长，A0～A3 幅面的长边可加长，但应符合表 1-3 的规定。

表 1-3 图纸长边加长尺寸　　单位：mm

幅面代号	长边尺寸	长边加长后的尺寸
A0	1189	1486(A0+1/4l)　1783(A0+1/2l)　2080(A0+3/4l)　2378(A0+l)
A1	841	1051(A1+1/4l)　1261(A1+1/2l)　1471(A1+3/4l)　1682(A1+l)　1892(A1+5/4l)　2102(A1+3/2l)
A2	594	743(A2+1/4l)　891(A2+1/2l)　1041(A2+3/4l)　1189(A2+l)　1338(A2+5/4l)　1486(A2+3/2l)　1635(A2+7/4l)　1783(A2+2l)　1932(A2+9/4l)　2080(A2+5/2l)
A3	420	630(A3+1/2l)　841(A3+l)　1051(A3+3/2l)　1261(A3+2l)　1471(A3+5/2l)　1682(A3+3l)　1892(A3+7/2l)

注：有特殊需要的图纸，可采用 $b \times l$ 为 841mm×891mm 与 1189mm×1261mm 的幅面。

1.2.2 图纸标题栏和会签栏

工程图纸应有工程名称、图名、图号、比例、设计单位、注册师姓名、设计人姓名、审核人姓名及日期等内容，把这些集中列表放在图纸的下面或右面，如图 1-14 所示，称为图纸标题栏，简称图标。涉外工程的标题栏内，各项主要内容的中文下方应附有译文，设计单位的上方或左方，应加"中华人民共和国"字样。

设计单位名称区	注册师签章区	项目经理区	修改记录区	工程名称区	图号区	签字区	会签栏	附注栏

（高度 30~50）

图 1-14 标题栏

会签栏是指工程图样上由各工种负责人填写所代表的有关专业、姓名、日期等的一个表格，如图 1-15 所示，放在图纸左侧上方的图框线外。

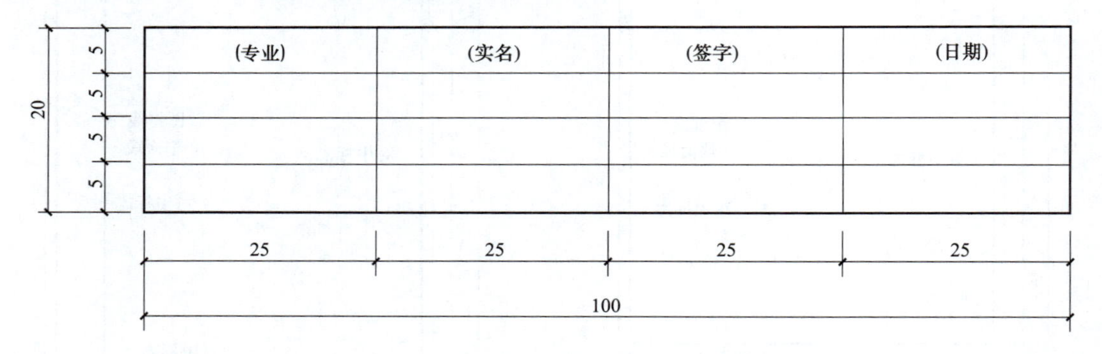

图 1-15 会签栏

1.2.3 图线

在绘制建筑工程图时，图线是构成图样的基本元素，为了表示出图中不同的内容，并且能够分清主次，必须使用不同的线型和不同粗细的图线。因此，掌握各类图线的画法是建筑制图最基本的要求。

1.2.3.1 线型种类及用途

建筑工程图的图线线型有实线、虚线、点画线、双点画线、折断线、波浪线等；按线宽不同又分为粗、中、细三种。各类图线的线型、宽度及用途见表 1-4。

表 1-4 图线的线型、宽度及用途

名称	线型	线宽	一般用途
粗实线		b	主要可见轮廓线 平面图及剖面图上被剖到部分的轮廓线、建筑物或构筑物的外轮廓线、结构图中的钢筋线、剖切位置线、详图符号的圆圈、图纸的图框线
中粗实线		$0.5b$	可见轮廓线 剖面图中未被剖到但仍能看到需要画出的轮廓线、标注尺寸的尺寸起止45°短线、剖面图及立面图上门窗等构配件外轮廓线、家具和装饰结构轮廓线
细实线		$0.25b$	尺寸线、尺寸界线、引出线及材料图例线、索引符号的圆圈、标高符号线、重合断面的轮廓线、较小图样中的中心线、钢筋混凝土构件详图的构件轮廓线等
粗虚线		b	总平面图及运输图中的地下建筑物或构筑物等，如房屋地面下的通道、地沟等位置线
中粗虚线		$0.5b$	需要画出看不见的轮廓线 拟建的建筑工程轮廓线
细虚线		$0.25b$	不可见轮廓线 平面图上高窗的位置线、搁板(吊柜)的轮廓线
粗点画线		b	结构平面图中梁、屋架的位置线
细点画线		$0.25b$	中心线、定位轴线、对称线
细双点画线		$0.25b$	假想轮廓线、成型前原始轮廓线
折断线		$0.25b$	用以表示假想折断的边缘，在局部详图中用的最多
波浪线		$0.25b$	构造层次的断开界线
加粗的粗实线		$1.4b$	需要画上更粗的图线，如建筑物的地平线

图线线型和线宽的用途，各专业不同，应按专业制图的规定来选用。

1.2.3.2 图线的要求

(1) 建筑工程图中，对于表示不同内容和区别主次的图线，其线宽都互成一定的比例，即粗线、中粗线、细线三种线宽之比为 $b:0.5b:0.35b$。

(2) 粗线的宽度代号为 b，它应根据图的复杂程度及比例大小，从下面线宽系列中选取：$1.4b$、$1.0b$、$0.7b$、$0.5b$、$0.35b$、$0.25b$、$0.18b$、$0.13b$。

(3) 绘制比例较小的图或比较复杂的图，选取较细的线。当选定了粗线的宽度 b 后，中粗线及细线的宽度也就随之确定而成为线宽组，见表 1-5。

表 1-5 线宽组　　单位：mm

线宽比	线宽组			
b	1.4	1.0	0.7	0.5
$0.7b$	1.0	0.7	0.5	0.35
$0.5b$	0.7	0.5	0.35	0.25
$0.25b$	0.35	0.25	0.18	0.13

注：1. 需要缩微的图纸，不宜采用 0.18mm 及更细的线宽。
2. 同一张图纸内，各不同线宽中的细线，可统一采用较细的线宽组的细线。

(4) 同一图纸幅面中，采用相同比例绘制的各图，应选用相同的线宽组。绘制比例简单的图或比例较小的图，可以只用两种线宽，其线宽比为 b∶0.25b。

(5) 图纸的图框和标题栏线可采用表 1-6 中的线宽。

表 1-6 图框线、标题栏线和会签栏线的宽度

单位：mm

幅面代号	图框线	标题栏外框线	标题栏分格线、会签栏线
A0、A1	b	0.7b	0.25b
A2、A3、A4	b	0.5b	0.35b

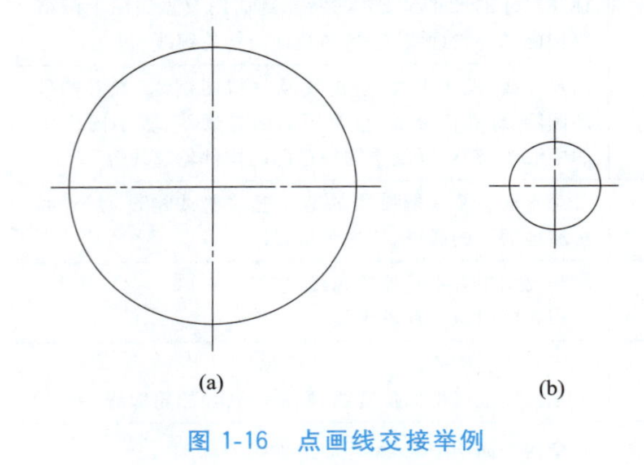

图 1-16 点画线交接举例

(6) 相互平行的图例线，其净间隙或线中间隙不宜小于 0.2mm。

(7) 虚线、单点画线或双点画线的线段长度和间隔，宜各自相等。

(8) 单点画线或双点画线，在较小的图形中绘制有困难时，可用实线代替。如图 1-16 (b) 所示。

(9) 单点画线或双点画线的两端，不应是点。点画线与点画线交接或点画线与其他图线交接时，应是线段交接，如图 1-16 (a) 所示。

(10) 虚线与虚线交接或虚线与其他图线交接时，应是线段交接。虚线为实线的延长线时，不得与实线连接。

(11) 图线不得与文字、数字或符号重叠、混淆，不可避免时，应首先保证文字、数字等的清晰。

各种线型在房屋平面图上的用法，如图 1-17 所示。

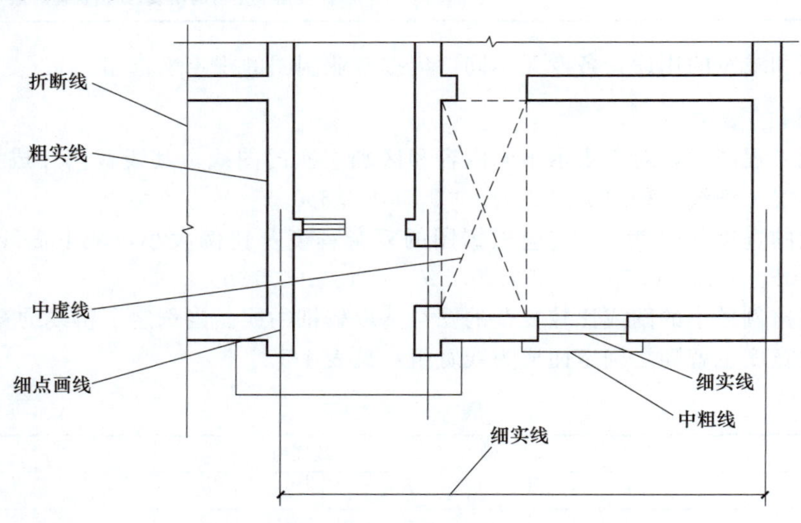

图 1-17 各种线型在房屋平面图上的用法

1.2.4 字体

用图线绘成图样，需用文字及数字加以注释，表明其大小尺寸、有关材料、构造做法、

施工要点及标题。在图样上所需书写的文字、数字或符号等，均应笔画清晰、字体端正、排列整齐，标点符号应清楚正确。

1.2.4.1 汉字

图样上及说明的汉字，宜采用长仿宋字体，字的大小用字号表示，宽度与高度的关系应符合表 1-7 的规定，大标题、图册封面、地形图等汉字也可以采用其他字体，但应易于辨认。

表 1-7 长仿宋体字高宽关系　　单位：mm

字高	20	14	10	7	5	3.5
字宽	14	10	7	5	3.5	2.5

图样上如需写更大的字，其高度应按$\sqrt{2}$的比值递增，汉字的字高应不小于 3.5mm。汉字的简化字书写，必须符合国务院公布的《汉字简化方案》和有关规定。

1.2.4.2 数字及字母

数字及字母在图样上书写分直体和斜体两种。它们和中文混合书写时应稍低于书写仿宋字的高度。斜体书写应向右倾斜，并与水平线成 75°。图样上的数字应采用正体阿拉伯数字，其高度应不小于 2.5mm。

1.2.5 比例

(1) 图样的比例是图形与实物相对应的线性尺寸之比，即：比例$=\frac{\text{图线画出的长度}}{\text{实物相应部分的长度}}$。

(2) 图纸上使用比例，是为了将建筑图样不变形地缩小或放大在图纸上。比例应用阿拉伯数字表示，如 1∶1、1∶2、1∶10、1∶100 等。

(3) 比例的大小是指比值的大小。比值大于 1 的比例称为放大比例，如 2∶1 等；比值小于 1 的比例称为缩小比例，如 1∶50，1∶100 等。但图样上标注的尺寸必须为实际尺寸。

(4) 比例宜注写在图名的右侧，字的基准线应取平，比例的字高应比图名的字小一号或两号，如图 1-18 所示。

工程图样的绘制应根据图样的用途与被绘制对象的复杂程度选择合适的比例和图纸幅面，以确保所示物体图样的精确和清晰。

平面图 1:100　　5 1:100

图 1-18 比例的注写

根据《房屋建筑制图统一标准》(GB/T 50001—2017) 的规定，建筑工程图样制图时，应根据图样的用途与被绘对象的复杂程度，优先选用表 1-8 中的常用比例。

表 1-8 绘图所用的比例

常用比例	1∶1、1∶2、1∶5、1∶10、1∶20、1∶30、1∶50、1∶100、1∶150、1∶200、1∶500、1∶1000、1∶2000
可用比例	1∶3、1∶4、1∶6、1∶15、1∶25、1∶40、1∶60、1∶80、1∶250、1∶300、1∶400、1∶600、1∶5000、1∶10000、1∶20000、1∶50000、1∶100000、1∶200000

根据《建筑制图标准》(GB/T 50104—2010) 的规定，建筑专业、室内设计专业制图选用的比例，宜符合表 1-9 的规定。

表 1-9 建筑专业、室内设计专业制图选用的比例

图名	比例
建筑物或构筑物的平面图、立面图、剖面图	1∶50、1∶100、1∶150、1∶200、1∶300
建筑物或构筑物的局部放大图	1∶10、1∶20、1∶25、1∶30、1∶50
配件及构造详图	1∶1、1∶2、1∶5、1∶10、1∶15、1∶20、1∶25、1∶30、1∶50

1.2.6 符号

1.2.6.1 剖切符号

（1）剖视的剖切符号应符合下列规定。

① 剖视的剖切符号应由剖切位置线及投射方向线组成，均应以粗实线绘制。剖切位置线的长度宜为 6～10mm；投射方向线应垂直于剖切位置线，长度应短于剖切位置线，宜为 4～6mm，如图 1-19 所示。绘制时，剖视的剖切符号不应与其他图线相接触。

② 剖视剖切符号的编号宜采用阿拉伯数字，按顺序由左至右、由下至上连续编排，并应注写在剖视方向线的端部。

③ 需要转折的剖切位置线，应在转角的外侧加注与该符号相同的编号。

④ 建（构）筑物剖面图的剖切符号宜标注在±0.000 标高的平面图上。

（2）断面的剖切符号应符合下列规定。

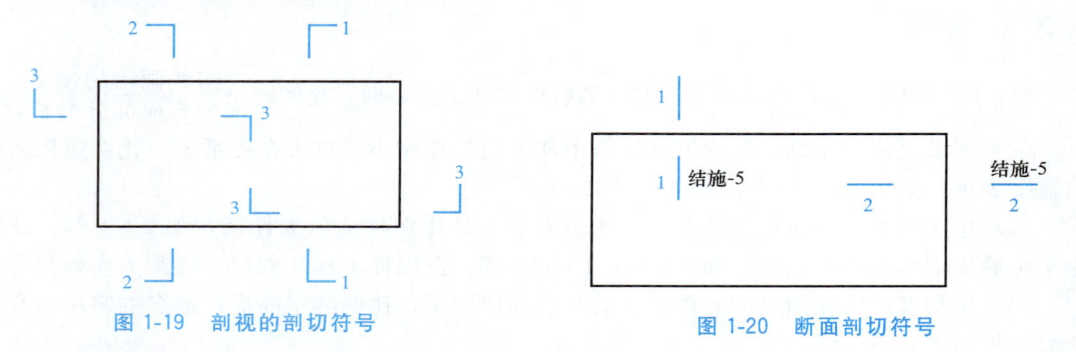

图 1-19 剖视的剖切符号　　图 1-20 断面剖切符号

① 断面的剖切符号应只用剖切位置线表示，并应以粗实线绘制，长度宜为 6～10mm。

② 断面剖切符号的编号宜采用阿拉伯数字，按顺序连续编排，并应注写在剖切位置线的一侧；编号所在的一侧应为该断面的剖视方向，如图 1-20 所示。

③ 剖面图或断面图，如与被剖切图样不在同一张图内，可在剖切位置线的另一侧注明其所在图纸的编号，也可以在图上集中说明。

1.2.6.2 索引符号与详图符号

（1）图样中的某一局部或构件，如需另见详图，应以索引符号索引，如图 1-21（a）所示。索引符号是由直径为 10mm 的圆和水平直径组成，圆及水平直径均应以细实线绘制。索引符号应按下列规定编写。

① 索引出的详图，如与被索引的详图同在一张图纸内，应在索引符号的上半圆中用阿拉伯数字注明该详图的编号，并在下半圆中间画一段水平细实线，如图 1-21（b）所示。

② 索引出的详图，如与被索引的详图不在同一张图纸内，应在索引符号的上半圆中用阿拉伯数字注明该详图的编号，在索引符号的下半圆中用阿拉伯数字注明该详图所在图纸的

编号，如图1-21（c）所示。数字较多时，可加文字标注。

③ 索引出的详图，如采用标准图，应在索引符号水平直径的延长线上加注该标准图册的编号，如图1-21（d）所示。

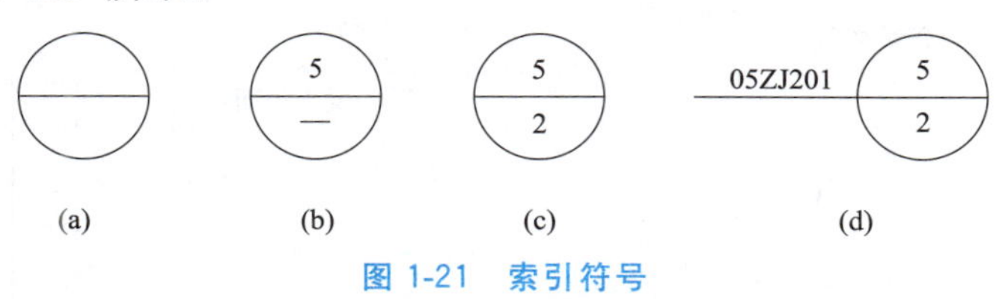

图1-21　索引符号

（2）索引符号如用于索引剖视详图，应在被剖切的部位绘制剖切位置线，并以引出线引出索引符号，引出线所在的一侧应为投射方向。索引符号的编写同前述的规定，如图1-22所示。

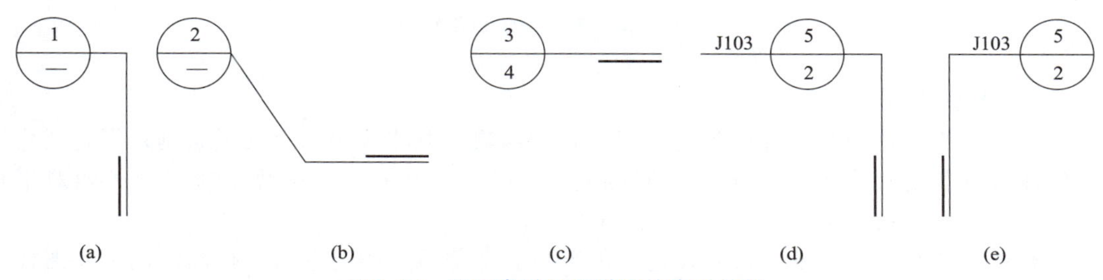

图1-22　用于索引剖面详图的索引符号

（3）详图的位置和编号，应以详图符号表示。详图符号的圆应以直径为14mm的粗实线绘制。详图应按下列规定编号。

① 详图与被索引的图样同在一张图纸内时，应在详图符号内用阿拉伯数字注明详图的编号，如图1-23（a）所示。

② 详图与被索引的图样不在同一张图纸内时，应用细实线在详图符号内画一水平直径，在上半圆中注明详图编号，在下半圆中注明被索引的图纸的编号，如图1-23（b）所示。

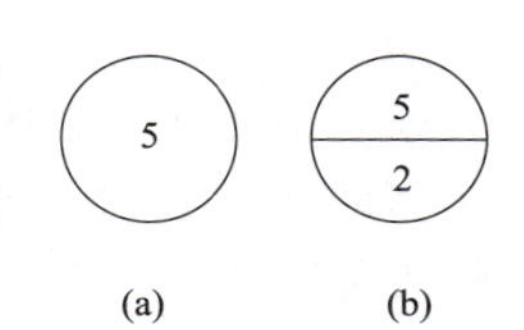

图1-23　详图符号所示详图位置

1.2.6.3　引出线

（1）引出线应以细实线绘制，宜采用水平方向的直线、与水平方向成30°、45°、60°、90°的直线，或经上述角度再折为水平线。文字说明宜注写在水平线的上方，如图1-24（a）所示；也可注写在水平线的端部，如图1-24（b）所示；索引详图的引出线，应与水平直径线相连接，如图1-24（c）所示。

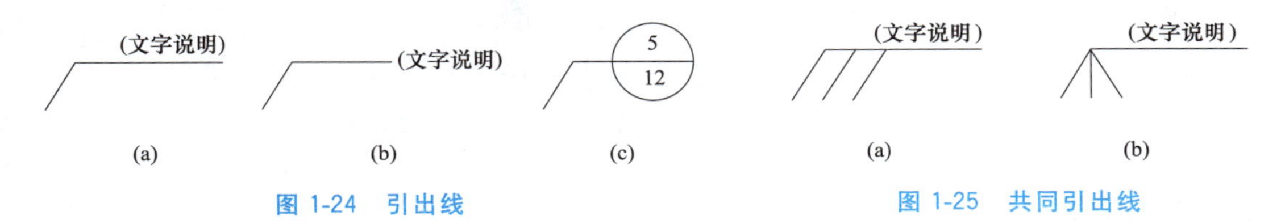

图1-24　引出线　　　图1-25　共同引出线

（2）同时引出几个相同部分的引出线，宜互相平行，如图1-25（a）所示，也可画成集中于一点的放射线，如图1-25（b）所示。

（3）多层构造或多层管道共用引出线，应通过被引出的各层。文字说明宜注写在水平线的上方，或注写在水平线的端部，说明的顺序应由上至下，并应与被说明的层次相互一致；如层次为横向排序，则由上至下的说明顺序应与左至右的层次相互一致，如图 1-26 所示。

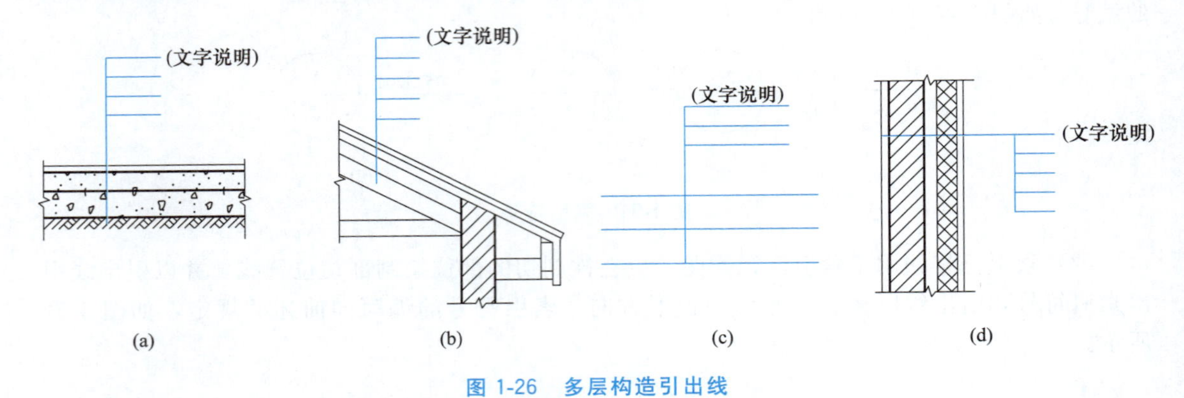

图 1-26　多层构造引出线

1.2.6.4　其他符号

(1) 对称符号由对称线和两端的两对平行线组成。对称线用细点画线绘制；平行线用细实线绘制，其长度宜为 6～10mm，每对的间距宜为 2～3mm；对称线垂直平分于两对平行线，两端超出平行线宜为 2～3mm，如图 1-27 (a) 所示。

(2) 连接符号应以折断线表示需连接的部位。两部位相距过远时，折断线两端靠图样一侧应标注大写拉丁字母表示连接编号。两个被连接的图样必须用相同的字母编号，如图1-27 (b) 所示。

(3) 指北针的形状宜如图 1-27 (c) 所示，其圆的直径宜为 24mm，用细实线绘制；指针尾部的宽度宜为 3mm，指针头部应注“北”或“N”字。需用较大直径绘制指北针时，指针尾部宽度宜为直径的 1/8。

(4) 对图纸中局部变更部分宜采用云线，如图 1-27 (d) 所示，并宜注明修改版次。修改版次符号宜为边长 0.8cm 的正等边三角形，修改版次应采用数字表示。变更云线的线宽宜按 0.7b 绘制。

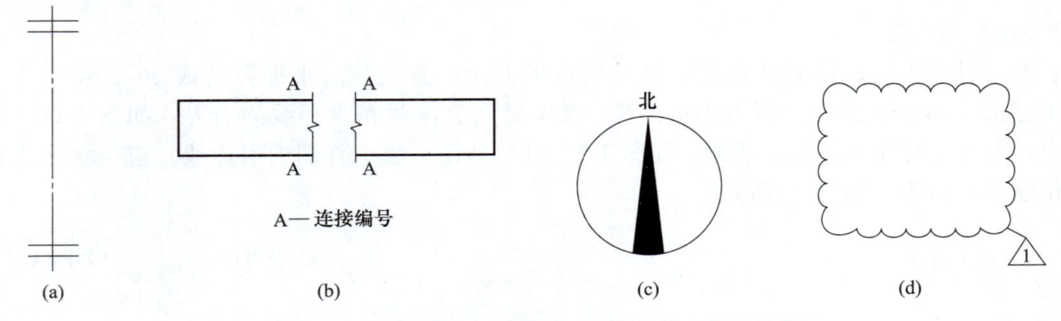

图 1-27　对称符号、连接符号、指北针、变更云线

1.2.7　定位轴线

(1) 定位轴线应用细点画线绘制。定位轴线一般应编号，编号应注写在轴线端部的圆内。圆应用细实线绘制，直径为 8～10mm。定位轴线圆的圆心，应在定位轴线的延长线上或延长线的折线上。

(2) 平面图上定位轴线的编号，宜标注在图样的下方与左侧。横向编号应用阿拉伯数字，从左至右顺序编写，竖向编号应用大写拉丁字母，从下至上顺序编写，如图 1-28 所示。

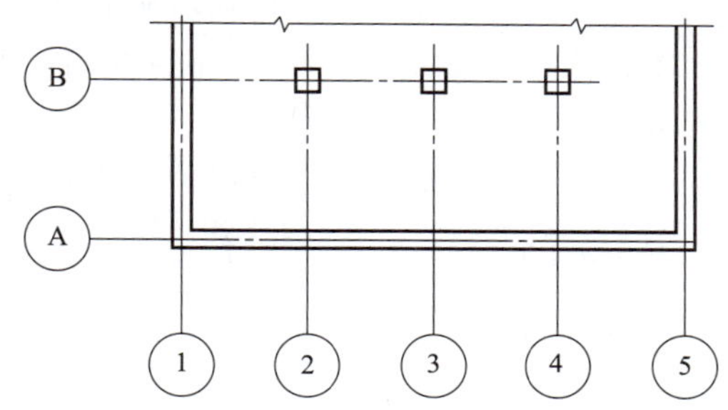

图 1-28 定位轴线的编号顺序

(3) 字母 I、O、Z 不得用做轴线编号。如字母数量不够使用，可增用双字母或单字母加数字注脚，如 AA、BA…YA 或 A1、B1…Y1。

(4) 组合较复杂的平面图中定位轴线也可采用分区编号，如图 1-29 所示，编号的注写形式应为“分区号-该分区编号”。分区号采用阿拉伯数字或大写拉丁字母表示。

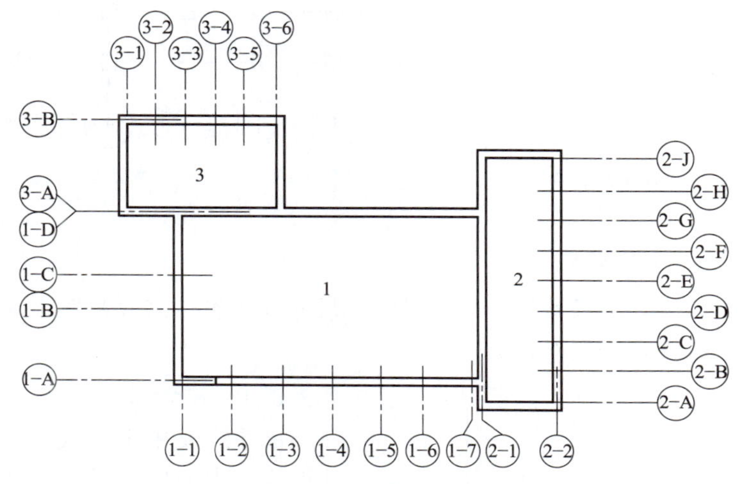

图 1-29 定位轴线的分区编号

(5) 附加定位轴线的编号，应以分数形式表示，并按下列规定编写：①两根轴线间的附加轴线，应以分母表示前一轴线的编号，分子表示附加轴线的编号，编号宜用阿拉伯数字顺序编写，如：$\frac{1}{2}$表示 2 号轴线之后附加的第一根轴线；$\frac{2}{C}$表示 C 号轴线之后附加的第二根轴线；②$\frac{1}{01}$表示 1 号轴线之前附加的第一根轴线；$\frac{2}{0A}$表示 A 号轴线之前附加的第二根轴线。

(6) 一个详图适用于几根轴线时，应同时注明各有关轴线的编号，如图 1-30 所示。

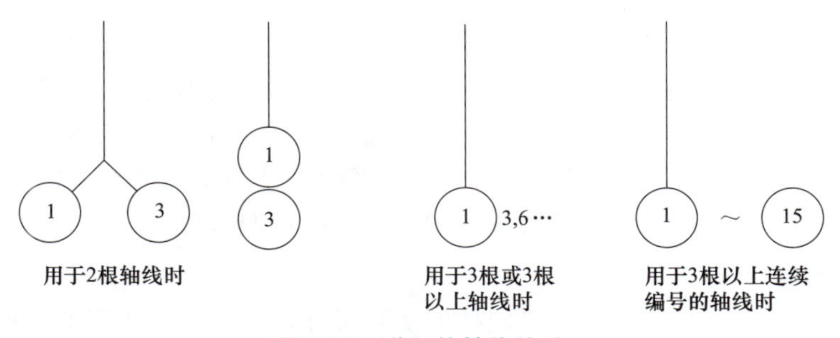

图 1-30 详图的轴线编号

（7）通用详图中的定位轴线，应只画圆，不注写轴线编号。

（8）圆形平面图中定位轴线的编号，其径向轴线宜用阿拉伯数字表示，从左下角开始，按逆时针顺序编写；其圆周轴线宜用大写拉丁字母表示，从外向内顺序编写，如图 1-31 所示。

（9）折线形平面图中定位轴线的编号可按图 1-32 所示的形式编写。

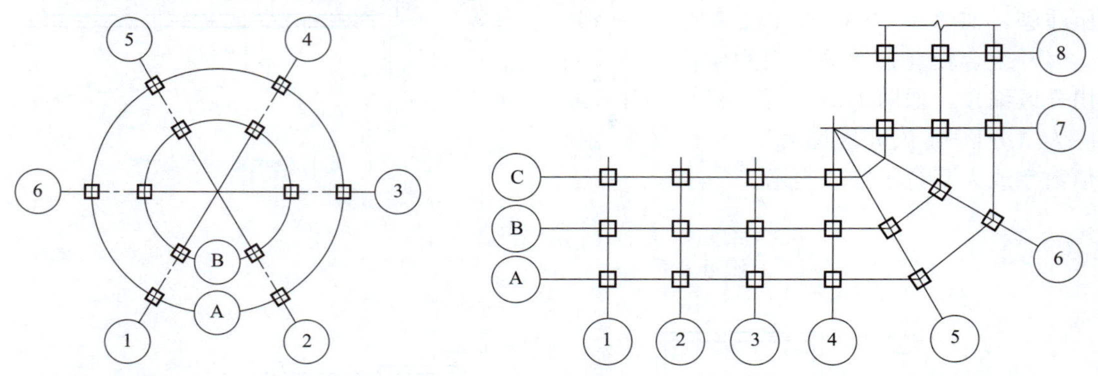

图 1-31　圆形平面定位轴线的编号　　图 1-32　折线形平面定位轴线的编号

1.2.8　标注尺寸的四要素

图样上标注的尺寸，由尺寸线、尺寸界线、尺寸起止符、尺寸数字组成，如图 1-33 所示。图样上尺寸的标注，应整齐、统一。

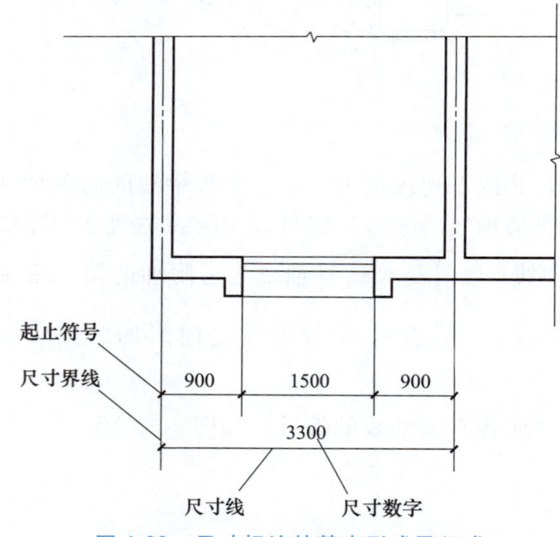

图 1-33　尺寸标注的基本形式及组成

1.2.8.1　尺寸线

尺寸线要用细实线绘制，不宜超过尺寸界线；中心线、尺寸界线以及其他任何图线都不得用做尺寸线；线性尺寸的尺寸线必须与被标注的长度方向平行；尺寸线与被标注的轮廓线间隔及互相平行的两尺寸线的间隔一般为 6～10mm。

1.2.8.2　尺寸界线

尺寸界线要用细实线绘制，线性尺寸的尺寸界线垂直于尺寸线，并超过尺寸线约 2mm。

1.2.8.3　尺寸起止符号

尺寸线与尺寸界线相接处为尺寸的起止点。在起止点上应画出尺寸起止符号，一般为 45°倾斜的中粗短线，其倾斜方向应与尺寸界线成顺时针 45°角，其长度为 2～3mm。半径、直径、角度与弧长的尺寸起止符号宜用箭头表示，如图 1-34 所示。

1.2.8.4　尺寸数字

建筑工程图上标注的尺寸数字，是图样的实际尺寸，它与绘图所用的比例无关。除标高及总平面图以米（m）为单位外，其余均以毫米（mm）为单位，图中尺寸后面可以不写单位。

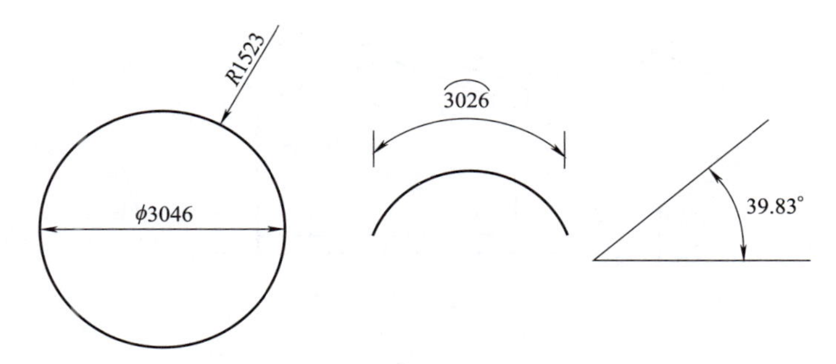

图 1-34 箭头尺寸起止符号

尺寸数字应尽量注写在水平尺寸线的上方中部，当尺寸界线的间隔太小，注写尺寸数字的位置不够时，最外边的尺寸数字可注写在尺寸界线的外侧，中间的尺寸数字可与相邻的数字错开注写，也可引出注写，如图 1-35 所示。

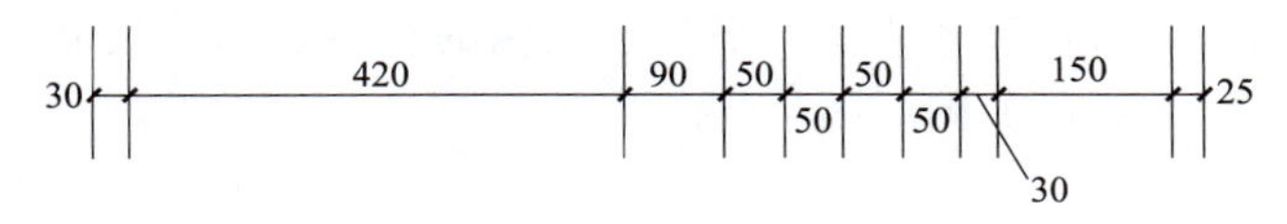

图 1-35 尺寸数字的注写位置图

1.2.9 半径、直径的尺寸标注

（1）半径的尺寸线应一端从圆心开始，另一端画箭头指向圆弧。半径数字前应加注半径符号“*R*”，如图 1-36 所示。较小圆弧的半径，可按图 1-37 所示的形式标注。

（2）标注圆的直径尺寸时，直径数字前应加直径符号“ϕ”。在圆内标注的尺寸线应通过圆心，两端画箭头指至圆弧，如图 1-37（a）所示；较小圆的直径尺寸，可标注在圆外，如图 1-37（b）所示。

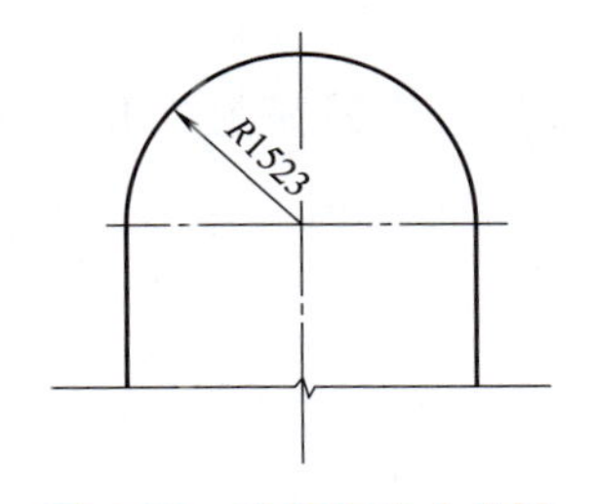

图 1-36 半径标注方法图

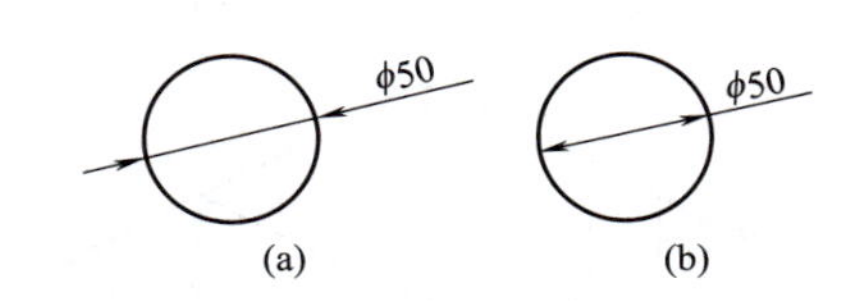

图 1-37 小圆直径标注方法

（3）标注球的半径尺寸时，应在尺寸前加注符号“*SR*”。标注球的直径尺寸时，应在尺寸数字前加注符号“$S\phi$”。注写方法与圆弧半径和圆直径的尺寸标注方法相同。

1.2.10 坡度、角度、弧长、弦长的标注

（1）标注坡度时，应加注坡度符号“←—”，如图 1-38（a）、（b）所示，该符号为单面箭头，箭头应指向下坡方向。坡度也可用直角三角形形式标注，如图 1-38（c）所示。

（2）角度的尺寸线应以圆弧表示。该圆弧的圆心应是该角的顶点，角的两条边为尺寸界线。起止符号应以箭头表示，如没有足够位置画箭头，可用圆点代替，角度数字应按水平方向注写，如图 1-39 所示。

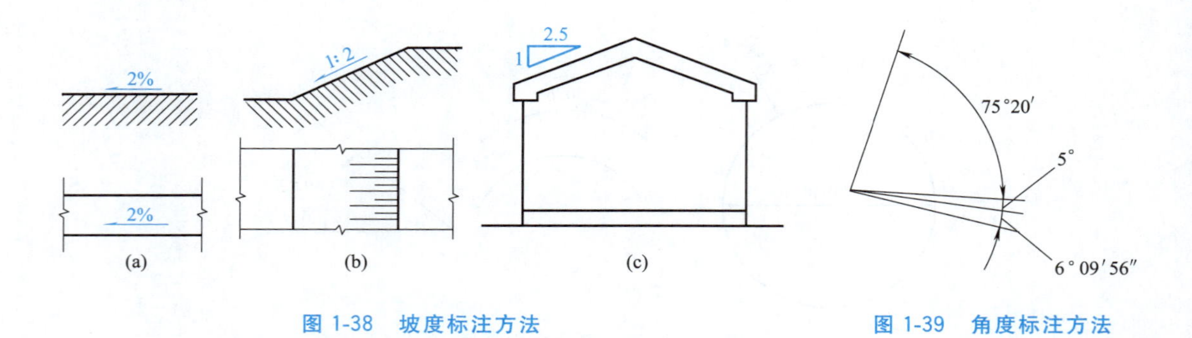

图 1-38　坡度标注方法　　　　图 1-39　角度标注方法

（3）标注圆弧的弧长时，尺寸线应以与该圆弧同心的圆弧线表示，尺寸界线应垂直于该圆弧的弦，起止符号用箭头表示，弧长数字上方应加注圆弧符号“⌒”，如图 1-40 所示。

（4）标注圆弧的弦长时，尺寸线应以平行于该弦的直线表示，尺寸界线应垂直于该弦，起止符号用中粗斜短线表示，如图 1-41 所示。

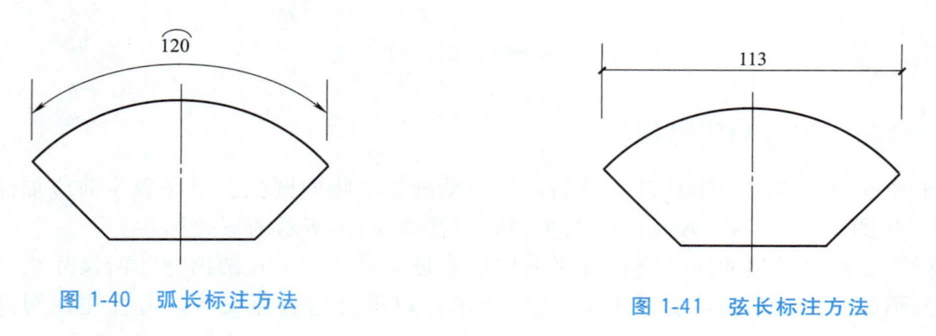

图 1-40　弧长标注方法　　　　图 1-41　弦长标注方法

1.2.11　尺寸的简化标注

（1）杆件或管线的长度，在单线图（桁架简图、钢筋简图、管线简图）上，可直接将尺寸数字沿杆件或管线的一侧注写，如图 1-42 所示。

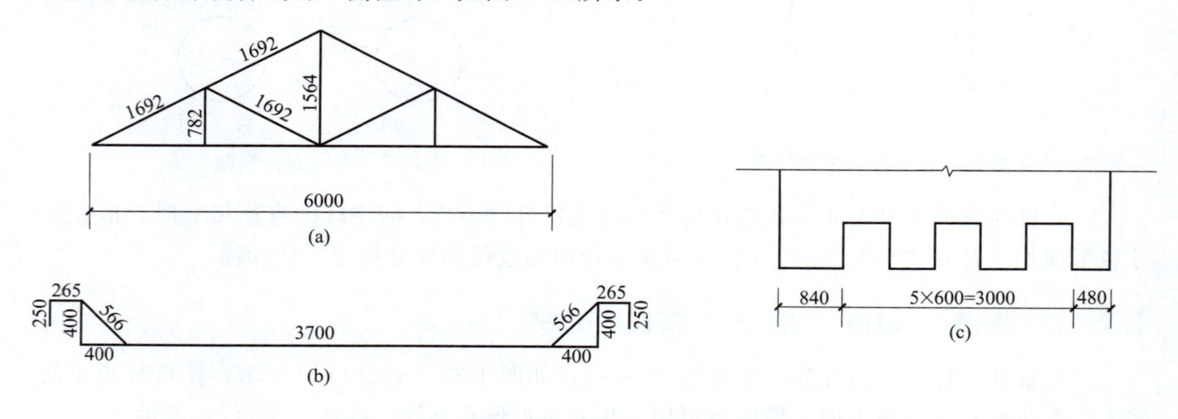

图 1-42　单线图尺寸标注及等长尺寸简化标注方法

（2）构配件内的构造因素（如孔、槽等）如相同，可仅标注其中一个要素的尺寸，如

图 1-43 所示。

（3）对称构配件采用对称省略画法时，该对称构配件的尺寸线应略超过对称符号，仅在尺寸线的一端画尺寸起止符号，尺寸数字应按整体全尺寸注写，其注写位置宜与对称符号对齐，如图 1-44 所示。

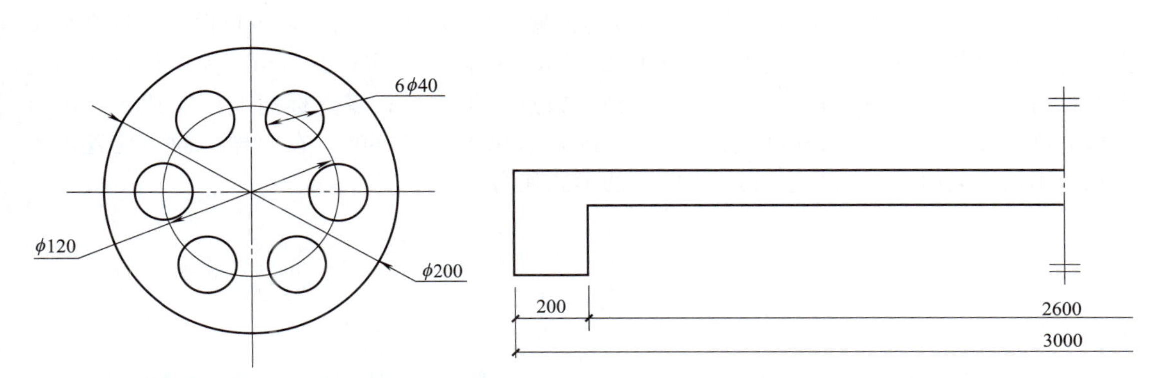

图 1-43　相同要素尺寸标注方法

图 1-44　对称构件尺寸标注方法

（4）两个构配件，如个别尺寸数字不同，可在同一图样中将其中一个构配件的不同尺寸数字注写在括号内，该构配件的名称也应注写在相应的括号内，如图 1-45 所示。

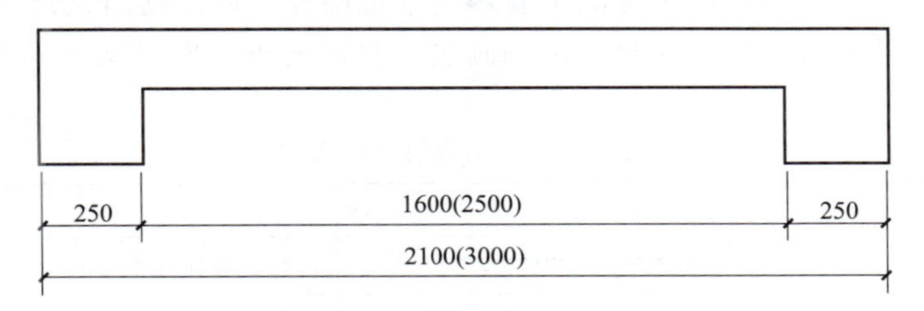

图 1-45　相似构件尺寸标注方法

（5）数个构配件，如仅某些尺寸不同，这些有变化的尺寸数字，可用拉丁字母注写在同一图样中，另列表格写明其具体尺寸，如图 1-46 所示。

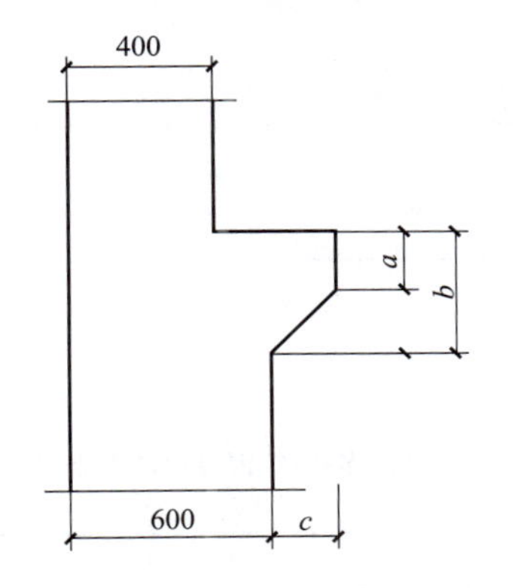

构件编号	*a*	*b*	*c*
Z-1	200	200	200
Z-2	250	450	200
Z-3	200	450	250

图 1-46　相似构配件尺寸表格式标注方法

1.2.12　标高

（1）标高符号应以直角等腰三角形表示，按图 1-47 所示的形式用细实线绘制。

（2）总平面图室外地坪标高符号，宜用涂黑的三角形表示，如图 1-48 所示。

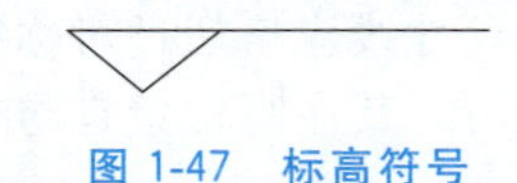

图 1-47　标高符号

图 1-48　总平面图室外地坪标高符号

（3）标高符号的尖端应指至被标注高度的位置。尖端一般应向下，也可向上。标高数字应注写在标高符号的左侧或右侧，如图 1-49 所示；标高数字应以米（m）为单位，注写到小数点后第三位。在总平面图中，可注写到小数点后第二位；零点标高应注写成±0.000，正数标高不注“＋”，负数标高应注“－”，例如 3.000、－0.600；在图样的同一位置需表示几个不同标高时，标高数字可按图 1-50 的形式注写。

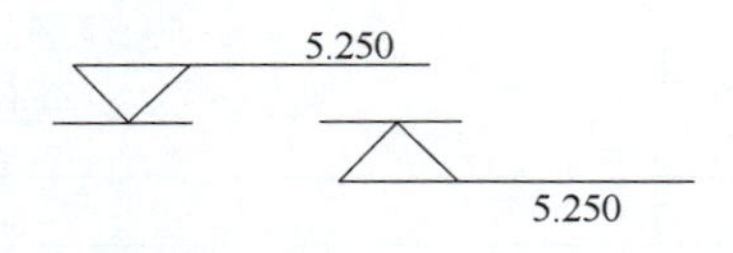

图 1-49　标高的指向

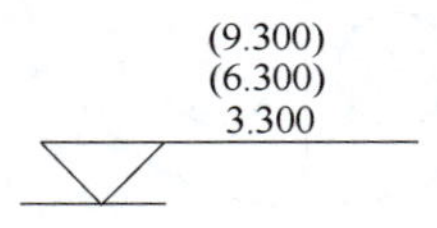

图 1-50　同一位置注写多个标高数字

1.2.13　常用建筑材料图例

在工程图样中，建筑材料的名称除了要用文字说明外，还需画出建筑材料图例，表1-10 是从标准中摘出的几种常用的建筑材料图例画法，其余的可查阅《房屋建筑制图统一标准》（GB/T 50001—2017）。

表 1-10　常用建筑材料图例

序号	名称	图　例	备　注
1	自然土壤		包括各种自然土壤
2	夯实土壤		
3	砂、灰土		靠近轮廓线绘较密的点
4	砂砾石 碎砖三合土		
5	石材		
6	毛石		
7	实心砖、多孔砖		包括普通砖、多孔砖、混凝土砖等砌体
8	耐火砖		包括耐酸砖等砌体
9	空心砖、空心砌块		包括空心砖、普通或轻骨料混凝土小型空心砌块等砌体

续表

序号	名称	图例	备注
10	加气混凝土		包括加气混凝土砌块砌体、加气混凝土墙板及加气混凝土材料制品等
11	饰面砖		包括铺地砖、玻璃马赛克、陶瓷锦砖、人造大理石等
12	焦渣、矿渣		包括水泥、石灰等混合而成的材料
13	混凝土		1. 本图例指能承重的混凝土及钢筋混凝土 2. 包括各种强度等级、骨料、外加剂的混凝土 3. 在剖面图上画出钢筋时，不画图例线 4. 断面图形小，不易画出图例线时，可涂黑
14	钢筋混凝土		
15	多孔材料		包括水泥珍珠岩、沥青珍珠岩、泡沫混凝土、非承重加气混凝土、软木、蛭石制品等
16	纤维材料		包括矿棉、岩棉、玻璃棉、麻丝、木丝板、纤维板等
17	泡沫塑料材料		包括聚苯乙烯、聚乙烯、聚氨酯等多孔聚合物类材料
18	木材		1. 上图为横断面，上左图为垫木、木砖或木龙骨 2. 下图为纵断面
19	胶合板		应注明为 X 层胶合板
20	石膏板		包括圆孔或方孔石膏板、防水石膏板、硅钙板、防火石膏板等
21	金属		1. 包括各种金属 2. 图形小时，可填黑或深灰(灰度宜 70%)
22	网状材料		1. 包括金属、塑料网状材料 2. 应注明具体材料名称
23	液体		应注明液体名称

续表

序号	名称	图例	备注
24	玻璃		包括平板玻璃、磨砂玻璃、夹丝玻璃、钢化玻璃、中空玻璃、夹层玻璃、镀膜玻璃等
25	橡胶		
26	塑料		包括各种软、硬塑料及有机玻璃等
27	防水材料		构造层次多或比例大时，采用上面图例
28	粉刷		本图例采用较稀的点

注：1. 本表中所列图例通常在1∶50及以上比例的详图中绘制表达。

2. 如需表达砖、砌块等砌体墙的承重情况时，可通过在原有建筑材料图例上增加填灰等方式进行区分，灰度宜为25%左右。

3. 序号1、2、5、7、8、14、15、21图例中的斜线、短斜线、交叉线等均为45°。

1.3 绘图方法和步骤

为了保证图样的质量和提高制图的工作效率，除了要养成正确使用制图工具的良好习惯外，还必须掌握图线线型的画法及正确的绘图步骤。

绘图的步骤及方法因图的内容和各人的习惯而不同，这里建议的是一般的绘图步骤及方法。

1.3.1 绘图前的准备工作

(1) 把制图工具、画图桌及绘图板等用布擦拭干净。在绘图过程中亦需经常保持清洁。

(2) 根据需绘图的数量、内容及其大小，选定图纸幅面大小。

(3) 将图纸固定在图板上，使图纸的左方和下方留有1个丁字尺的宽度。

(4) 把必需的制图工具放在适当的位置，然后开始绘图。

1.3.2 画底稿(一般用H～3H铅笔轻画细稿线)

(1) 先画好图框线、图纸标题栏外框及分格线等。

(2) 根据所画图的大小、比例、数量进行合理的图面布置，考虑预留标注尺寸、文字注写、各图间的净间隔等所需的位置，使图纸上各图安排得疏密均匀，既节约幅面又不拥挤。

（3）画图形的轴线、墙线、轮廓线等，由整体到局部，直至画出所有图线。为了方便修改，底图的图线应轻而淡，能定出图形的形状和大小即可。

（4）画尺寸线、剖切符号等。

（5）仔细检查底图，擦除多余的底稿图线。

1.3.3 铅笔加深(用 B～3B，文字说明用 HB 铅笔)

（1）先加深图样，水平线由上至下，垂直线由左至右一次完成。各类线型加深顺序为：轴线、粗实线、虚线、细实线。

（2）加深尺寸界线、尺寸线，画尺寸起止符号，写尺寸数字。

（3）注写图名、比例、文字说明以及标题栏内的文字。

（4）加深图框线。

图样加深完后，应达到：图面干净、线型分明、图线均匀、布图合理。

1.3.4 描图

为了满足工程上同时使用多套图的要求，需要用针管笔将图纸描绘在硫酸纸上，作为底图，进行晒图。描图的步骤与铅笔加深基本相同，如描图中出现错误，应等墨线干了以后，用小刀刮去需要修改的部分，再进行修改。

1.4 徒手草图

1.4.1 草图的概念

用制图工具画出的图，称为工具图；不借助工具，仅用笔以徒手、目测的方法绘制的图样称为草图。草图是技术人员现场测绘、创意设计和技术交流的有力工具。技术人员必须熟练掌握徒手绘图的技巧。

1.4.2 草图的画法

草图并不是潦草的意思，因此仍应基本上做到图形正确、线型分明、比例匀称、字体工整、图面整洁。画草图的铅笔应软一些，例如 B 或 2B 的铅笔。

1.4.2.1 直线的画法

画水平和竖直线时，执笔不宜过紧、过低。画短线时，图纸可以放得稍斜，对于固定的图纸，则可适当调整身体的位置。徒手画竖线时，应自上而下画，图线宜一次画成。如图 1-51所示。

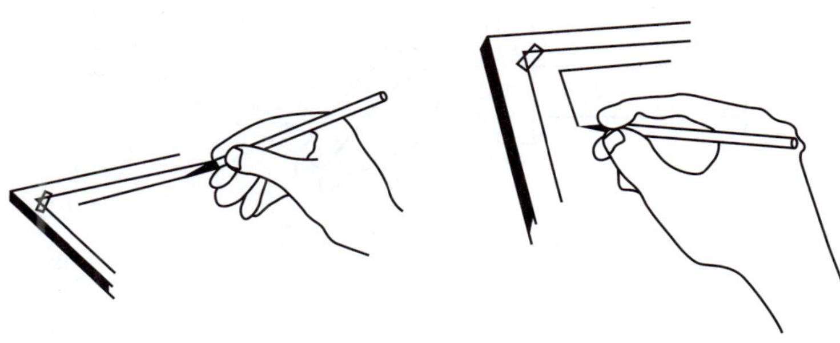

图 1-51 徒手画直线

1.4.2.2 线型及等分线段

如图 1-52 所示（要手画）为徒手画出的不同线型的线段。如图 1-53 所示为目测估计徒手等分直线，等分的次序如图线上下方的数字所示。

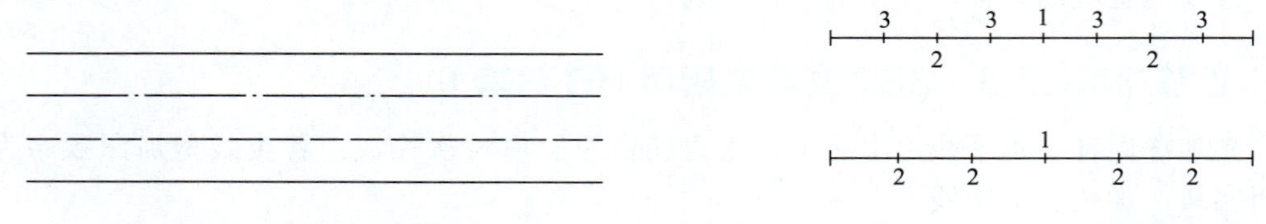

图 1-52 徒手画线条　　图 1-53 徒手等分直线画法

1.4.2.3 圆和椭圆的画法

画圆时，应先定圆心及画中心线，在中心线上目测半径确定四个顶点，然后过此四点即可画出小圆；大圆可用此法定八点画出，如图 1-54 所示。其他圆弧曲线，可利用它们与正方形、长方形、棱形相切的特点画出，如图 1-55 所示为椭圆的画法。

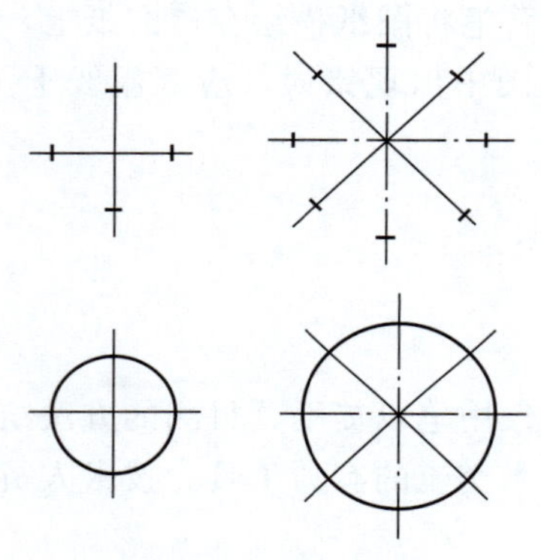

图 1-54 圆的画法

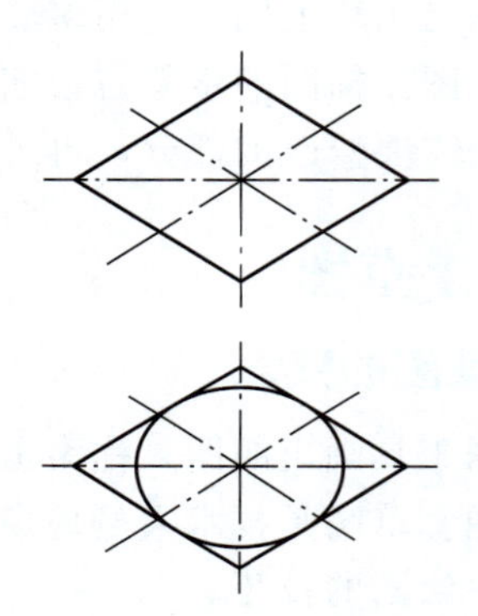

图 1-55 椭圆的画法

1.4.3 建筑形体的草图示例

如图 1-56 所示为徒手画台阶的草图示例。

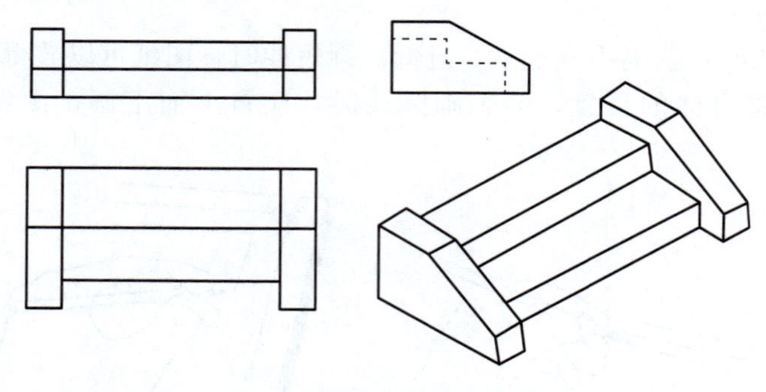

图 1-56 徒手画台阶草图

2 点、直线和平面的投影

2.1 投影的基本知识

2.1.1 投影的概念

在日常生活中，人们经常可以看到，物体在阳光或灯光的照射下，会在地面或墙面上留下影子，这种影子只能反映物体外形的轮廓，不能表达物体的本来面目，如图 2-1（a）所示。

人们对自然界的这一现象加以科学的抽象，把能够产生光线的光源称为投射中心，把光线抽象为投射线，地面抽象为投影面，即假设投射线能穿透物体，而将物体表面上的各个点和线都在投影面上投射出它们的影子，从而使这些点、线的影子组成能够反映物体形状的“线框图”，如图 2-1（b）所示。把这些形成的“线框图”称为物体的投影。这些投射线通过物体，向选定的投影面投射，并在该面上得到的图形的方法称为投影法。可见，要产生投影必须具备：投射线、物体和投影面。

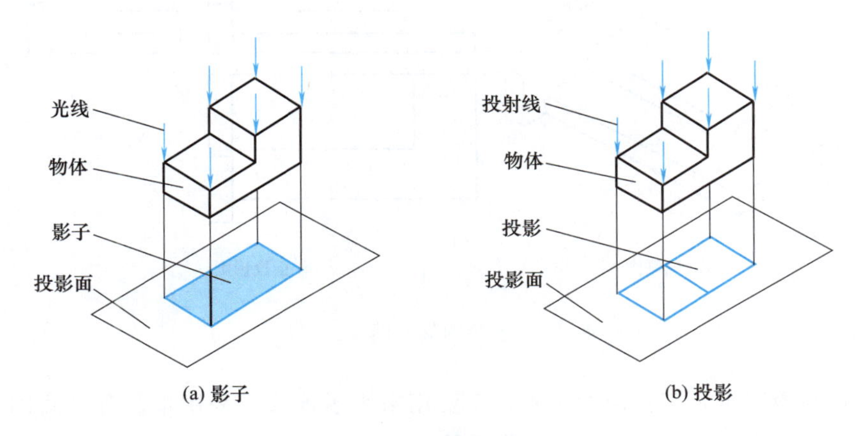

图 2-1 影子与投影

2.1.2 投影的分类

根据投射线之间的相互关系，可将投影分为中心投影和平行投影。

（1）中心投影。投影中心 S 在有限的距离内，由一点发出的投射线所产生的投影，称为中心投影，如图 2-2 所示。日常生活中人的视觉、照相、放电影等，都具有中心投影的性质。

用中心投影法绘制物体的投影图称为透视图。透视图的直观性很强、形象逼真，符合视觉习惯，常用作建筑效果图，表达建筑物的立体形状，但绘制比较繁琐，且不注重物体尺寸情况，不能作为施工图使用，如图 2-3 所示。

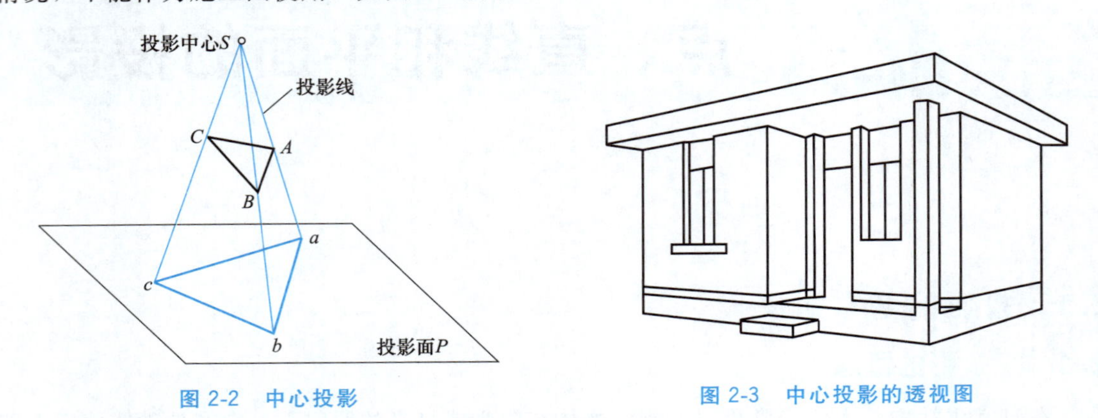

图 2-2　中心投影

图 2-3　中心投影的透视图

（2）平行投影。把投影中心 S 移到离投影面无限远处，则投射线可视为互相平行，由此产生的投影，称为平行投影。根据互相平行的投射线与投影面是否垂直，平行投影又可分为正投影和斜投影。投射线倾斜于投射面，所做出物体的投影，称为斜投影。用斜投影法可绘制轴测图，一般用于辅助看图，如图 2-4（a）所示。投射线与投影面垂直，所做出的投影称为正投影。正投影法具有作图简单、度量方便的特点，所得到的图形一般用于表达工程施工图样，并表达建筑物的实际尺寸，如图 2-4（b）所示。

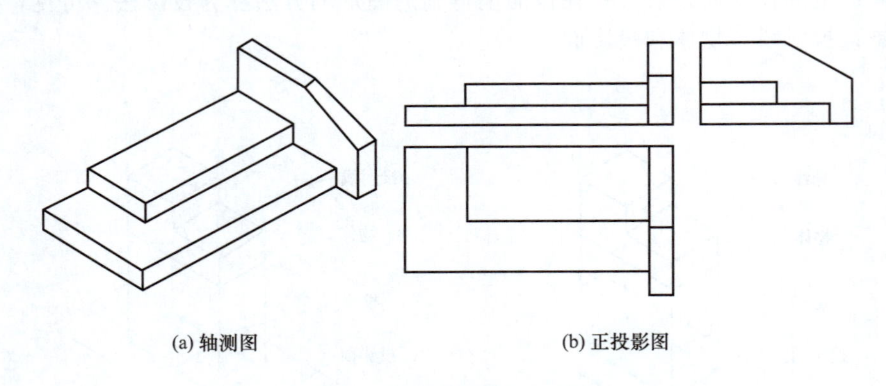

(a) 轴测图　　(b) 正投影图

图 2-4　台阶的轴测图与正投影

此外，标高投影也是正投影的一种，主要用来表示地形。采用地面等高线的水平投影，并在上面标注出高度的图示法，如图 2-5 所示。

本书主要讲述的是用正投影的方法按照相关标准绘制建筑图纸，如图 2-6 所示。

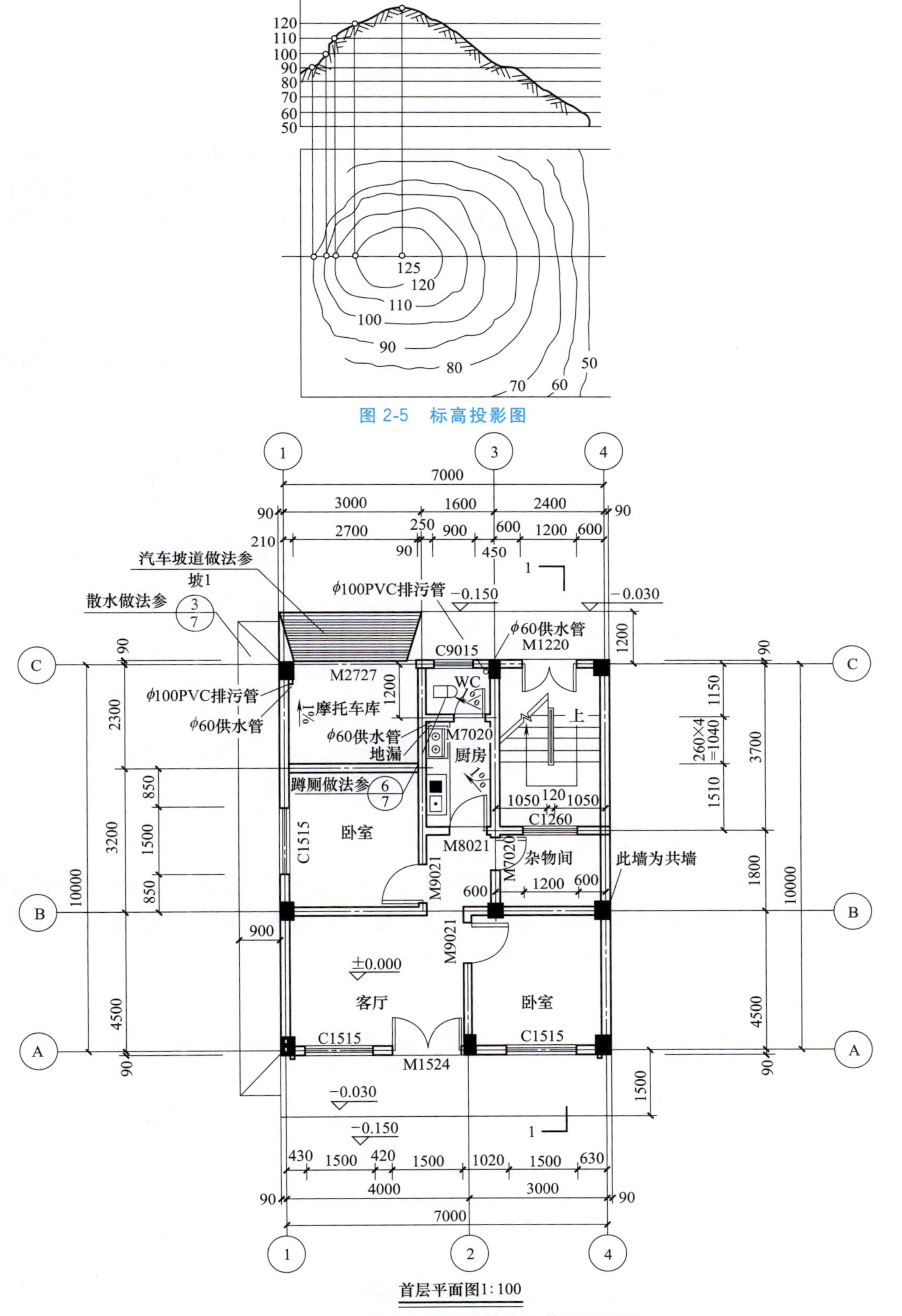

图 2-5 标高投影图

图 2-6 用正投影法绘制的某住宅首层平面图

2.2 正投影图的特性

2.2.1 全等性

当直线或平面平行于投影面时，它们的投影是直线或平面的全等形状，如图 2-7 所示。直线 EF 平行于平面 H，它在 H 面上的投影反映了直线 EF 的实长。若平面 $ABCD$ 平行于 H 面，其在 H 面上的投影反映了平面的真实形状和实际大小。这种性质即为正投影的全等性。

2.2.2 积聚性

当直线或平面垂直于投影面时，它们的投影积聚成点或直线，如图 2-8 所示。这种特性称为正投影的积聚性。

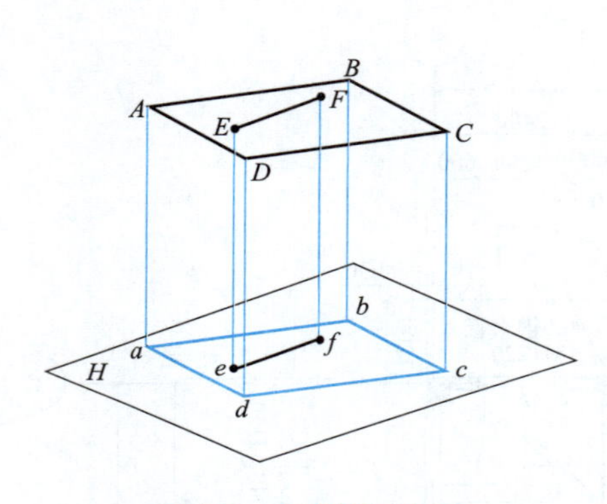

图 2-7 全等性示意图

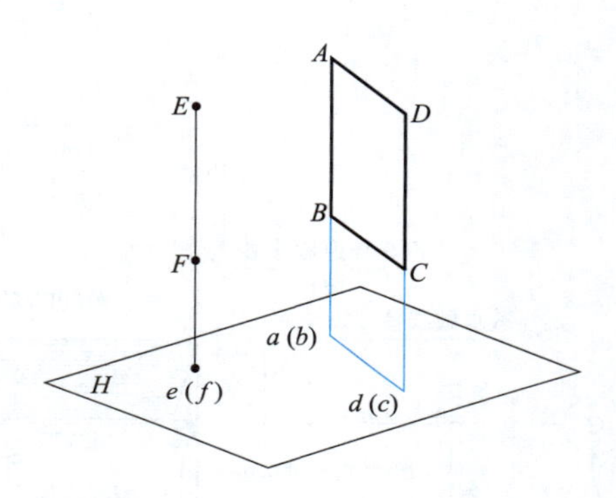

图 2-8 积聚性示意图

2.2.3 类似性

如图 2-9 所示，当直线 AB 或平面 $ABCD$ 不平行于投影面时，直线的投影短于原直线的实长，即 $ab<AB$；平面 $ABCD$ 的投影 $abcd$ 仍为平面，但 $abcd$ 不仅比平面 $ABCD$ 小，而且形状也发生了变化。这种性质称为正投影的类似性。

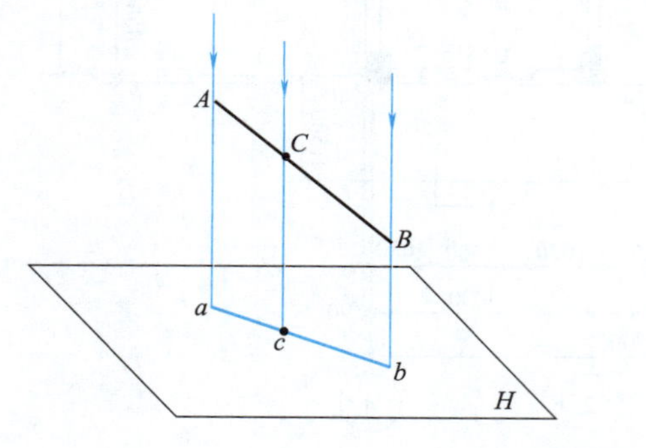

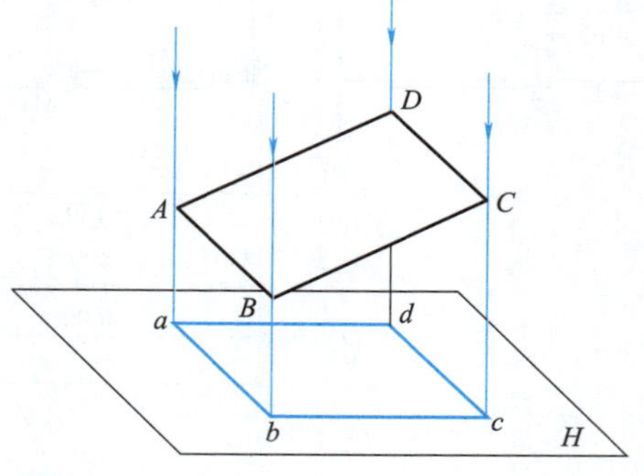

图 2-9 投影的类似性

2.2.4 平行性

相互平行的两条直线或相互平行的两个平面在同一投影面上的投影也相互平行，如图2-10所示。

2.2.5 从属性

直线上点的投影必在直线的投影上，且点将线段分成两部分，这两部分之比等于相应的投影之比，如图2-11所示。

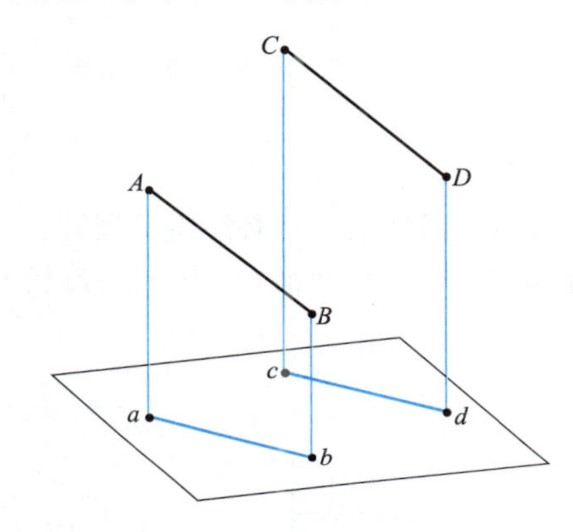

图2-10 投影的平行性

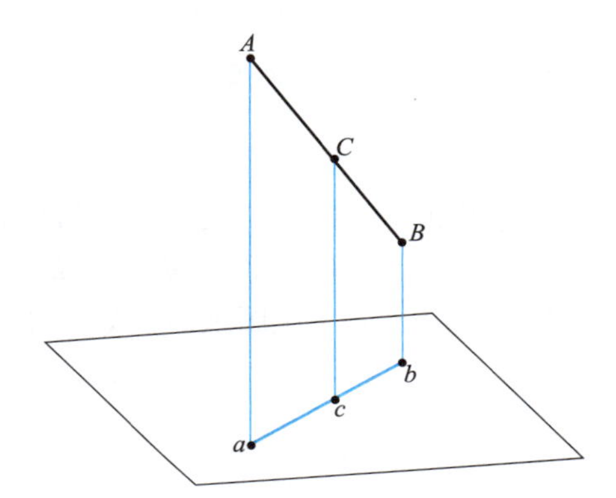

图2-11 投影的从属性

2.3 三视图的形成及规律

用一个投影图来表达物体的形状是不够的，如图2-12所示，四个形状不同的物体在投影面 H 上具有相同的正投影，单凭这个投影图无法确定物体的准确形状。

2.3.1 三视图的形成

2.3.1.1 三面投影体系的建立

为了使正投影图能唯一确定较复杂物体的形状，国家标准规定设立三个互相垂直的投影面，组成一个三面投影体系，如图2-13所示。

(1) 水平投影面用“H”标记，简称水平面或 H 面。

(2) 正立投影面用“V”标记，简称正立面或 V 面。

(3) 侧立投影面用“W”标记，简称侧面或 W 面。

两投影面的交线称为投影轴。H 面与 V 面的交线为 OX 轴，H 面与 W 面的交线为 OY 轴，V 面与 W 面的交线为 OZ 轴，它们互相垂直，并交汇于原点 O。

2.3.1.2 三面投影图的形成

将物体放置于三面投影体系中，即把物体的主要表面与三个投影面对应平行，然后用三组分别垂直于三个投影面的平行投射线进行投射，即可得到三个方向的正投影图，如图2-14所示。

(1) 从上向下投影，在 H 面得到水平投影图，简称水平投影或 H 投影。

(2) 从前向后投影，在 V 面得到正面投影图，简称正面投影或 V 投影。

(3) 从左向右投影，在 W 面得到侧面投影图，简称侧面投影或 W 投影。

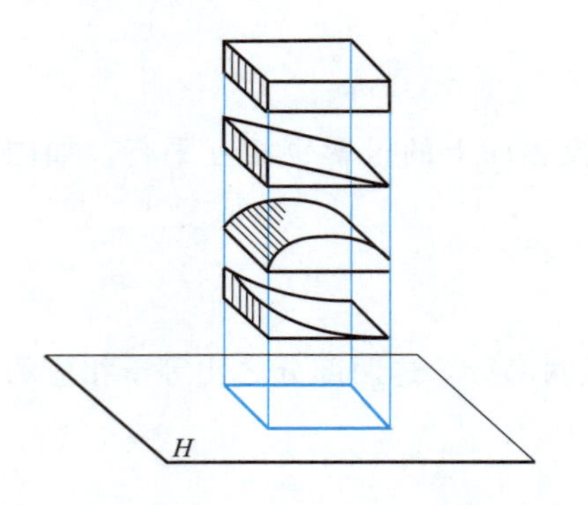

图 2-12　不同物体的单面投影

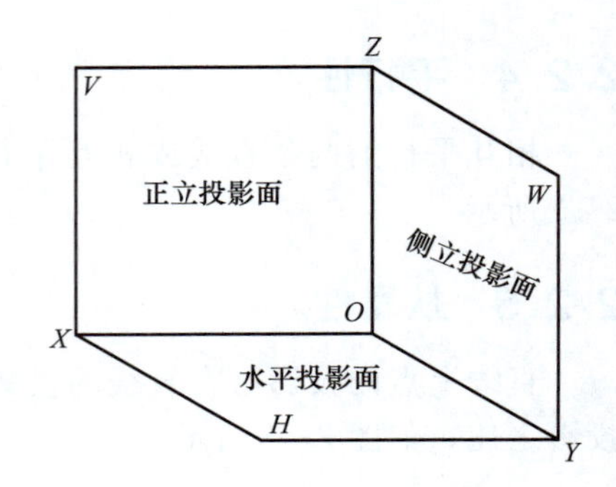

图 2-13　三面投影体系

2.3.1.3　三面投影图的展开

为了把互相垂直的三个投影面上的投影画在一张二维的图纸上，就必须将其展开。

展开的方法：假设 V 面不动，H 面沿 OX 轴向下旋转 90°，W 面沿 OZ 轴向后旋转 90°，使三个投影面处于同一张图纸内，如图 2-15 所示。

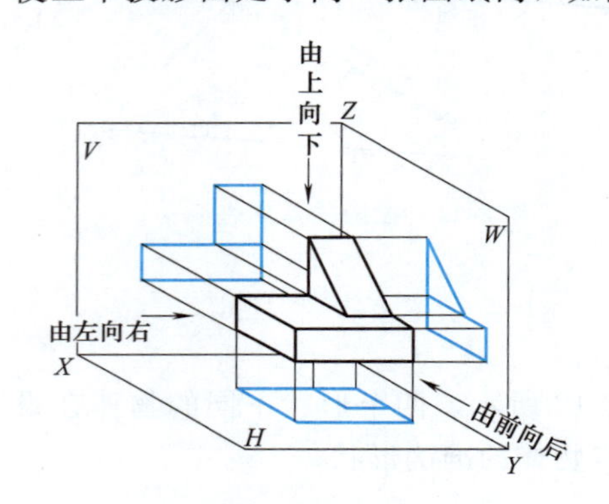

图 2-14　三面投影图的形成

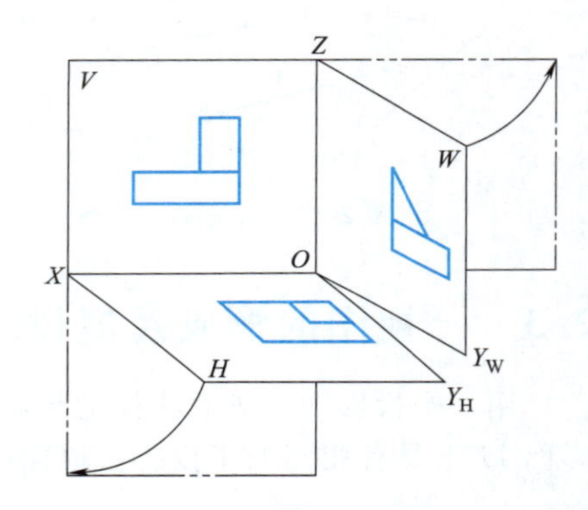

图 2-15　投影面的展开

展开后需要特别注意：这时 Y 轴分为两条，一条随 H 面旋转到 OZ 轴的正下方，用 Y_H 表示；一条随 W 面旋转到 OX 轴的正右方，用 Y_W 表示，如图 2-16（a）所示。

实际绘图时，在投影图外不必画出投影面的边框，不需注写 H、V、W 字样，也不必画出投影轴，如图2-16（b)所示。这就是物体的三面正投影图，简称三面投影。习惯上将这种不画投影面边框和投影轴的投影图称为“无轴投影”，工程中的图样均是按照“无轴投影”绘制的。

2.3.2　三视图的规律

2.3.2.1　三面投影图的投影关系

在三面投影体系中，物体的 X 轴方向称为长度，Y 轴方向称为宽度，Z 轴方向称为高度，如图 2-16（b）所示。

在物体的三面投影中，水平投影图和正面投影图在 X 轴方向都反映物体的长度，它们的位置左右应对正，即“长对正”。正面投影图和侧面投影图在 Z 轴方向都反映物体的高度，它们的位置上下应对齐，即“高平齐”。水平投影图和侧面投影图在 Y 轴方向都反映物体的宽度，这两个宽度一定相等，即“宽相等”。

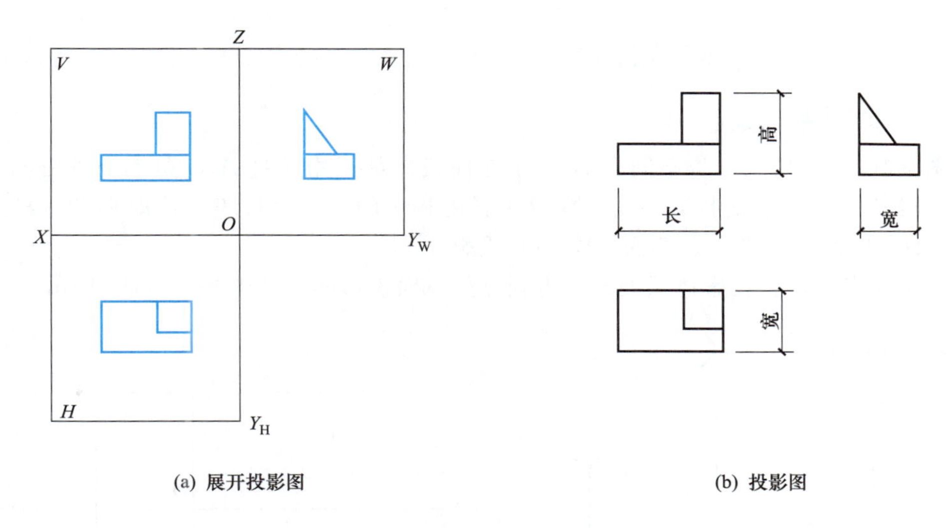

图 2-16　物体的三面投影

“长对正、高平齐、宽相等”称为“三等关系”，是物体的三面投影图之间最基本的投影关系，是画图和读图的基础。

2.3.2.2　三面投影图的方位关系

物体在三面投影体系中的位置确定后，相对于观察者，它在空间就有上、下、左、右、前、后六个方位，如图 2-17（a）所示。这六个方位关系也反映在物体的三面投影图中，每个投影图都可反映出其中四个方位。V 面投影反映物体的上下、左右关系；H 面投影反映物体的前后、左右关系；W 面投影反映物体的前后、上下关系，如图 2-17（b）所示。

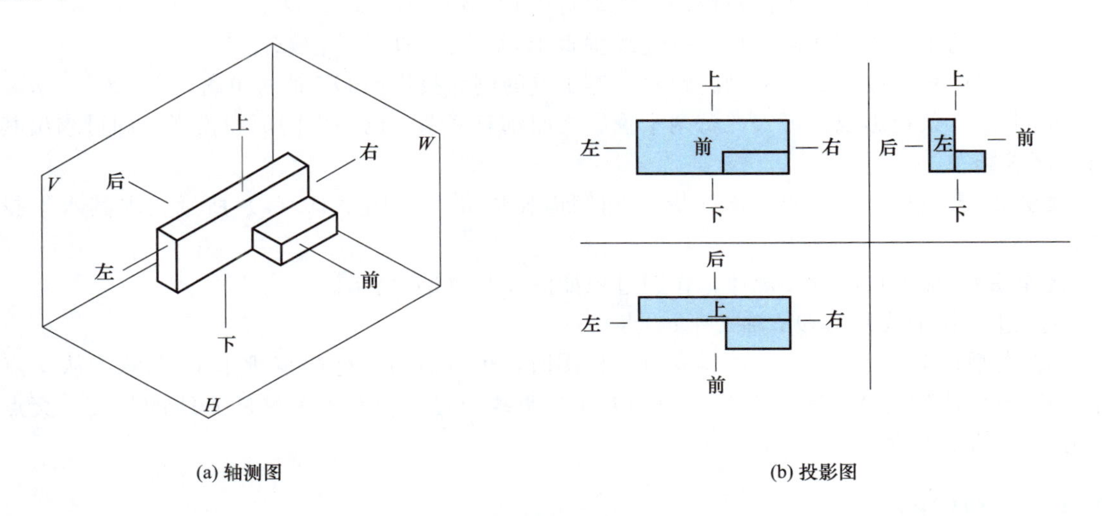

图 2-17　三面投影的方位关系

综上所述，三面投影图之间存在着必然的联系，任何两个投影都包含了物体的三个方向的尺寸。同时可根据投影图中各部分结构的相对位置，准确确定物体的空间形状，这是学习绘制和阅读工程图样的重要基础。

2.4 点、直线、平面的投影

2.4.1 点的投影

如图 2-18（a）所示，将空间点 A 置于三面投影体系中，过 A 点向三个投影面做正投影，即可得到 A 点的三面投影。图中规定投影用相应的小写字母表示，即水平（H 面）投影 a、正面（V 面）投影 a'、侧面（W 面）投影 a''。

移去空间点 A，将投影体系展开，得到点的三面投影图，如图 2-18（b）所示。

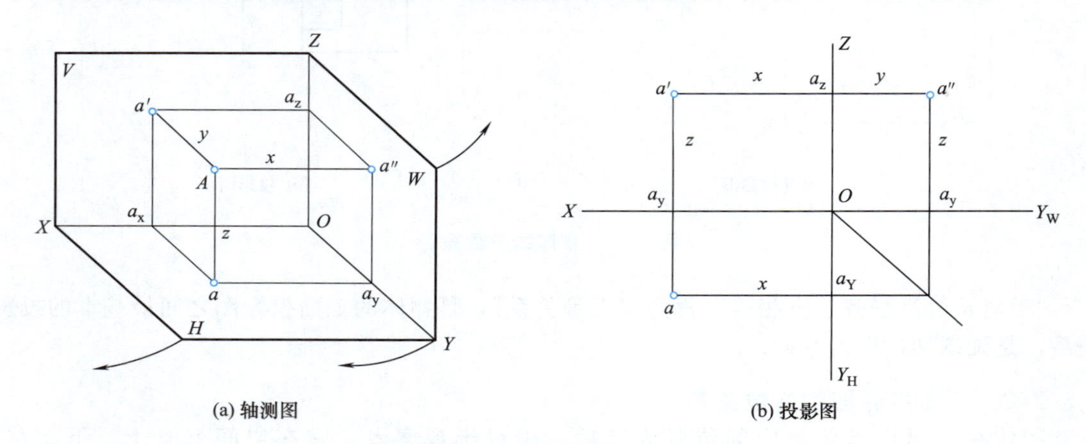

图 2-18　点的三面投影图

由图 2-18 可见，通过 A 点的各投射线和三条坐标轴形成一个长方体，其中相交的边彼此垂直，平行的边长度相等，三面投影体系展开后，点的三面投影之间具有下述投影规律：

（1）点的水平投影和正面投影的连线垂直于 OX 轴，即 $aa' \perp OX$。

（2）点的正面投影和侧面投影的连线垂直于 OZ 轴，即 $a'a'' \perp OZ$。

（3）点的水平投影到 OX 轴的距离，等于点的侧面投影到 OZ 轴的距离，即 $aa_x = a''a_z$。

由上述三条投影规律可知，每两个投影之间都有联系，已知点的两面投影，即可求出其第三面投影。

【例 2-1】 已知点 A 的正面投影 a' 和侧面投影 a''，如图 2-19（a）所示，求其水平投影 a。

【作图】 根据点的投影规律，作图过程如图 2-19（b）所示。

① 过 a' 作垂线并与 OX 轴交于 a_x 点。

② 在垂线上量取 $aa_x = a''a_z$ 得 a 点。作图时，也可借助于过 O 点所作 45°斜线，从 a'' 点作 OY_W 轴的垂线与 45°斜线相交，再作 OY_H 的垂线与过 a' 点作 OX 轴的垂线的相交，交点即为点 A 的水平投影 a。

2.4.2 直线的投影

由初等几何可知，两点确定一条直线，所以画出直线上任意两点的投影，连接其同面投影，即可得直线的投影，如图 2-20 所示。

按直线对于投影面的相对位置可分为：一般位置直线、投影面平行线和投影面垂直线三种，后两种称为特殊位置直线。

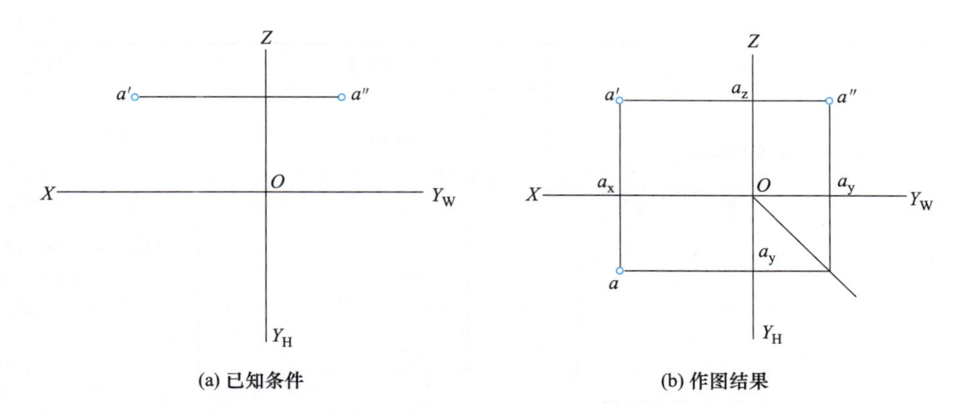

图 2-19 由两面投影求第三面投影

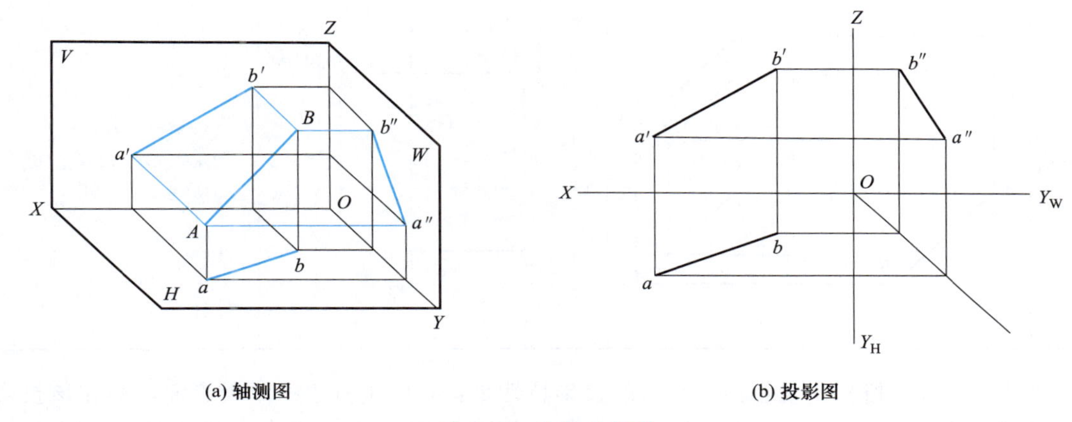

图 2-20 直线的投影

2.4.2.1 投影面垂直线

投影面垂直线有三种：垂直于 H 面的直线，称为铅垂线；垂直于 V 面的直线，称为正垂线；垂直于 W 面的直线，称为侧垂线。投影面垂直线的投影特性见表 2-1。

表 2-1 投影面垂直线的投影特性

名称	立体图	投影图	投影特性
铅垂线	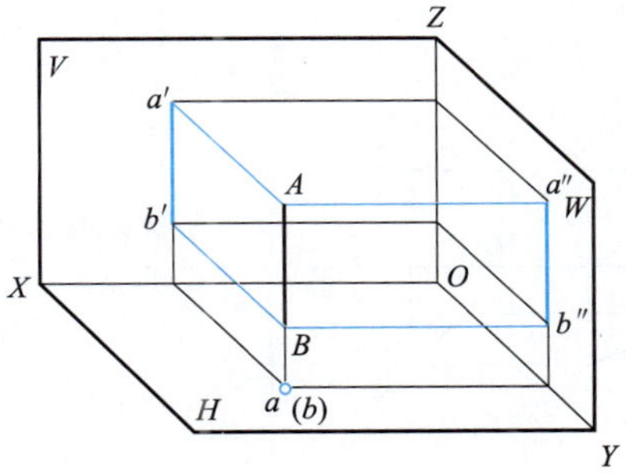	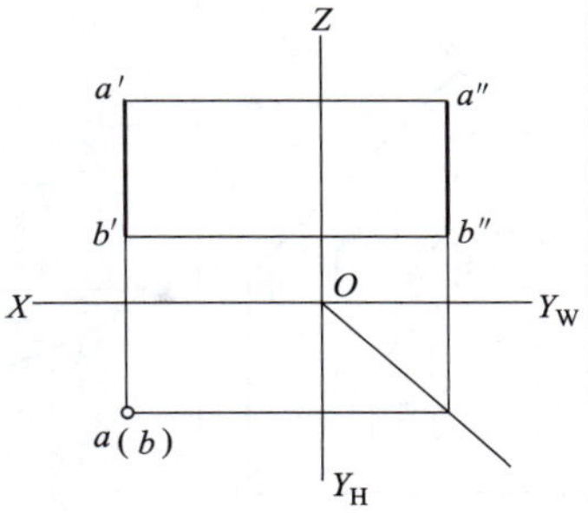	1）ab 积聚为一点 2）$a'b' \perp OX, a''b'' \perp OY_W$ 3）$a'b' = a''b'' = AB$

续表

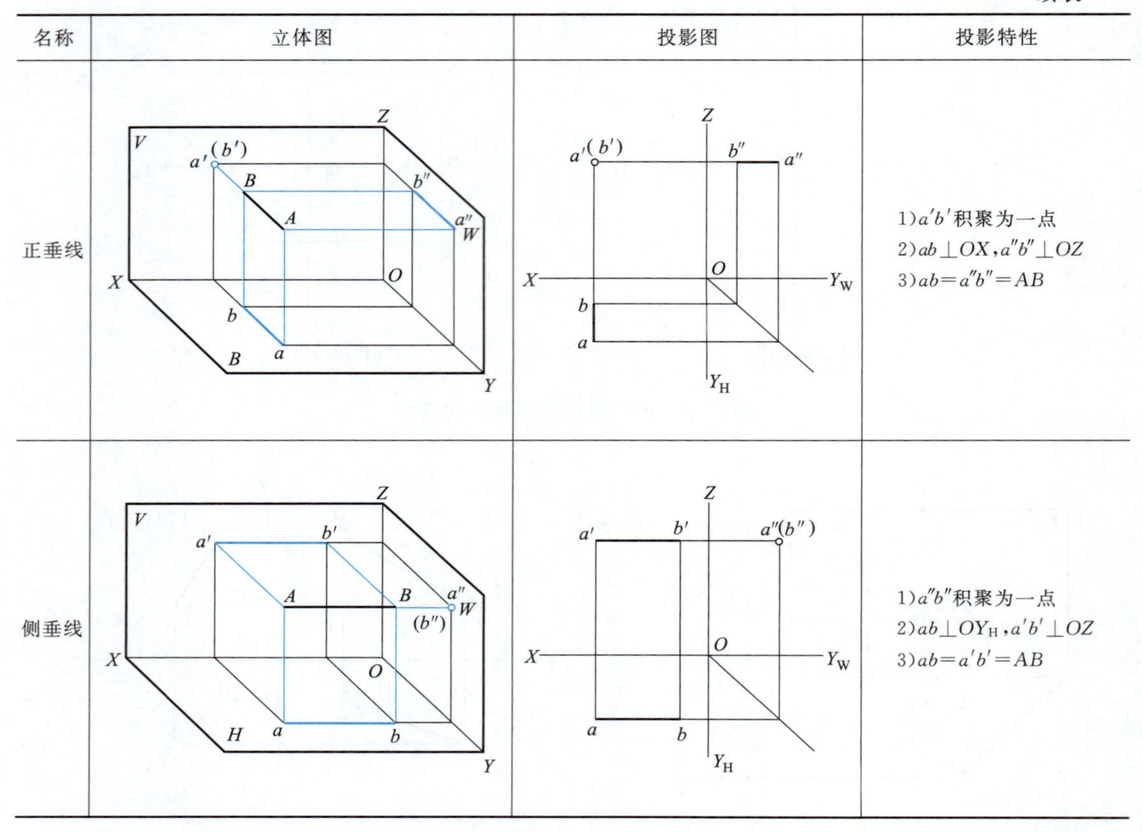

名称	立体图	投影图	投影特性
正垂线			1)$a'b'$积聚为一点 2)$ab\perp OX$，$a''b''\perp OZ$ 3)$ab=a''b''=AB$
侧垂线			1)$a''b''$积聚为一点 2)$ab\perp OY_H$，$a'b'\perp OZ$ 3)$ab=a'b'=AB$

由表 2-1 可以概括出投影面垂直线的投影特性是：直线垂直于一个投影面，则在该投影面上的投影积聚成一点。在另外两个面上的投影，分别垂直于相应的投影轴，反映直线实长。

2.4.2.2　投影面平行线

投影面平行线有三种：平行于 H 面的直线称为水平线；平行于 V 面的直线称为正平线；平行于 W 面的直线，称为侧平线。投影面平行线的投影特性见表 2-2。

表 2-2　投影面平行线的投影特性

名称	立体图	投影图	投影特性
水平线			1)$a'b'/\!/OX$，$a''b''/\!/OY_W$ 2)$ab=AB$

续表

名称	立体图	投影图	投影特性
正平线	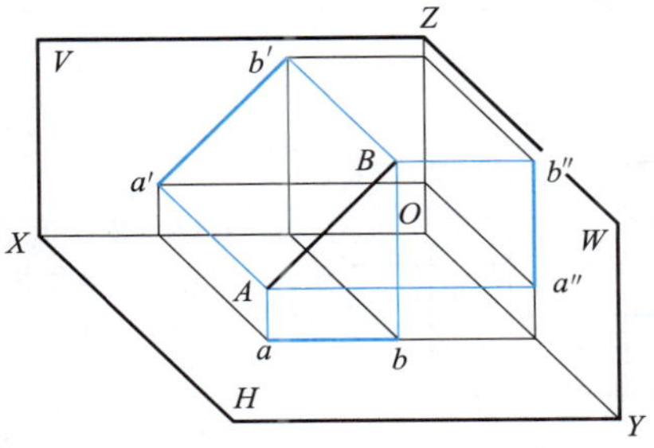	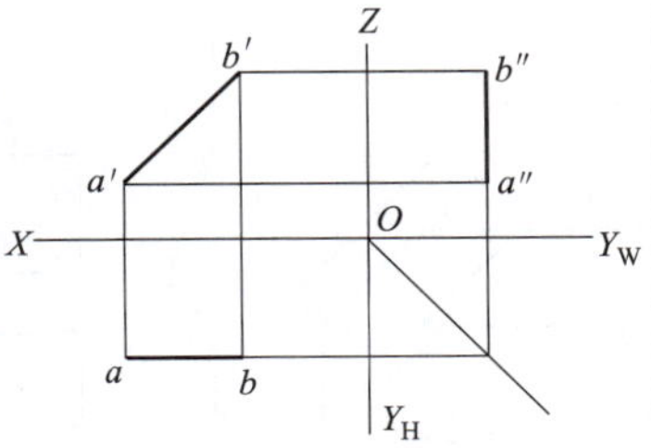	1)$ab // OX, a''b'' // OZ$ 2)$a'b' = AB$
侧平线	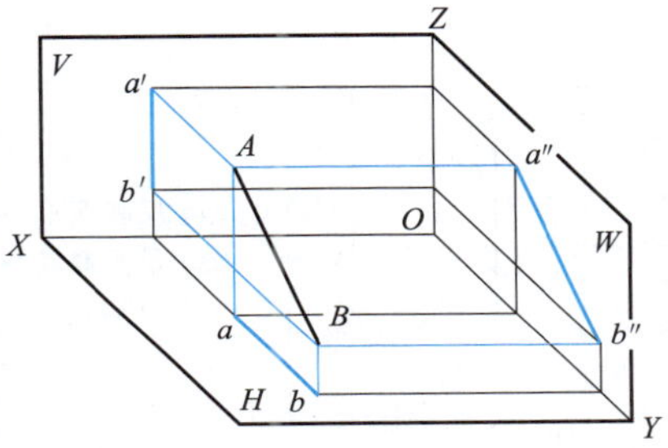	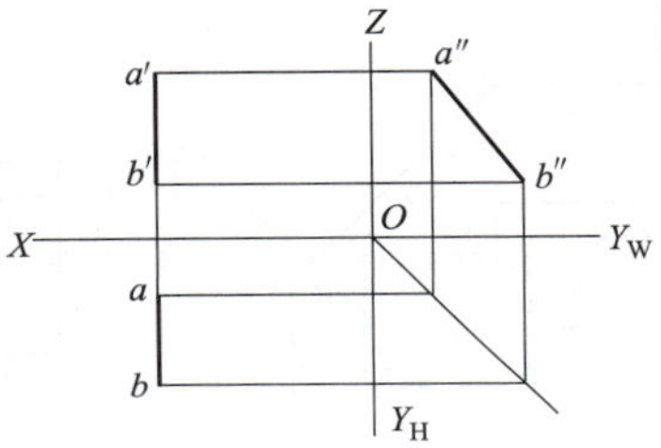	1)$ab // OY_H, a'b' // OZ$ 2)$a''b'' = AB$

由表 2-2 可以概括出投影面平行线的投影特性是：直线平行于某投影面，则该投影面上的投影反映实长；该投影与投影轴的夹角反映直线对其他两个投影面的倾角。在另外两个投影面上的投影，分别平行于相应的投影轴，且不反映直线的实长。

2.4.2.3 一般位置直线

与三个投影面都倾斜的直线称为一般位置直线。一般位置直线的投影特性有：

（1）直线的三个投影与各投影轴既不平行也不垂直。任何投影与投影轴的夹角，均不反映直线与任何投影面的真实倾角。

（2）直线的三个投影长度均小于实长且无积聚性。

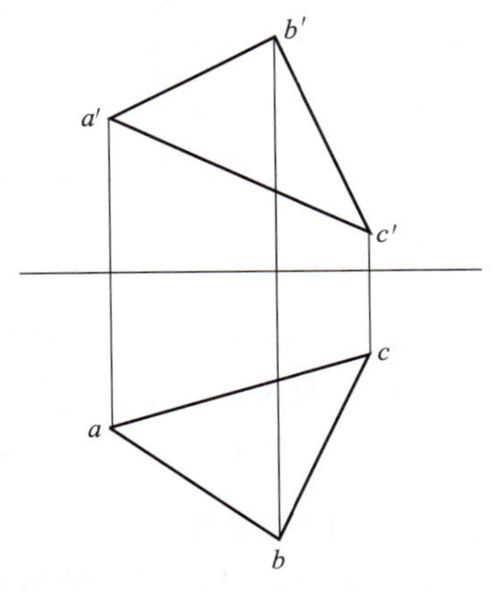

图 2-21　平面的表示方法

2.4.3 平面的投影

由初等几何可知，不在同一直线上的三点可以确定空间一平面。平面物体的外形是由若干个平面多边形组合而成的，因此，平面的投影可用多边形图形的投影表示，如图 2-21所示。

平面与投影面的相对位置可以分成三种情况：投影面平行面、投影面垂直面和一般位置平面，前面两种称为特殊位置平面。

2.4.3.1 投影面平行面

平行于一个投影面，称为投影面平行面。平行于 H 面的称为水平面；平行于 V 面的称为正平面；平行于 W 面的称为侧平面。它们的空间位置、投影图和投影特性见表 2-3。

表 2-3　投影面平行面特性

名称	立体图	投影图	投影特性
水平面	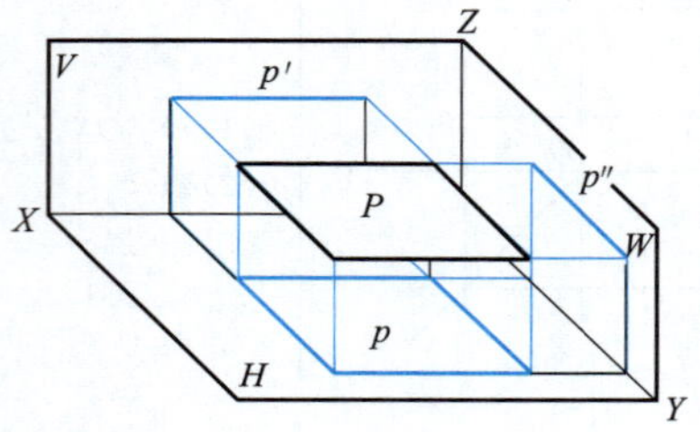	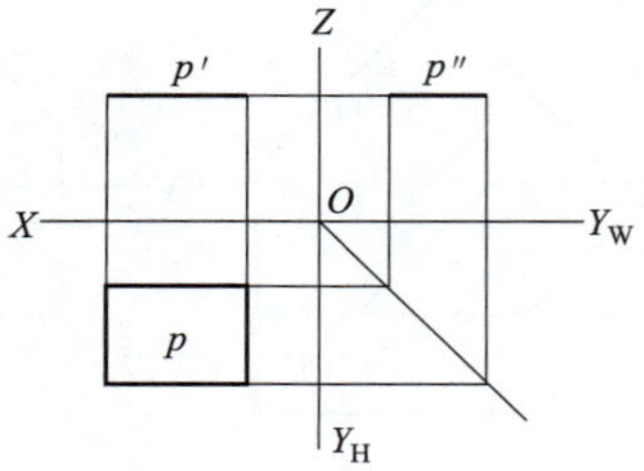	1) p 反映实形 2) p'、p'' 积聚成一直线 3) $p' /\!/ OX$，$p'' /\!/ OY_W$
正平面	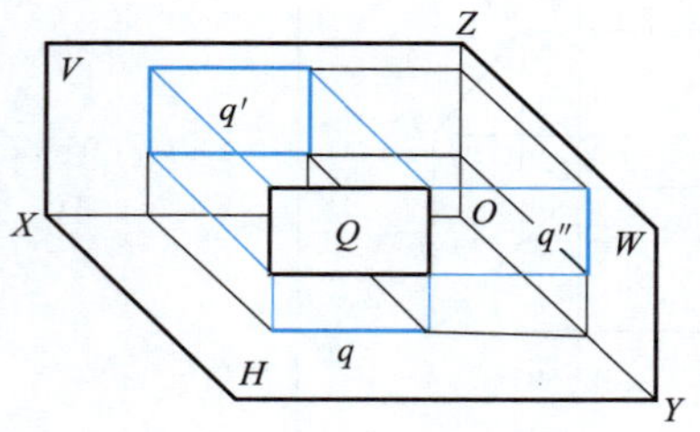	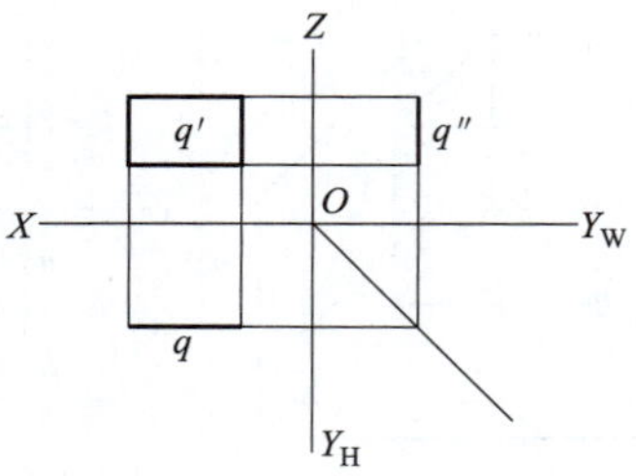	1) q' 反映实形 2) q、q'' 积聚成一直线 3) $q /\!/ OX$，$q'' /\!/ OZ$
侧平面	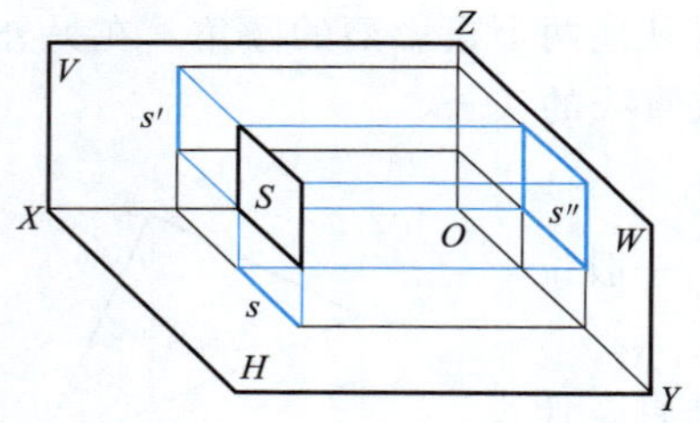	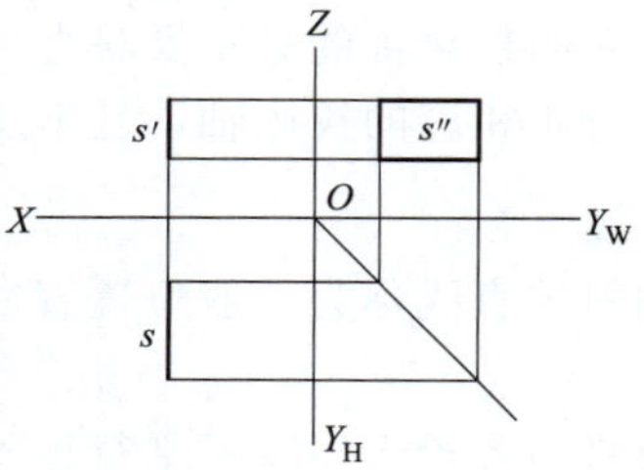	1) s'' 反映实形 2) s、s' 积聚成一直线 3) $s /\!/ OY_H$，$s' /\!/ OZ$

从表 2-3 中可以归纳出投影面平行面的投影特性：

（1）平面在它所平行的投影面上的投影反映实长。

（2）平面的其他两个投影积聚成直线，并且平行于相应的投影轴。

2.4.3.2　投影面垂直面

垂直于一个投影面，倾斜于其他两投影面的平面称为投影面垂直面。仅与 H 面垂直的平面称为铅垂面；仅与 V 面垂直的平面称为正垂面；仅与 W 面垂直的平面称为侧垂面。它们的空间位置、投影图和投影特性见表 2-4。

从表 2-4 中可以归纳出投影面垂直面的投影特性：

（1）平面在它垂直的投影面上的投影积聚成直线，并且该投影与投影轴的夹角等于该平面与相应投影面的倾角。

（2）平面的其他两面投影都小于实形。

表 2-4 投影面垂直面特性

名称	立体图	投影图	投影特性
铅垂面	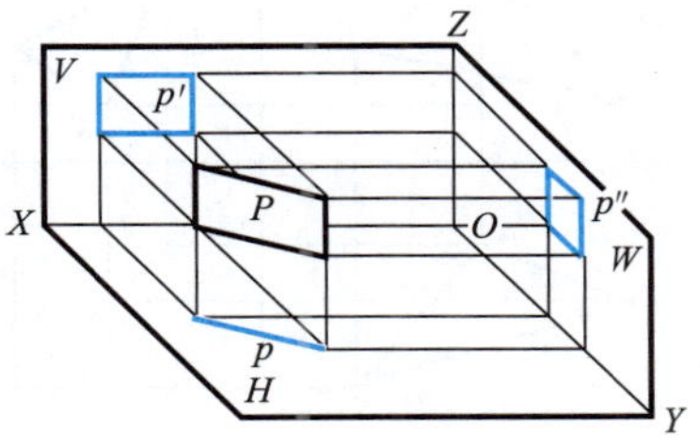	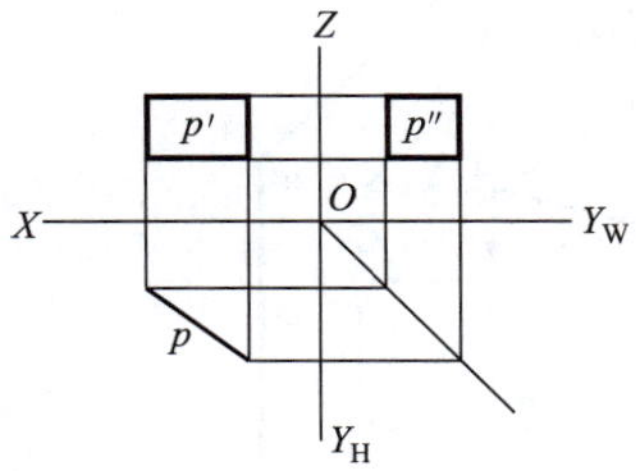	1) p 积聚为一直线 2) p'、p'' 为平面的类似形
正垂面	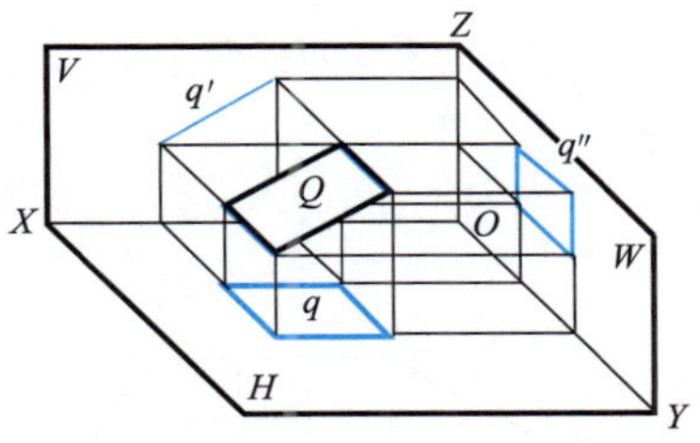	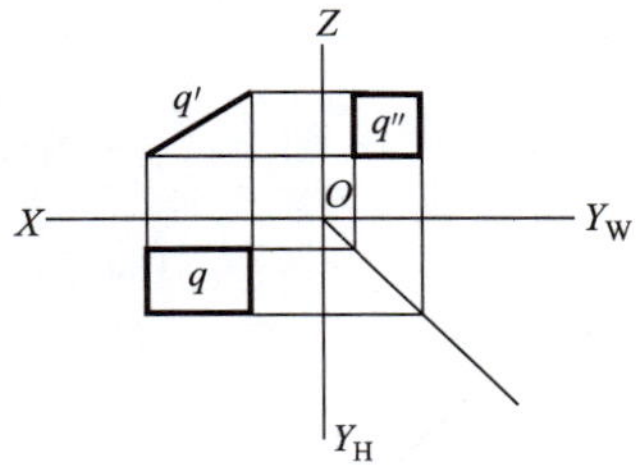	1) q' 积聚为一直线 2) q、q'' 为平面的类似形
侧垂面	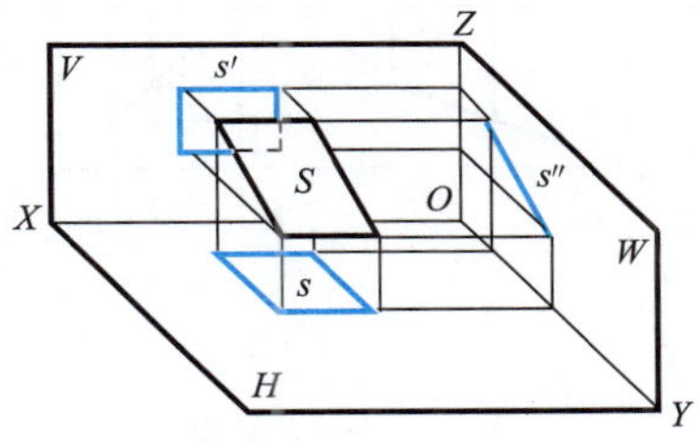	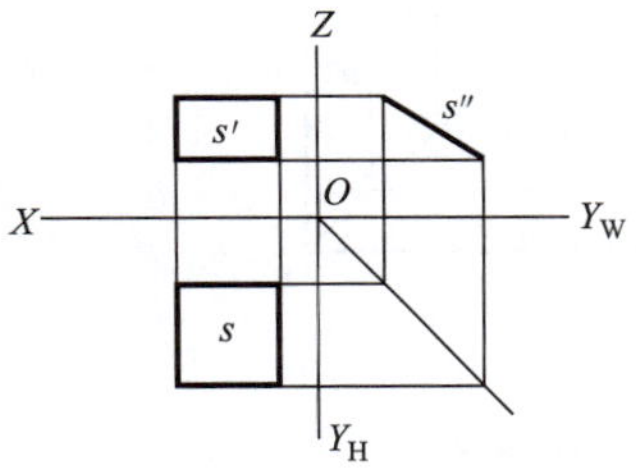	1) s'' 积聚为一直线 2) s、s' 为平面的类似形

2.4.3.3 一般位置平面

对于三个投影面都倾斜的平面，称为一般位置平面，如图 2-22 所示。一般位置平面的投影特性是：它的三个投影既没有积聚性，也不反映平面的实形，均为空间平面图形的类似形。

2.4.4 点、直线、平面的从属关系

2.4.4.1 直线上的点

如图 2-23（a）所示，如果点 C 在直线 AB 上，则点 C 的投影一定在直线 AB 的同面投影上。在图 2-23（b）中，点 C 在 AB 上，则 c' 在 $a'b'$ 上，c 在 ab 上，c'' 在 $a''b''$ 上；反之，如果点 C 的各投影均在直线 AB 的同面投影上，且符合点的投影规律，则点 C 必在直线 AB 上。

2.4.4.2 平面内的点

由初等几何可知，点在平面上的几何条件是：如果点位于平面内的任一直线上，则此点在该平面上。

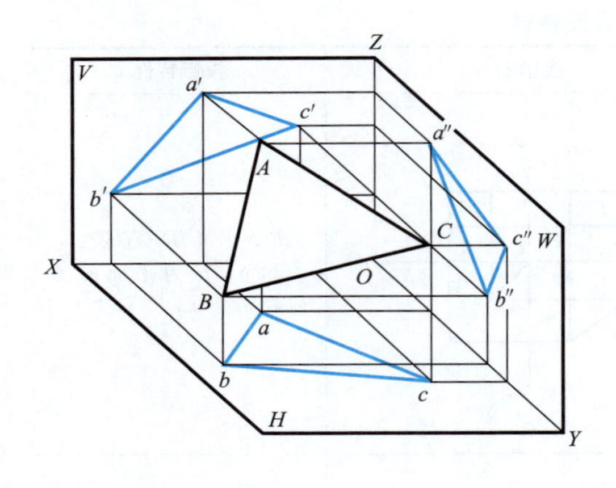

(a) 轴测图

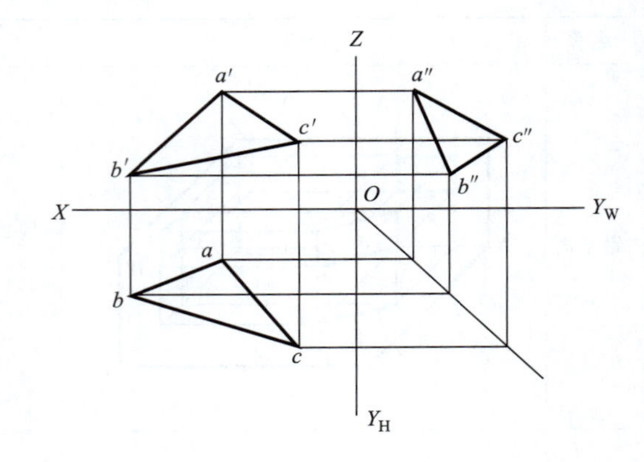

(b) 投影图

图 2-22　一般位置平面

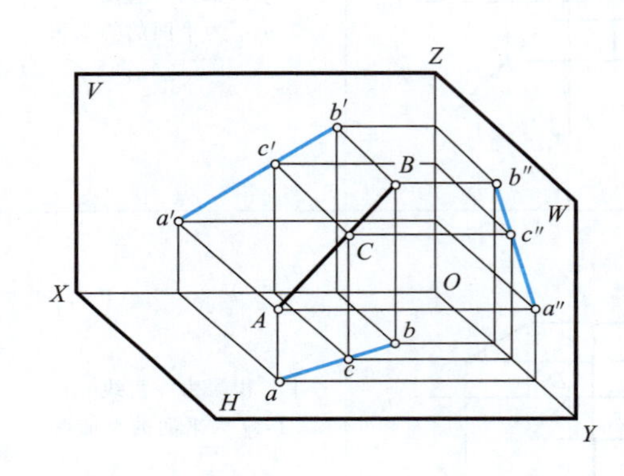

(a) 轴测图

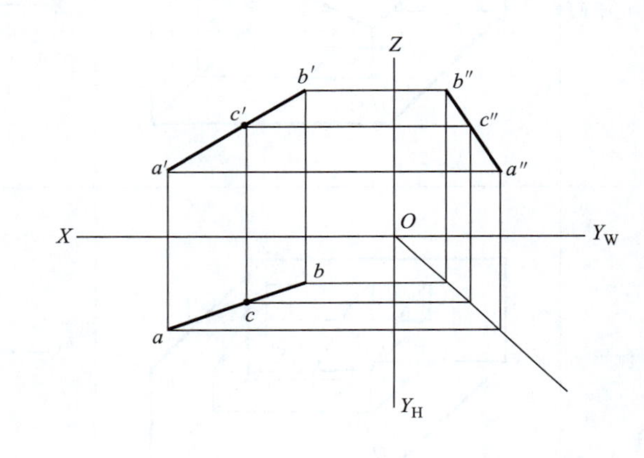

(b) 投影图

图 2-23　直线上的点

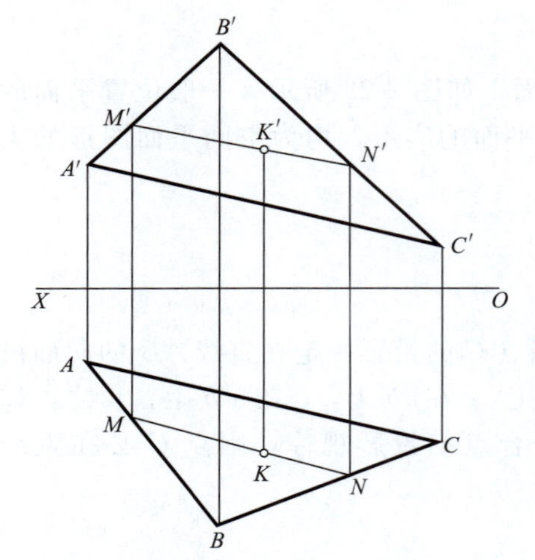

图 2-24　平面上的点和直线

根据上述条件，在平面内取点的方法如下：

(1) 直接在平面内的已知线段上取点。

(2) 先在平面上取直线（该直线由已知点所确定），然后在该直线上取符合要求的点。

如图 2-24 所示，直线 MN 为平面△ABC 内的一直线，点 K 在直线 MN 上，则 K 点在平面△ABC 内。

2.4.4.3　平面内的直线

由初等几何可知，直线在平面内的几何条件必须满足下列两条件之一：

(1) 通过平面内的两个已知点。

(2) 通过平面内的一个已知点，且平行于该平面内的一直线。

根据上述条件，平面内的直线作图方法如图 2-25 所示。

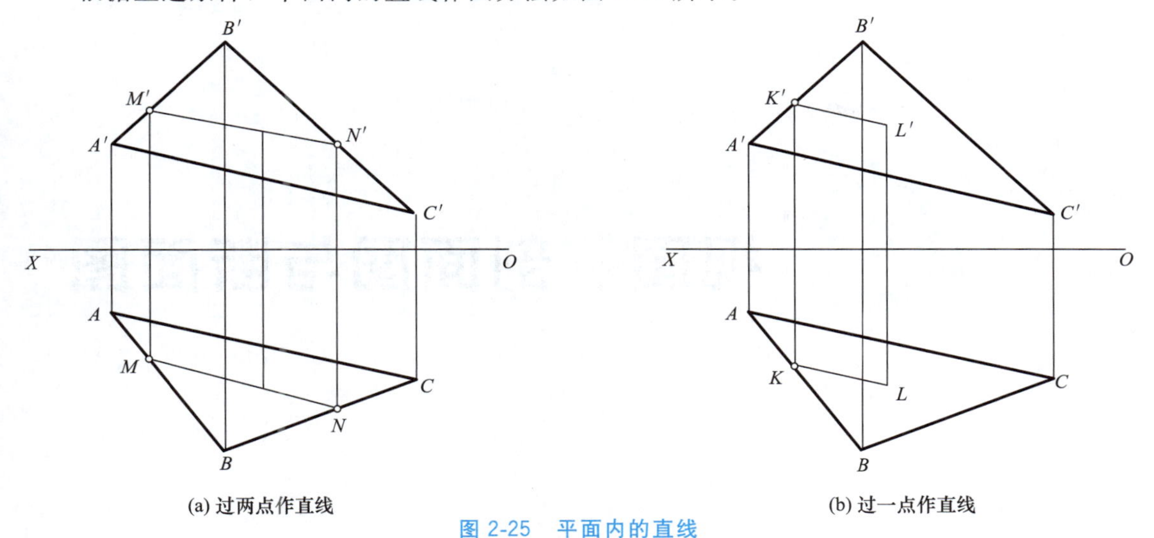

图 2-25　平面内的直线

如图 2-25（a）所示，M、N 分别为△ABC 平面两个边上的点，连接这两点，所得直线 MN 在△ABC 平面内。

如图 2-25（b）所示，点 K 是△ABC 平面内 AB 边上的点，通过 K 点且平行于△ABC 平面中 AC 边的直线 KL 必在△ABC 平面内。

【例 2-2】 如图 2-26（a）所示，已知△ABC 内点 K 的水平投影 k，求其正面投影 k'。

【分析】 点 K 在 ΔABC 内，它必在该平面内的一条直线上。k'、k 应分别位于该直线的同面投影上。所以，若求 K 点的投影，则必先在 ΔABC 内过点 K 的已知投影作辅助线。

【作图】 如图 2-26（b）所示。

① 在水平投影上过 k 任作一直线 cd，即过 K 点的辅助线的水平投影。

② 作出辅助线的正面投影 $c'd'$。

③ 过 k 作投影连续与 $c'd'$ 相交即得 k'。

也可以过点 K 作辅助线与 ΔABC 内的一条已知直线平行并于边线相交，求出该辅助线的另一投影，再根据直线上的点的投影特性，求出 K 点的另一投影。

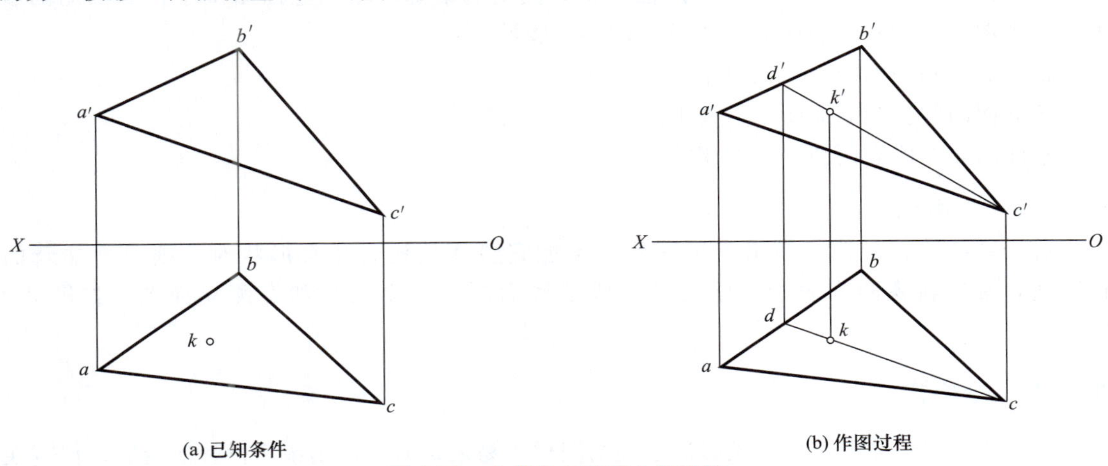

图 2-26　完成点在平面上的投影

3 视图、剖面图与断面图

3.1 视图

在工程制图中，以观察者处于无限远处的视线来代替正投影中的投射线，将工程形体向投影面作正投影时，所得到的图形称为视图。因此，工程制图中的视图就是正投影图，有关正投影的投影特性均适用于视图。

3.1.1 三面视图和六面视图

3.1.1.1 三面视图

由于一个投影面不能完整地反映建筑物的形状和大小，故设立三个相互垂直的投影面 H、V 和 W，并画出建筑物在三个投影面上的投影，形成了 H 面上的水平、V 面上的正面投影、W 面上的侧面投影，如图 3-1（a）所示。

在建筑制图中，水平投影、正面投影、侧面投影所形成的视图，分别称为平面图、正立面图和左侧立面图，即相当于平面图是观察者面对 H 面，从上往下看所得到的视图，其余以此类推。

在三视图的排列位置中，平面图位于正立面图的下方，左侧立面图位于正立面图的右方，三视图之间的联系规律为［如图 3-1（b）所示］：

正立面图和平面图——长对正；

正立面图和左侧立面图——高平齐；

平面图和左侧立面图——宽相等。

3.1.1.2 六面视图

对于某些建筑形体，画出三视图后也不能完整清楚地表达其形状时，则要增加新的投影面，画出新视图来表达，于是又形成了底面图、背立面图和右侧立面图，如图 3-2 所示。

3.1.2 镜像视图

当某些工程形体用直接正投影法绘制的图样不易表达时，可用镜像投影法绘制，但应在图名后注写“镜像”两字。

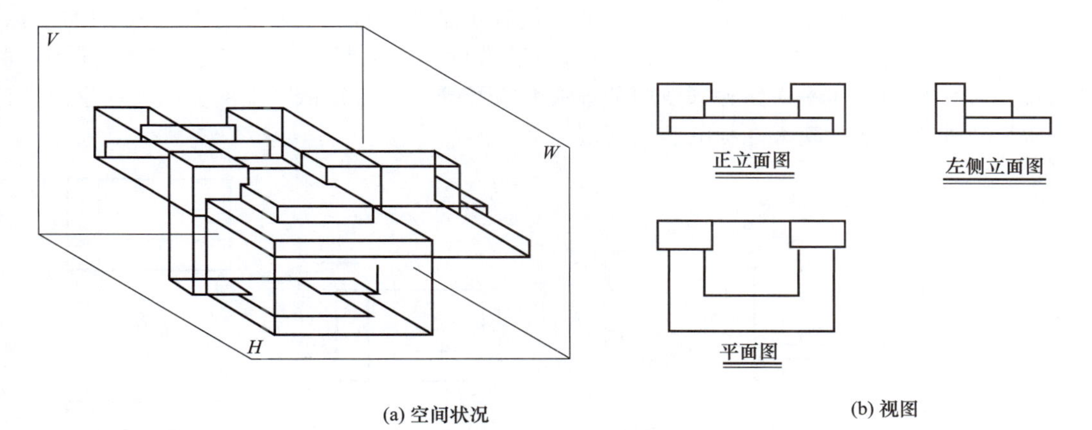

(a) 空间状况　　(b) 视图

图 3-1　三面视图

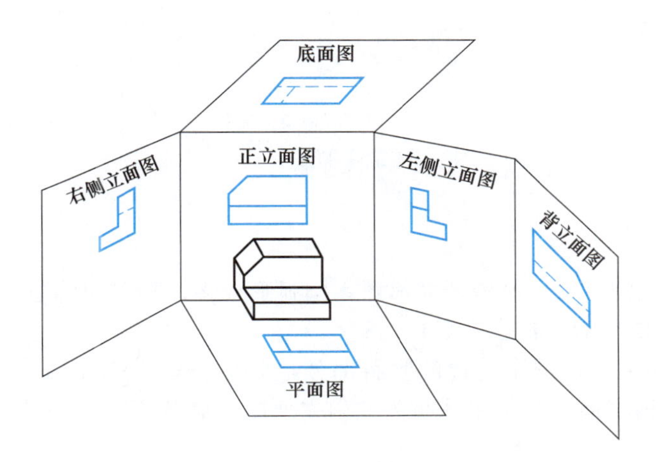

(a) 六面视图的形成

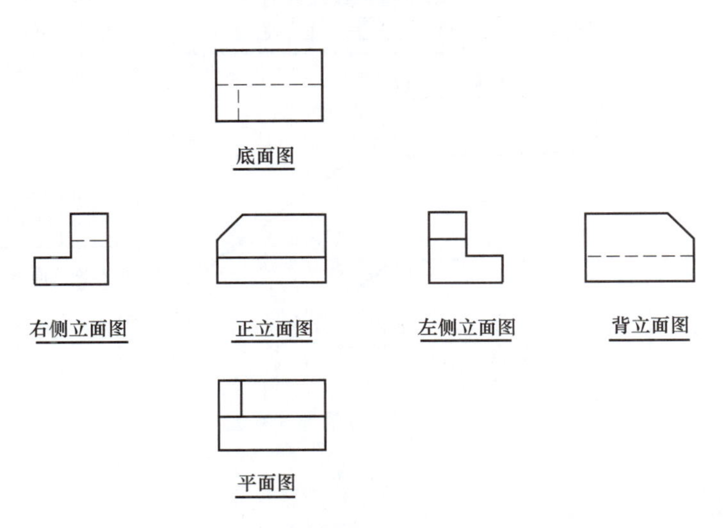

(b) 六面视图展开图

图 3-2　六面视图

如图 3-3 所示，把镜面放在形体的下面，代替水平投影面，在镜面中反射得到的图像，则称为平面图（镜像）。由图 3-3 可知，它与用通常投影法绘制的平面图是有所不同的，两者的视图形状相同，但平面图轮廓线内的虚线变成了平面图（镜像）中的实线。在室内设计中，常用镜像视图来反映天花板的装饰情况。

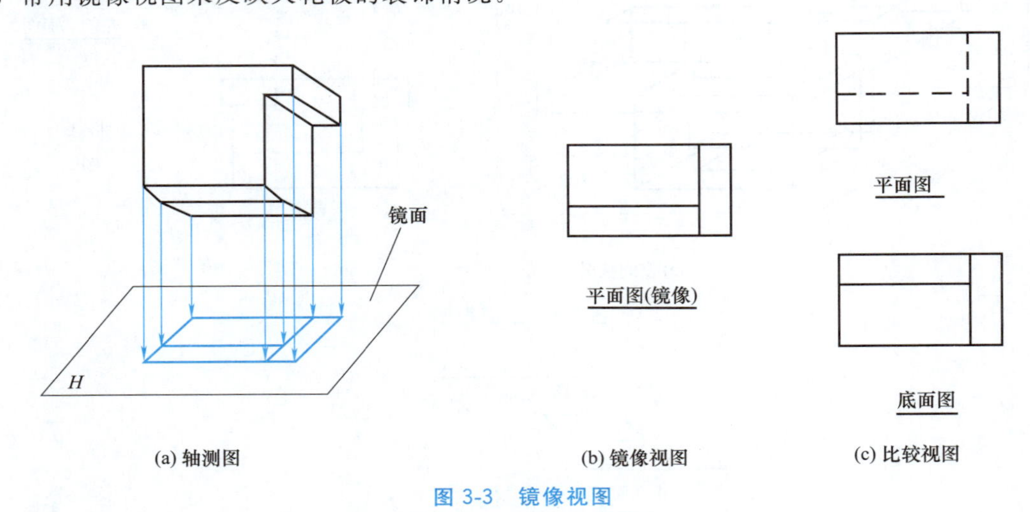

图 3-3　镜像视图

3.1.3　展开视图

平面形状曲折的建筑物，可绘制展开立面图；圆弧形或多边形平面的建筑物，可分段展开绘制立面图，但均应在图名后加注“展开”两字。

如图 3-4 所示，把房屋平面图中右边的倾斜部分，假想绕垂直 H 面的轴旋转展开到平行于 V 面后，画出它的南立面图，图名注写为“南立面图（展开）”。

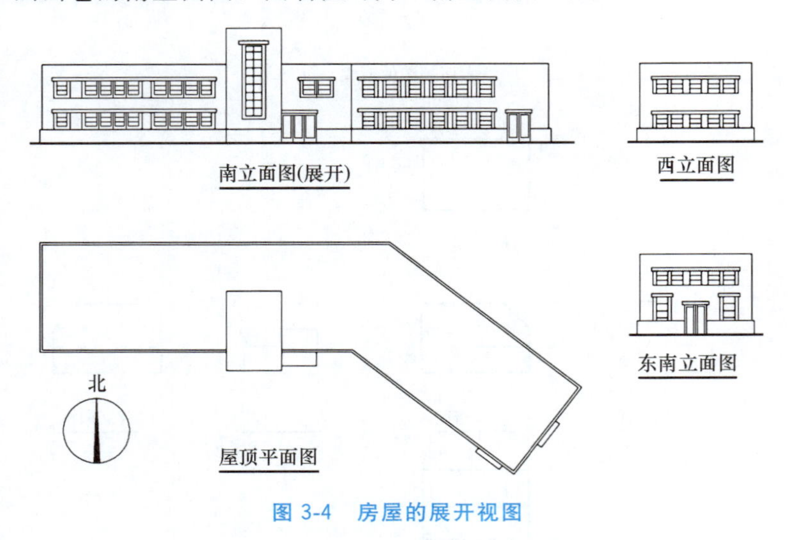

图 3-4　房屋的展开视图

3.1.4　视图的简化画法

在不影响表达建筑形体完整性的前提下，为了节省绘图时间，可采用制图标准规定中的几种简化画法。

3.1.4.1 对称形体的省略画法

构配件的视图有 1 条对称线，可只画该视图的一半；视图有 2 条对称线，可只画该视图的 1/4，并画出对称符号，对称符号用细单点画线绘制，两端各画两条平行的细实线，平行线的长度宜为 6～10mm，间距 2～3mm，如图 3-5（a）所示。图形也可稍超出其对称线，此时可不画对称符号，而在超出对称线部分画上折断线，如图 3-5（b）所示。

对称的形体需画剖面图或断面图时，可以对称符号为界，一半画视图（外形图），一半画剖面图或断面图，如图 3-6 所示。

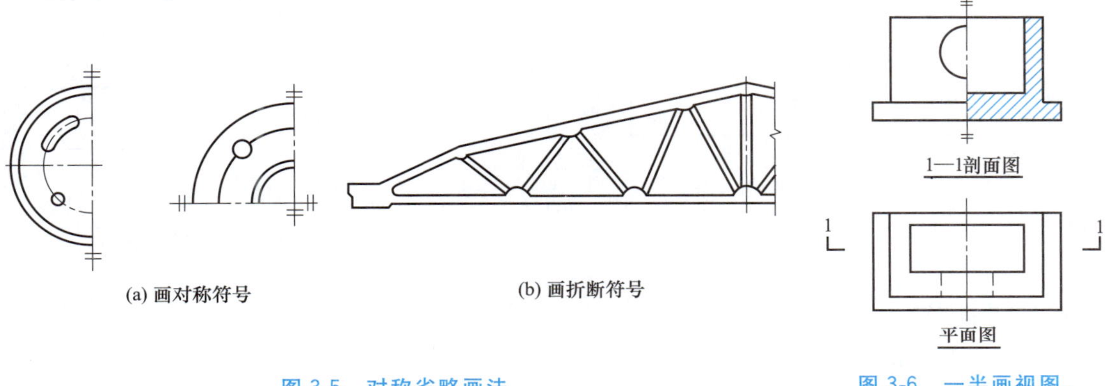

图 3-5 对称省略画法

图 3-6 一半画视图，一半画剖面图

3.1.4.2 相同构件的省略画法

构配件内多个完全相同而连续排列的构造要素，可仅在两端或适当位置画出其完整形状，其余部分以中心线或中心线交点表示，如图 3-7（a）所示。

如相同构造要素少于中心线交点，则其余部分应在相同构造要素位置的中心线交点处用小圆点表示，如图 3-7（b）所示。

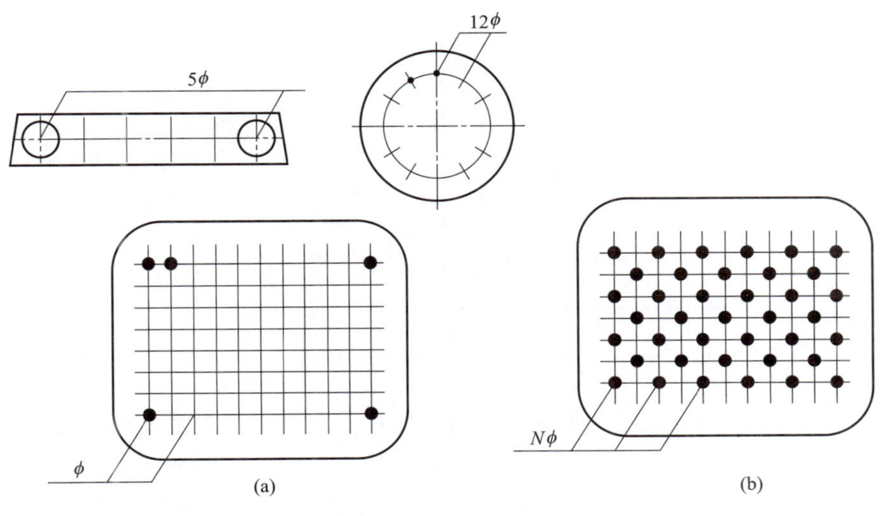

图 3-7 相同要素简化画法

3.1.4.3 折断、连接简化画法

较长的构件，如沿长度方向的形状相同或按一定规律变化，可断开省略绘制，断开处应以折断线表示，如图 3-8 所示。

一个构配件，如绘制位置不够，可分成几个部分绘制，并应以连接符号表示相连。一个构配件如与另一构配件仅部分不相同，该构配件可只画不同部分，但应在两个构配件的相同部分与不同部分的分界线处，分别绘制连接符号，如图 3-9 所示。

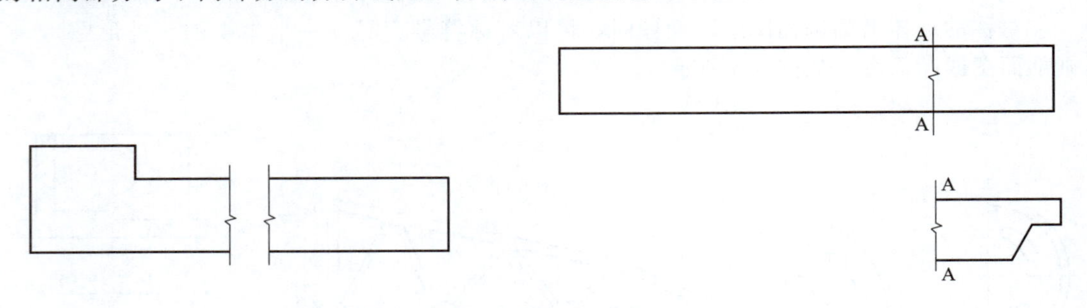

图 3-8 折断简化画法　　图 3-9 构件局部不同的简化画法

3.2 剖面图

3.2.1 剖面图的概念

合理选用本章前面所介绍的各种视图，可以把形体的外部形状和大小表达清楚，至于形体的内部构造，在视图中用虚线表示。如果形体的内部形状比较复杂，则在视图中会出现较多的虚线，甚至虚、实线相互重叠或交叉，这样，图样就表达不清楚，或不易于理解，如图 3-10所示的双杯基础的视图。

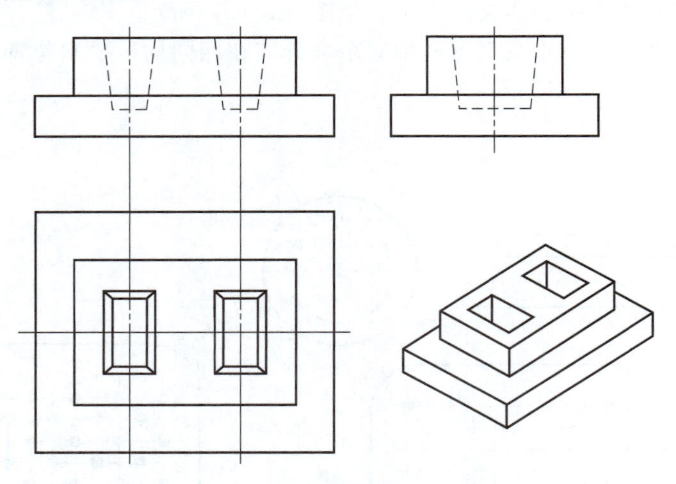

图 3-10 双杯基础投影图

为此，在工程制图中采用剖面图来解决这一问题。假想用一个平面作为剖切平面，将物体剖开，然后移去观察者和剖切平面之间的形体后所得到的形体剩下部分的正投影图，称为剖面图。如图 3-11 所示为台阶剖面图的形成情况。这样就把原来形体内部不可见的部分变为可见，其内部形状表达得非常清楚。

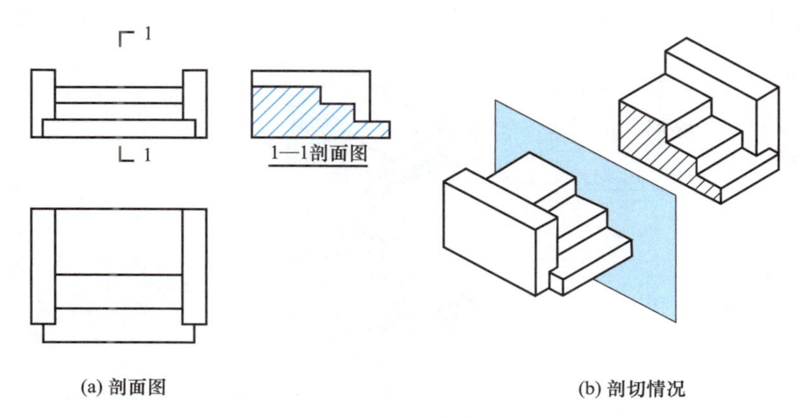

(a) 剖面图　　(b) 剖切情况

图 3-11　台阶剖面图的形成

3.2.2　剖面剖切符号和材料图例

剖面剖切符号由剖切位置线、剖视方向线和编号组成。

3.2.2.1　剖切位置线

一般把剖切平面设置成垂直于某个基本投影面的位置，则剖切平面在该投影面上的视图中就积聚成一条直线，这一直线就表明了剖切平面的位置，称为剖切位置线，简称剖切线，用断开的两段粗实线表示，长度宜为 6～10mm，如图 3-11 中所示。注意剖切线不应与图上的图线相接触。

3.2.2.2　剖视方向线

剖视方向线应与剖切位置线垂直，在剖切线两端的同侧各画一段与它垂直的短粗实线，称为剖视方向线，简称剖视线。剖视线长度宜为 4～6mm，表示观看方向朝向哪一边。如图 3-11中所示的观看方向是向右看。

3.2.2.3　编号

剖切符号的编号，通常采用阿拉伯数字，并注写在剖视线的端部，水平书写。在剖面图的下方应注写与其编号对应的图名，如图 3-11 中的“1—1 剖面图”。

3.2.2.4　材料图例

按照国家制图标准规定，画剖面图时应在断面部分画上材料图例，常用建筑材料图例可参见表 1-10 中的有关内容。对于断面较小的钢筋混凝土图样，填充材料图例有困难时，则可涂黑表示。

3.2.3　剖面图的种类

在画剖面图时，根据形体内部和外部结构不同，剖切平面的位置、数量、剖切方法也不同。一般情况下，剖面图分为全剖面图、半剖面图、转折剖面图、局部剖面图和旋转剖面图。

3.2.3.1　全剖面图

假想用一个平面将形体全部剖开后所得到的投影图，称为全剖面图。如图 3-12 所示为一栋房屋的三视图，为了表达房屋的内部空间分布，将平面图画成了全剖面图。平面图是用

一个水平的剖切平面假想沿窗台上方将房屋切开后，移去上面部分，再向下投射而得到。由

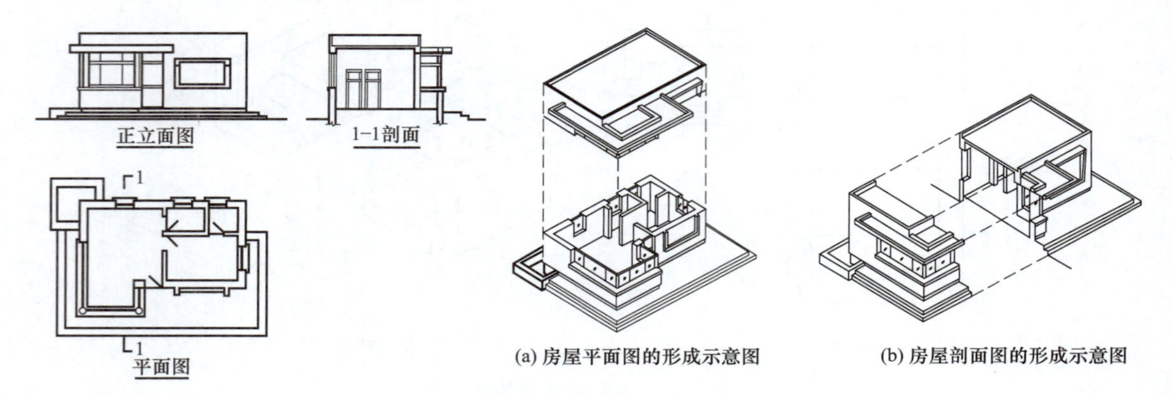

图 3-12　房屋的全剖面图

于剖切面总是在窗台上方，故在正立面图中不标注剖切符号。平面图清楚地表达了房屋内部房间的分隔情况、墙身厚度，以及门窗的数量、位置和大小等。

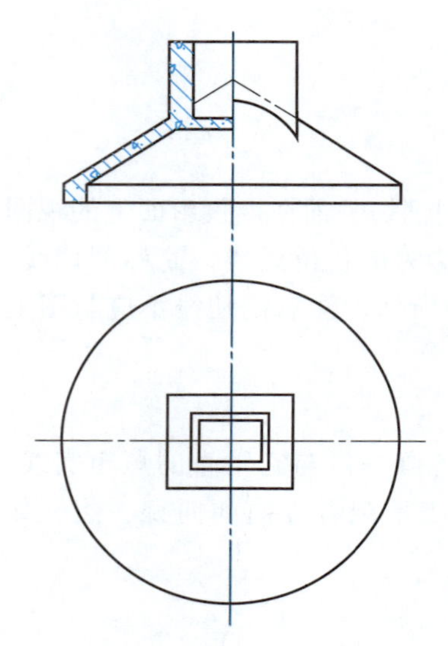

图 3-13　基础的半剖面图

3.2.3.2　半剖面图

如果形体对称，画图时常把投影图一半画成剖面图，另一半画成外观图。这样组合而成的投影图叫做半剖面图。对称线仍用细点画线表示。半剖面图一般画在水平对称轴线的下方或竖直对称轴线的右方。半剖面图可以不画剖切符号。如图 3-13 所示。

3.2.3.3　阶梯（转折）剖面图

当物体内部结构层次较多，用一个剖切平面不能将物体内部结构全部表达出来时，可以用几个互相平行的平面剖切物体，这几个互相平行的平面可以看做是一个剖切面转折几次去剖切物体，这样得到的剖面图称为阶梯剖面图，如图 3-14 所示。

3.2.3.4　局部剖面图

形体被局部地剖切后得到的剖面图，称为局部剖面图。对于外形比较复杂，且不对称的形体，当只有一小部分结构需要用剖面图表达时，可采用局部剖面图，如图 3-15 所示。由于局部剖面图的大部分仍为表示外形的视图，故仍用原来的视图名称，而不标注剖切符号。

局部剖面图与外形视图之间用波浪线隔开，波浪线不能与轮廓线或中心线重合且不能超出外形轮廓线，如图 3-15 所示。波浪线因两端超过了瓦筒的外形，因而是错误的，图 3-16（b）的画法才是正确的。

3.2.3.5　展开剖面图

用两个相交的剖切平面将形体剖切，并将倾斜于基本投影面的剖面旋转到与平行于基本投影面后得到的剖面图称为展开剖面图。用此方法剖切时，应在该剖面图的图名后加注“展开”两字，如图 3-17 所示。

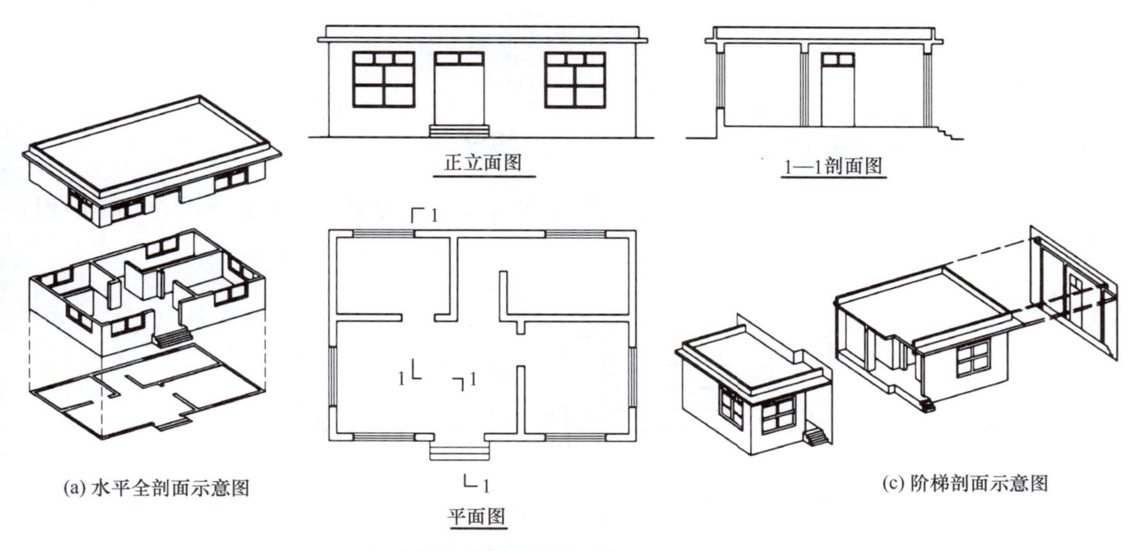

(a) 水平全剖面示意图

(b) 房屋的平面、立面、剖面图

(c) 阶梯剖面示意图

图 3-14 房屋的阶梯剖面图

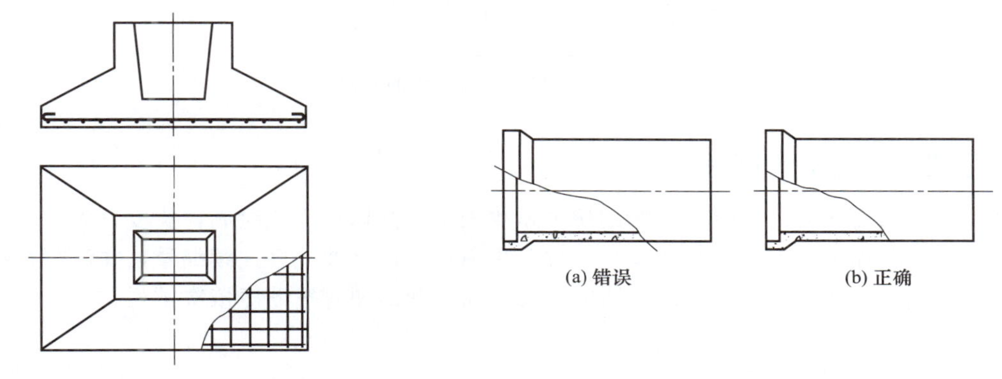

图 3-15 杯形基础的局部剖面图

(a) 错误

(b) 正确

图 3-16 瓦筒的局部剖面

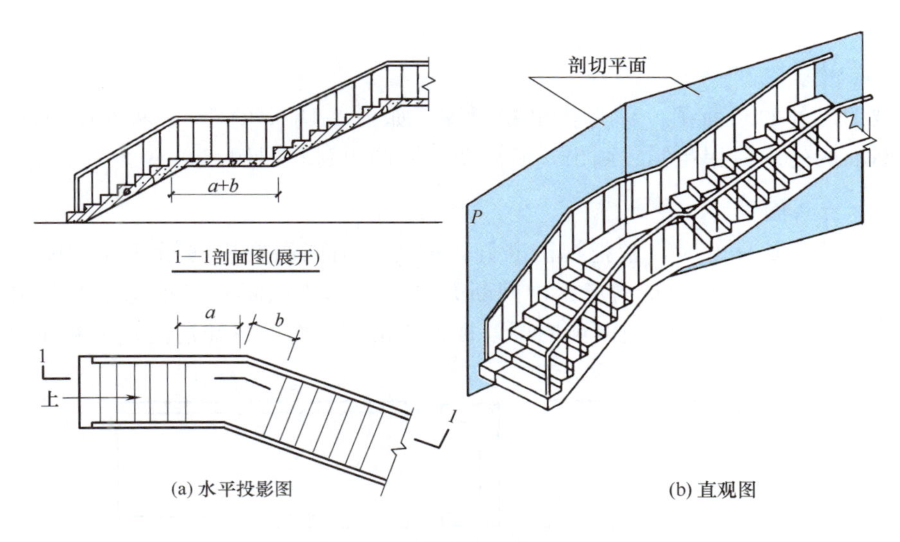

(a) 水平投影图

(b) 直观图

图 3-17 楼梯展开剖面图

3.3 断面图

3.3.1 断面图的基本概念

当用剖切平面剖切形体时，仅画出剖切平面与形体相交的图形称为断面图，简称断面，如图 3-18 所示。

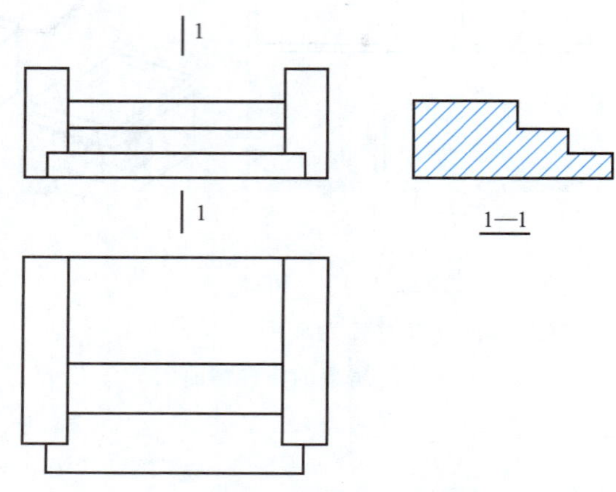

图 3-18 台阶踏步的断面图

3.3.2 断面剖切符号

（1）断面图的剖切符号，用剖切位置线表示，并以粗实线绘制，长度宜为6～10mm。

（2）断面图的剖切符号的编号，宜采用阿拉伯数字按顺序连续编号，并注写在剖切线的一侧，编号所在的一侧为该断面图的剖视方向。断面图宜按顺序依次排列。

3.3.3 断面图种类

根据断面图所在视图中的位置不同，可分为移出断面图、中断断面图和重合断面图三种。

3.3.3.1 移出断面图

位于视图以外的断面图，称为移出断面图。如图 3-18 中的 1—1 断面图就是移出断面图。移出断面的轮廓线用粗实线画出，断面图上要画出材料图例。

3.3.3.2 中断断面图

画等截面的细长杆件时，常把视图断开，并把断面图画在中间断开处，称为中断断面图。如图 3-19 所示，可假想把槽形钢中间断开画出视图，把断面图布置在中断位置，这时可省略标注断面剖切符号。中断断面图可以视为移出断面图的特殊情况。中断断面适用于表达较长并且只有单一断面的杆件及型钢。

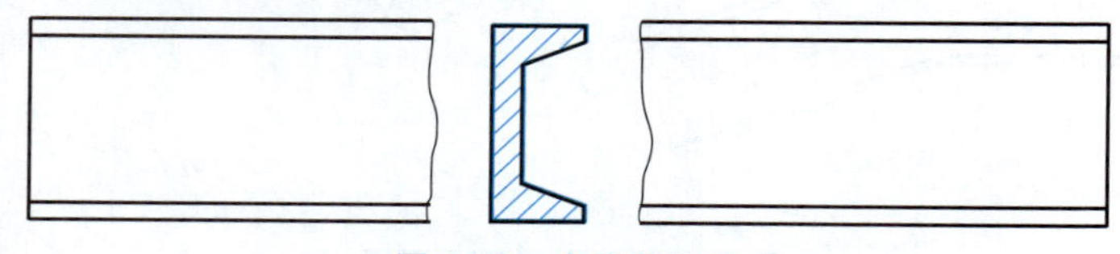

图 3-19 中断断面图

3.3.3.3 重合断面图

重叠在视图之内的断面图，称为重合断面图。如图 3-20 所示为一角钢的重合断面图，它是假想把剖切得到的断面图形绕剖切线旋转后，重合在视图内而成。通常不标注剖切符号，也不予编号。

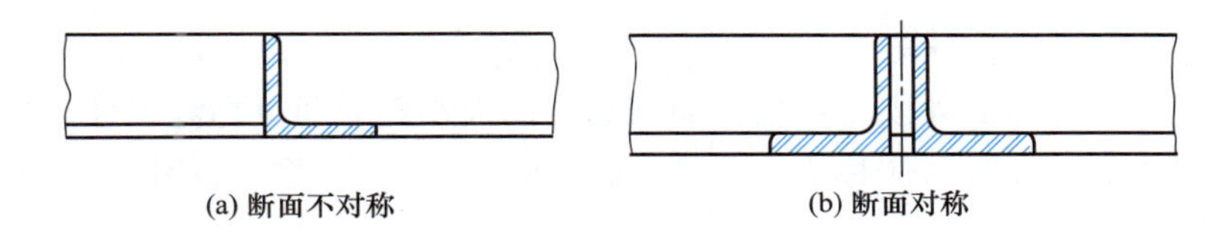

图 3-20 重合断面图

为了与视图轮廓线相区别，重合断面的轮廓线用细实线画出。当原视图中的轮廓线与重合断面的图线相重叠时，视图中的轮廓线仍用粗实线完整画出，不应断开。断面部分应画上相应的材料图例。

图 3-21 所示为屋面结构的梁、板断面重合在结构平面图上的情况。因梁、板断面图形较窄，不易画出材料图例，故予以涂黑表示。

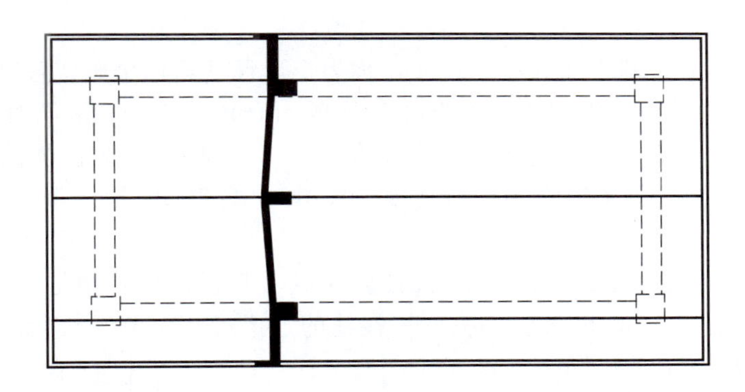

图 3-21 结构梁板重合断面图

3.3.4 断面图与剖面图的区别与联系

（1）断面图只画出物体被剖切后断面的投影，而剖面图除了要画出断面的投影，还要画出物体被剖开后剩余部分全部的投影。

（2）断面图是断面的面的投影，剖面图是形体剖切后体的投影。

（3）剖切符号不同。剖面图用剖切位置线、剖视方向线和编号来表示，断面图则只画剖切位置线与编号，用编号的注写位置来代表投射方向。

（4）剖面图的剖切平面可以转折，断面图的剖切平面不能转折。

（5）剖面图是为了表达物体的内部形状和结构，断面图常用来表达物体中某一局部的断面形状。

（6）在形体剖面图和断面图中，被剖切平面剖到的轮廓线都用粗实线绘制。

（7）剖面图中包含断面图，断面图是剖面图的一部分。

3.4 建筑形体尺寸标注

在建筑工程图中，除了按比例画出建筑物或构筑物等的形状外，还必须认真细致、准确无误地标注尺寸，以作为施工等的依据。

3.4.1 基本体的尺寸标注

投影图只能反映形体的外观、结构，而其真实的大小则要通过标注尺寸来确定。一般情况下，标注基本体的尺寸时，应标出长、宽、高三个方向的尺寸。如图 3-22 所示为一些基本体的尺寸标注示例。

对于带有缺口的基本体，标注时，只标注基本体的尺寸和缺口的位置，而不标注缺口的形状尺寸，如图 3-23 所示。

3.4.2 组合体的尺寸标注

建筑工程中的各种形体，都可以看做是由若干基本体组合而形成的组合体。因此，标注时，也可运用形体分析来分析组合体的尺寸。

组合体的尺寸按形体分析可分为三类：定形尺寸、定位尺寸和总尺寸。

3.4.2.1 定形尺寸

表示构成组合体的各基本体大小的尺寸，称为定形尺寸，用来确定各基本体的形状和大小。如图 3-24 所示，是由底板和竖板组成的 L 形的组合体。底板由长方体、半圆柱体以及圆柱孔组成。长方体的长、宽、高的尺寸分别是 30、30、10；半圆柱体的尺寸为半径 $R15$ 和高度 10；圆柱孔的尺寸为直径 $\phi15$ 和高度 10。其中高度 10 是三个基本几何体的公用尺寸。

竖板为一长方体切去前上方的一个三棱柱体而成（竖板也可看做是一个五棱体）。长方体的三个尺寸分别是 10、30 和 20；切去的三棱柱的定形尺寸为 10、15 和 10。

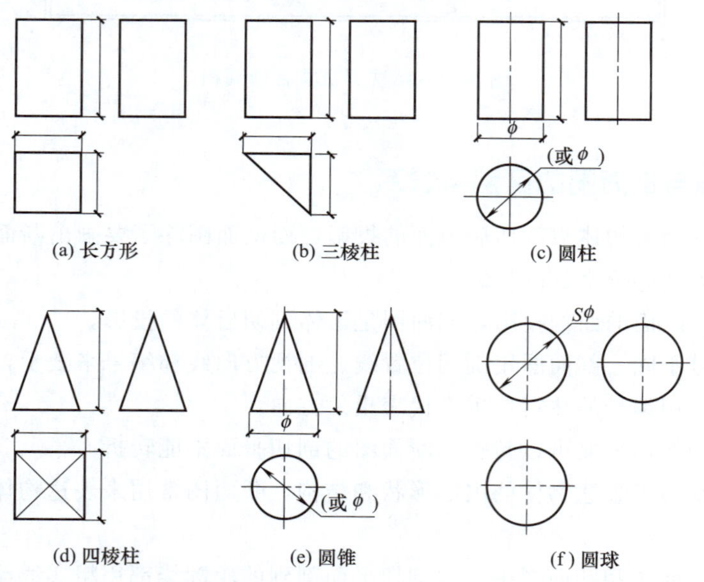

图 3-22 基本几何形体的尺寸标注

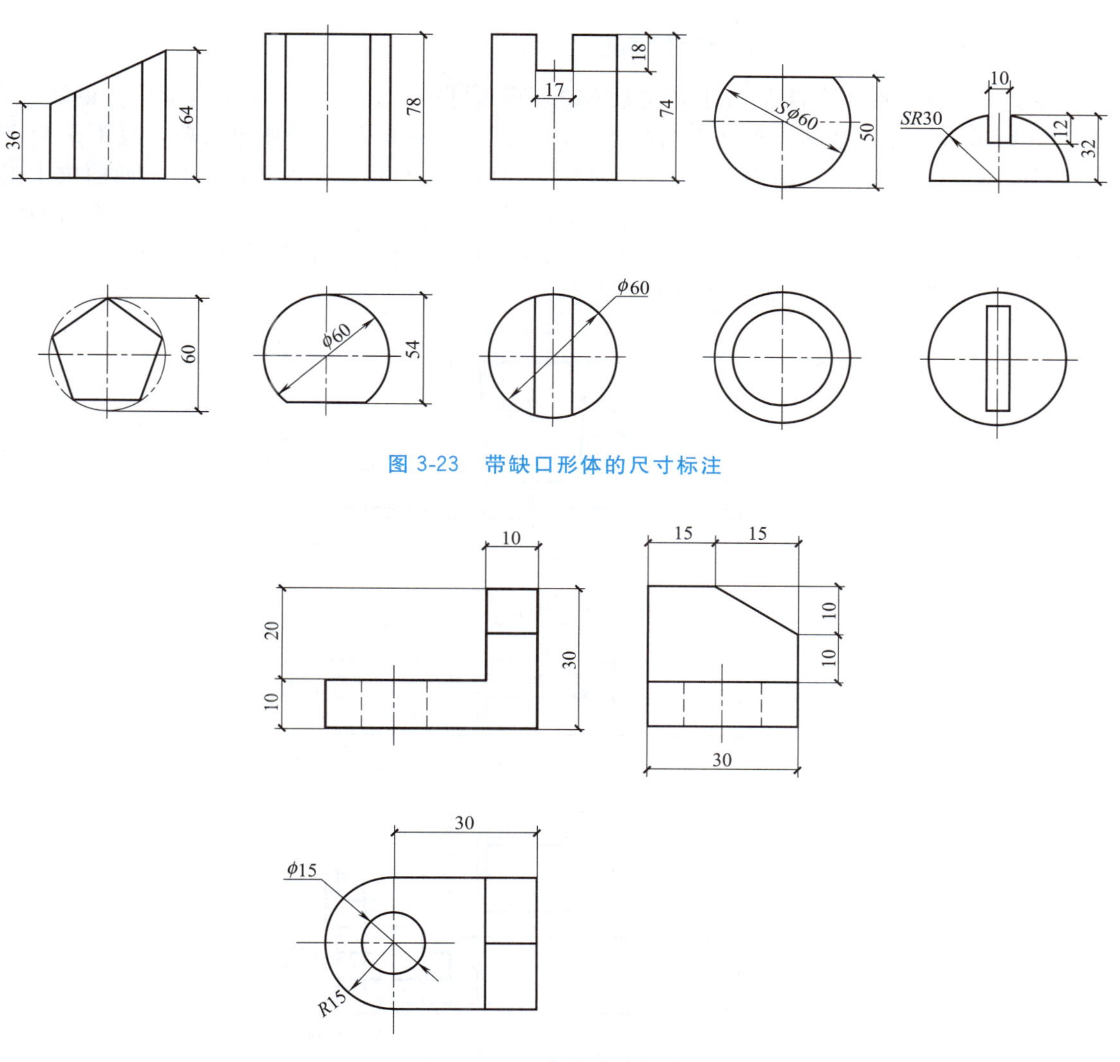

图 3-23　带缺口形体的尺寸标注

图 3-24　组合体尺寸标注

3.4.2.2　定位尺寸

表示组合体中各基本体之间相对位置的尺寸，称为定位尺寸，用来确定各基本体的相对位置。如图 3-24 所示的平面图中表示圆柱孔和半圆柱体边线位置的尺寸 30、侧立面图中切去的三棱柱到竖板左侧轮廓线尺寸 15 和到底板面的尺寸 15 等都是定位尺寸。

一般回转体（如圆柱孔）的定位尺寸应标注到回转体的轴线（中心线）上，不能标注到孔的边缘。如图 3-24 所示的平面图，圆柱孔的定位尺寸 30 是标注到中心线的。

3.4.2.3　总尺寸

表示组合体的总长、总宽和总高的尺寸，称为总尺寸。如图 3-24 中，组合体的总宽、总高尺寸均为 30，它的总长尺寸应为长方体的长度尺寸 30 和半圆柱体的半径尺寸 15 之和 45，但由于一般尺寸不应标注到圆柱的外形素线处，故本图中的总长尺寸不必另行标注。

当基本几何体的定形尺寸与组合体总尺寸的数字相同时，两者的尺寸合而为一，因而不必重复标注。如图 3-24 中的总宽尺寸 30。

3.4.3 剖面、断面图中的尺寸标注

在剖面、断面图中，除了标注工程形体的外形尺寸外，还必须标注出内部构造的尺寸。图 3-25 所示为一杯形基础，正立面图画成全剖面图，因杯口基础的外形简单，故不采用半剖面图而画成全剖面图。又因该基础前后对称，剖切平面与对称平面重合，且剖面图位于正立面图位置，故平面图中不标注剖切符号。剖面图中竖向尺寸 850 和 250 分别表示杯口的深度和杯底的厚度；水平尺寸 200、25、700 等则表示杯口在长度方向的定形尺寸和定位尺寸。在表示结构配筋的剖面图上通常不画材料图例。

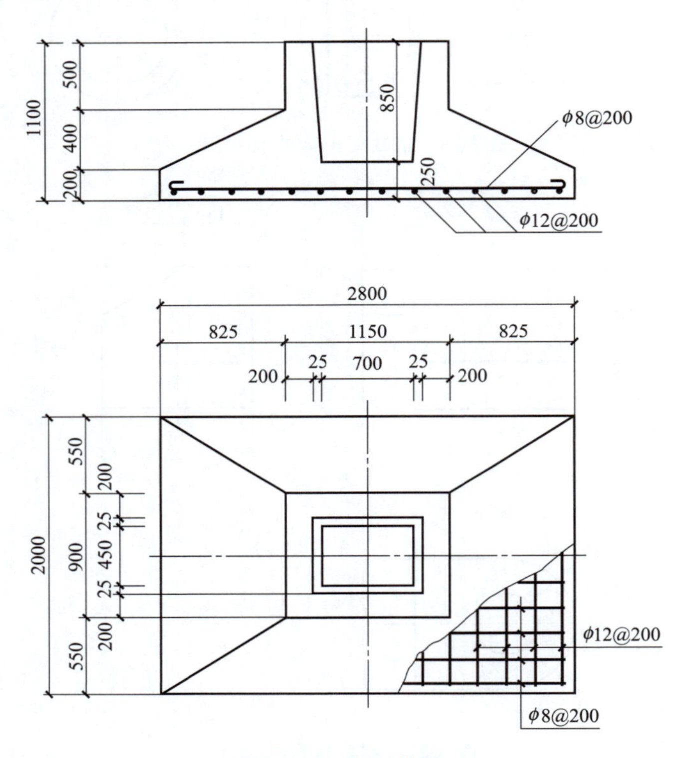

图 3-25 杯形基础

平面图中采用了局部剖面来表示底面钢筋的水平配置情况。图中 φ12@200、φ8@200 是钢筋混凝土构件中钢筋尺寸的一种表示方法，其中@是相等中心距的代号，数字 200 表示相邻钢筋的中心距。

图 3-26 为圆锥形薄壳基础的视图。正立面图采用了半剖面图，以对称中心线为界，左半部分表示基础的外形，右半部分表示基础的内部形状，相应的尺寸就近标注在剖面轮廓线的一侧。在半剖面图中标注整体尺寸时，只画出剖面侧的尺寸界线和尺寸起止符号，尺寸线稍许超过对称中心线，而尺寸数字是指整体的尺寸，如图 3-26 圆锥形薄壳基础的半剖面图中的 φ2700。

在图 3-26 圆锥形薄壳基础中，由于下面挖空圆台的顶圆是在施工中自然形成的，故不必再标注出它的直径。

断面图中的尺寸标注如图 3-27 所示。与断面图相关的尺寸一般应注写在该断面图上。一个尺寸一般只需标注一次，例如在两个视图中，可以利用同一个尺寸来表示某一部分在两

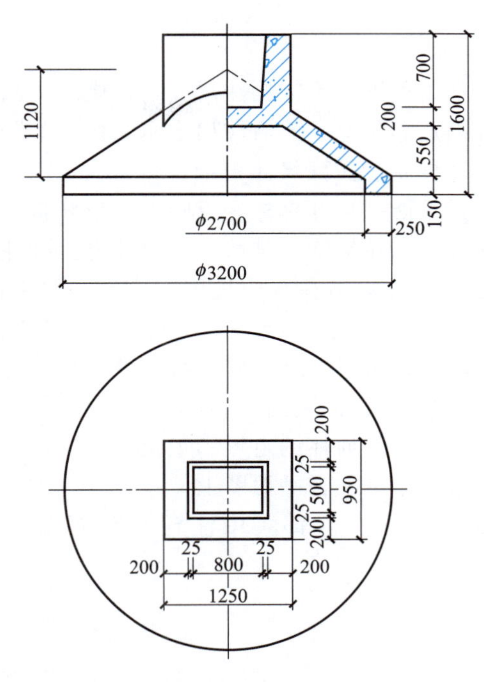

图 3-26　圆锥形薄壳基础

视图中的相对位置，以避免重复尺寸。若两视图分别位于两张图纸上，则宜重复标注某一方向的尺寸。

在房屋建筑图中，考虑到施工和读图方便，防止尺寸遗漏和临时计算，每道尺寸应为封闭的尺寸链（即小尺寸之和等于总尺寸），允许出现多余尺寸或重复尺寸。

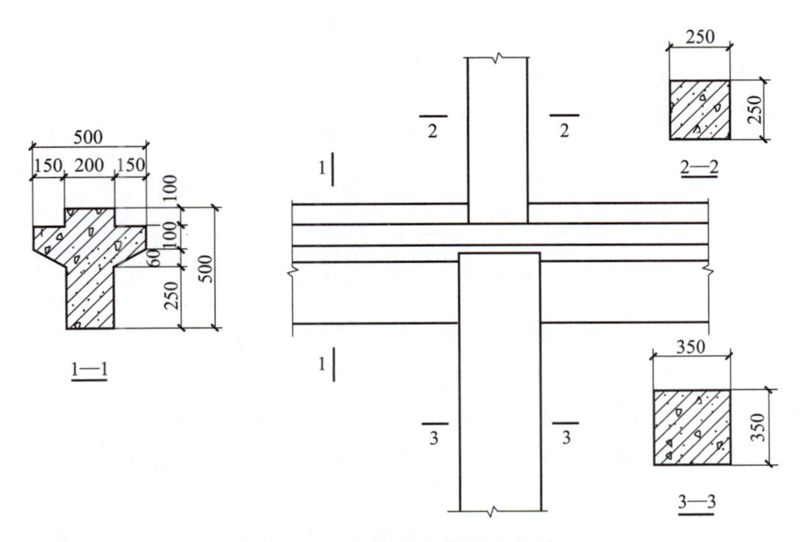

图 3-27　断面图中的尺寸标注

3.4.4　尺寸标注应注意的几个问题

在工程图中，尺寸的标注除了尺寸要齐全、正确和合理外，还应清晰、整齐和便于阅读。当出现不能兼顾的情况时，在注全尺寸的前提下，则应统筹安排尺寸在各视图中的配置，使其更为清晰、合理。

(1) 尺寸标注要齐全。在工程图中不能漏注尺寸，否则就无法按图施工。运用形体分析方法，首先注出各组成部分的定形尺寸，然后注出表示它们之间相对位置的定位尺寸，最后再注出工程形体的总尺寸，这样就能做到尺寸齐全。

(2) 尺寸标注要明显。尽可能把尺寸标注在反映形体形状特征的视图上，一般可布置在图形轮廓线之外，并靠近被标注的轮廓线，某些细部尺寸允许标注在图形内。与两个视图有关的尺寸以标注在两视图之间，且集中在一个视图上。对一些细部尺寸，允许标注在图形内。此外，还要尽可能避免将尺寸标注在虚线上。如图 3-24 的平面图中注写反映底板形状特征的尺寸 ϕ15、R15 和 30，左立面图中反映形状特征的尺寸 10、15、10 和 30；圆柱孔的定位尺寸 30 则布置在平面图和正立面图之间。

(3) 尺寸标注要集中。同一个几何体的定形和定位尺寸尽量集中，不宜分散。如图3-24中，底板的定形和定位尺寸都集中标注在平面图上。

在工程图中，凡水平面的尺寸一般都集中注写在平面图上，如图 3-28 所示台阶的尺寸。

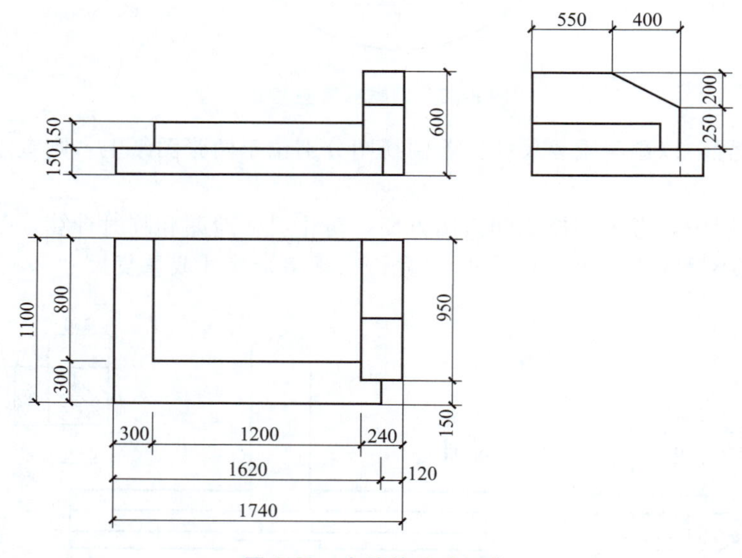

图 3-28　台阶的尺寸标注

(4) 尺寸布置要整齐。通常把长、宽、高三个方向的定形、定位尺寸组合起来排列成几道尺寸，从被注的图形轮廓线由近向远整齐排列，小尺寸应离轮廓线较近，大尺寸应离轮廓线较远。平行排列的尺寸线的间距应相等，尺寸数字应写在尺寸线的中间位置，每一方向的细部尺寸的总和应等于总尺寸。标注定位尺寸时，通常对圆弧形要注出圆心的位置。

(5) 保持视图和尺寸数字清晰。尺寸一般应尽可能布置在视图轮廓线之外，不宜与图线、文字及符号相交，但某些细部尺寸允许标注在图形内。如图 3-29 烟囱基础的定形尺寸，R400、ϕ2500 和 ϕ1400 都分别标注在正立面图和平面图的图形内。

若尺寸数字标注在剖面图中间，则应把这部分图例线（有时甚至是轮廓线）断开，以保证尺寸数字的清晰。

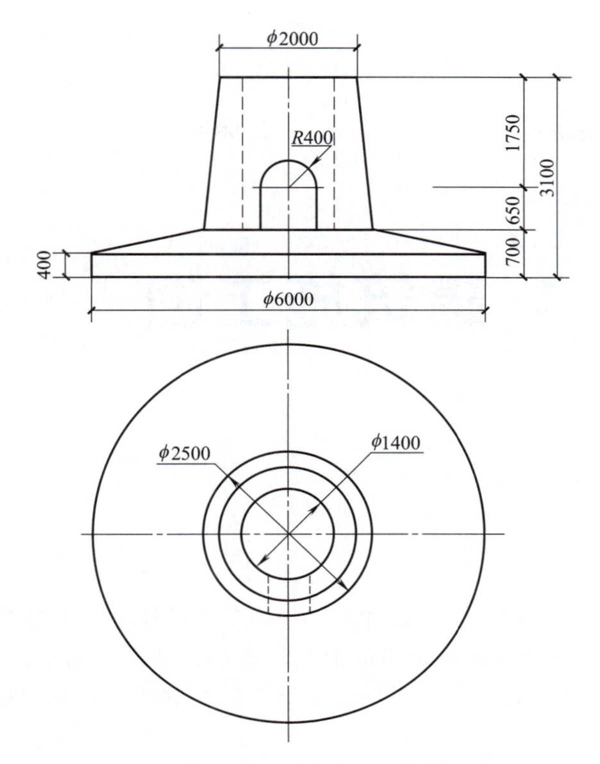

图 3-29 烟囱基础的尺寸标注

4 建筑施工图

4.1 概述

建造房屋要经过两个过程，一是设计，二是施工。设计时，需要把想象中的房屋按照国家标准的规定，用正投影的方法将房屋的形状、大小、结构、构造、装修、设备等内容详细、准确地表达出来，用来指导建筑工程整个施工过程的图样，称为房屋建筑工程施工图，简称建筑施工图。

设计人员通过施工图，表达设计意图和设计要求；施工人员通过熟悉图纸，理解设计意图，并按图施工。

当业主与施工单位因工程质量产生争议时，建筑施工图是技术仲裁或法律裁决的重要依据。如由于建筑施工图的错误而导致工程事故，设计单位及设计相关责任人都需要承担相应责任。

4.1.1 一般民用建筑的组成及作用

建筑物按其使用功能和使用对象的不同分为很多种，但一般可分为民用建筑和工业建筑两大类。一般民用建筑的主要组成部分包括基础、墙和柱、楼板、楼梯、屋顶和门窗；此外还有一些其他的构配件，如：走道、台阶、花池、散水、勒脚、屋檐、雨篷等，如图 4-1 所示。

(1) 基础。基础是位于建筑物最下部的承重构件，它承受着建筑物的全部荷载，并将这些荷载传给地基。因此，基础必须具有足够的强度，并能抵御地下各种有害因素的侵蚀。

(2) 墙和柱。墙是建筑物的承重构件和围护构件。作为承重构件，它承受着建筑物由屋顶、楼板层等传来的荷载，并将这些荷载再传给基础。作为围护构件，外墙起着抵御自然界各种有害因素对室内的侵袭；内墙起着分隔空间、组成房间、隔声及保证环境舒适的作用。因此，要求墙体具有足够的强度、稳定性、保温、隔热、隔声、防火等功能，并符合经济性和耐久性的要求。

柱是框架或排架结构的主要承重构件，和承重墙一样，承受着屋顶、楼板层等传来的荷载。柱所占空间小，受力比较集中，因此它必须具有足够的强度和刚度。

(3) 楼板层。楼板层是建筑中水平方向的承重构件，将整栋建筑物沿水平方向分为若干部分。楼板层承受着家具、设备和人体荷载及本身自重，并将这些荷载传给墙或柱。同时，

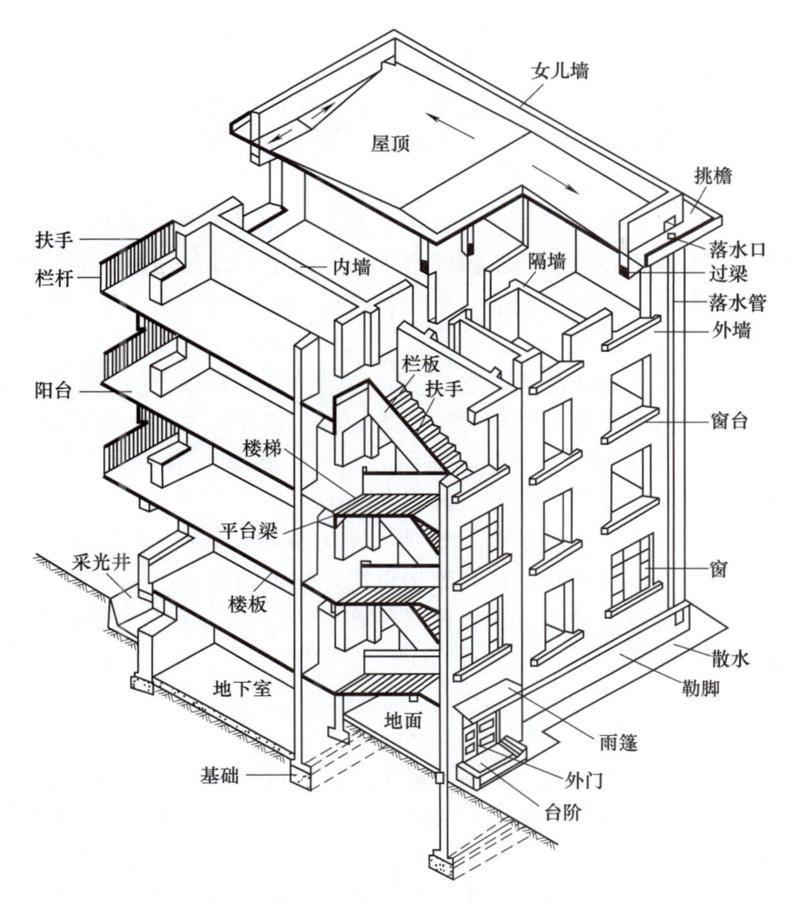

图 4-1 房屋各组成部分示意图

它还对墙身起着水平支撑的作用。因此，作为楼板层，要求具有足够的强度、刚度和隔声能力；对有水侵蚀的房间，则要求楼板层具有防潮、防水的能力。

(4) 楼梯。楼梯是建筑的垂直交通设施，供人们上下楼层和紧急疏散之用。因此，要求楼梯具有足够的通行能力，并采取防火、防滑等技术措施。

(5) 屋顶。屋顶是建筑物顶部的围护构件和承重构件，由屋面层和结构层组成。屋面层抵御自然界风、雨、雪以及太阳辐射和寒冷对顶层房间的侵袭；结构层承受房屋顶部荷载，并将这些荷载传给墙或柱。因此，屋顶必须满足足够的强度、刚度及防水、保温、隔热等要求。

(6) 门窗。门、窗属非承重构件。门主要供人们内外交通和分隔房间之用；窗则主要起采光、通风及分隔、围护的作用。对某些有特殊要求的房间，则要求门窗具有保温、隔热、隔声、防射线等能力。

(7) 其他建筑配件。其他建筑构配件如：走道、台阶、花池、散水、勒脚、屋檐、雨篷等。

4.1.2 建筑施工图的内容和用途

每一项建筑工程的建造都要经过下列程序：编制工程设计任务书—选择建设用地—场地

勘测—设计—施工—设备安装—工程验收—交付使用和回访总结。其中设计工作是重要环节，具有较强的政策性和综合性。

一套完整的施工图通常有：建筑施工图，简称建施；结构施工图，简称结施；给水排水施工图，简称水施；采暖通风施工图，简称暖施；电气施工图，简称电施。也有的把水施、暖施、电施统称为设施（即设备施工图）。

一套房屋的全套施工图的编排顺序是：图纸目录、建筑设计总说明、总平面图、建施、结施、水施、暖施、电施。各专业施工图的编排顺序是全局性的在前，局部性的在后；先施工的在前，后施工的在后；重要的在前，次要的在后。本章仅概括性地叙述建筑施工图的内容和绘制方法。

建筑施工图是在确定了建筑的平、立、剖面初步设计的基础上绘制的，是表示建筑物的总体布局、外部造型、内部布置、细部构造做法、内外装饰，以及一些固定设施和施工要求的图样，它所表达的建筑构配件、材料、轴线、尺寸（包括标高）和固定设施等必须与结构、设备施工图相一致，并互相配合与协调。

总之，建筑施工图的主要作用是施工放线，砌筑基础及墙身，铺设楼板、楼梯、屋面，安装门窗，室内外装饰，以及编制预算和施工组织计划等的依据。

建筑施工图的内容一般包括建筑设计说明、总平面图、门窗表、建筑平面图、建筑立面图、剖面图和各种节点详图。

4.1.3 建筑施工图的有关规定

(1) 应遵守的标准。房屋建筑施工图一般都应遵守以下标准：《房屋建筑制图统一标准》(GB/T 50001—2010)、《总图制图标准》(GB/T 50103—2010) 和《建筑制图标准》(GB/T 50104—2017)。

(2) 图线。以上标准中对图线的使用都有明确的规定，总的原则是剖切面的截交线和房屋立面图中的外轮廓线用粗实线，次要的轮廓线用中粗线，其他线一律用细线。再者，可见部分用实线，不可见部分用虚线。

(3) 比例。房屋建筑施工图中一般都用缩小比例来绘制图样，根据房屋的大小和选用的图纸幅面，按《建筑制图标准》中的比例选用，参见本书表 1-9。

(4) 图例。由于建筑的总平面图和平面图、立面图、剖面图的比例较小，图样不可能按实际情况画出，也难以用文字注释来表达清楚，所以都按统一规定的图例来表示。各专业对其图例都有明确的规定，具体详见表 1-10。

4.1.4 标准图与标准图集

为了加快设计和施工速度，提高设计与施工质量，把建筑工程中常用的、大量性的构配件按统一模数、不同规格设计出系列施工图，供设计单位、施工企业选用，这样的图称为标准图。标准图装订成册后，就成为标准图集或通用图集。

标准图（集）的适用范围为：经国家部委批准的，可在全国范围内使用；经各省、市、自治区有关部门批准的，一般可在相应地区范围内使用。

标准图集有两种：一种是整幢建筑的标准设计（定型设计）图集；另一种是目前大量使用的建筑构配件标准图集，以代号 G（或“结”）表示建筑构件图集，以代号 J（或“建”）表示建筑配件图集，如图 4-2 所示。

除建筑、结构标准图集外，还有给水排水、电气设备及道路桥梁等方面的标准图。

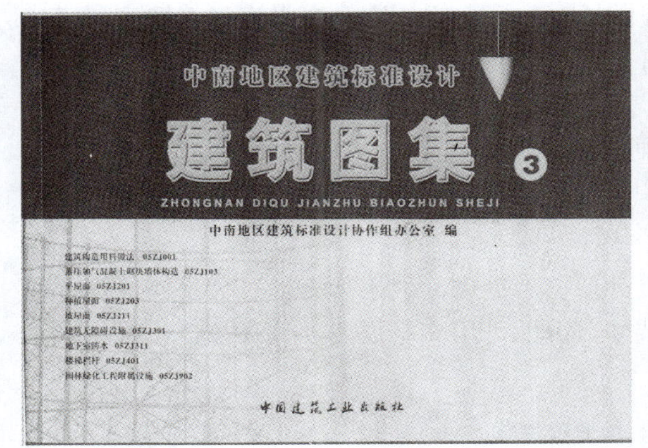

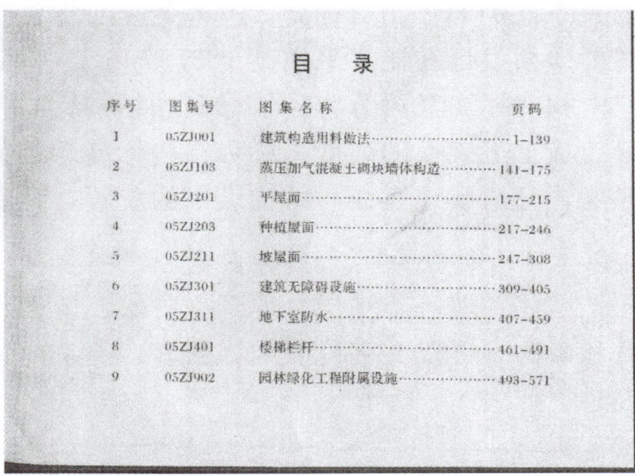

目　录

序号	图集号	图集名称	页码
1	05ZJ001	建筑构造用料做法	1-139
2	05ZJ103	蒸压加气混凝土砌块墙体构造	141-175
3	05ZJ201	平屋面	177-215
4	05ZJ203	种植屋面	217-246
5	05ZJ211	坡屋面	247-308
6	05ZJ301	建筑无障碍设施	309-405
7	05ZJ311	地下室防水	407-459
8	05ZJ401	楼梯栏杆	461-491
9	05ZJ902	园林绿化工程附属设施	493-571

图 4-2　中南地区标图集

4.1.5　常用建筑名词和术语

（1）开间：一间房屋的面宽，即两条横向轴线间的距离。

（2）进深：一间房屋的深度，即两条纵向轴线间的距离。

（3）层高：楼房本层地面到相应的上一层地面的竖向尺寸。

（4）建筑物：范围广泛，一般多指房屋。

（5）构筑物：一般指附属的建筑设施，如烟囱、水塔、筒仓等。

（6）竖向设计：根据地形地貌和建设要求，拟定各建设项目的标高、定位及相互关系的设计，如建筑物、构筑物、道路、地坪、地下管线、渠道等标高和定位。

（7）中心线：对称形的物体一般都要画中心线，它与轴线都用细单点画线表示。

（8）红线：规划部门批给建设单位的占地面积，一般用红笔圈在图纸上，产生法律效力。

4.2　建筑设计说明及建筑总平面图

4.2.1　建筑设计说明

4.2.1.1　设计依据

设计依据是建筑施工图设计的依据性文件，包括政府的有关批文和相关规范，这些批文主要有两个方面的内容：一是立项，二是规划许可证等。

4.2.1.2　项目概况

内容一般包括建筑名称、建设地点、建设单位、建筑面积、用地面积、建筑工程等级、设计使用年限、建筑层数和建筑高度、防火设计建筑分类和耐火等级、人防工程防护等级、屋面防水等级、地下室防水等级、抗震设防烈度等，以及能反映建筑规模的主要技术经济指标，如住宅的套型和套数、旅馆的客房间数、医院的床位数、车库的停车泊位数等。

4.2.1.3　设计标高

在图纸中，标高表示建筑物的高度，标高单位均以米（m）计，一般注写到小数点后三位，总平面图上注写到小数点后两位。标高分为相对标高和绝对标高两种。

以建筑物底层室内主要地面定为零点的标高称为相对标高；以青岛附近某处黄海海平面的平均高度为零点的标高称为绝对标高。建筑设计说明中原则上要说明相对标高与绝对标高的关系，例如“相对标高±0.000 相当于绝对标高 185.570m”，这就说明该建筑物底层室内主要地面设计在比海平面高 185.570m 的平面上。

相对标高又可分为建筑标高和结构标高，装饰完工后的表面高度，称为建筑标高；结构梁、板上下表面的高度，称为结构标高。装饰工程虽然都是表面工程，但是它也占据一定的厚度，分清装饰表面与结构表面的位置，是非常必要的，以防把数据读错。

4.2.1.4 做法说明和室内外装修

墙体、墙身防潮层、地下室防水、屋面、外墙面、勒脚、散水、台阶、坡道、涂料等材料和做法，可以文字说明或详图表达。室内装修部分除可用文字说明外，还可以用表格形式表达，如表 4-1 所示。

表 4-1 装修构造做法表

部位	名称	用料做法	备注
屋面			
楼面			
地面			
内粉			
顶棚			
外粉			

4.2.1.5 施工要求

施工要求包含两个方面的内容，一是要严格执行施工验收规范中的规定，二是对图纸中不详之处的补充说明。

4.2.2 建筑总平面图

4.2.2.1 总平面图的形成和用途

将新建建筑物四周一定范围内的新建、拟建、原有和拆除的建筑物、构筑物连同其周围的地形、绿化、地貌等状况用正投影方法和相应的图例所画出的图样，称为总平面图。主要表示红线范围、新建建筑物和构筑物的位置、平面形状、层数、标高、朝向及其与原有建筑物的关系，以及周围道路、绿化和给水、排水、供电条件等方面的情况。它是新建建筑物定位、施工放线、土方施工、设备管网平面布置，安排施工现场构配件堆放场地、运输道路等的依据。

4.2.2.2 总平面图图示方法和内容

（1）表明建筑物的总体布局。

新建、改建、扩建建筑物所处的位置，根据规划红线了解用地范围、各建筑物及构筑物的位置、道路、管网的布置等情况，以及周围道路、绿化和给水、排水、供电条件等情况。

（2）确定新建建筑物定位方法。

为了给施工建设提供准确的依据，大型复杂建筑物或新开发的建筑群用坐标系统定位，中小型建筑物根据原有建筑物定位。

（3）确定新建建筑物竖向设计。

表明建筑物首层地面的绝对标高、室外地坪标高、道路绝对标高，了解土方填挖情况及地面位置。

（4）表明新建建筑物朝向。

用风玫瑰图表示当地风向和建筑朝向。中小型建筑也可用指北针。

（5）表明新建建筑物地形、地物。

表明新建建筑物所在地形，如坡、坎、坑等情况；地物（树木、线杆、井、坟等）。

4.2.2.3 有关规定和画法特点

（1）比例。

建筑总平面图所表示的范围比较大，一般都采用较小的比例，常用的比例有 1∶500、1∶1000、1∶2000 等。工程实践中，由于有关部门提供的地形图一般采用 1∶500 的比例，故总平面图的比例常用 1∶500。

（2）图例与线型。

由于比例很小，总平面图上的内容一般是按图例绘制的，总平面图的图例采用《总图制图标准》（GB/T 50103—2010）规定的图例，表 4-2 所示是部分常用的总平面图图例符号，绘图时应严格执行该图例符号。当标准所列图例不够用时，也可自编图例，但应加以说明。

从图例可知，新建建筑物的外形轮廓线用粗实线绘制，新建的道路、桥涵、围墙等用中实线绘制，计划扩建的建筑物用中虚线绘制，原有的建筑物、道路及坐标网、尺寸线、引出线等用细实线绘制。

（3）注写名称与层数。

总平面图上的建筑物、构筑物应注写名称与层数。当图样比例小或图面无足够位置注写名称时，可用编号列表编注。注写层数则应在图形内右上角用小圆黑点或数字表示。

（4）坐标网。

总平面图表示的范围较大时，应画出测量坐标网或建筑坐标网。测量坐标代号宜用“X、Y”表示，例如 X1200、Y700；建筑坐标代号宜用“A、B”表示，例如 A100、B200。

表 4-2 总平面图常用图例

名称	图例	说明	名称	图例	说明
新建建筑物	9 ▲	①需要时，可用▲表示出入口，可在图形内右上角用点数或数字表示层数 ②建筑物外形用粗实线表示	填挖边坡		①边坡较长时可在一端或两端局部表示 ②下边线为虚线时表示填方
			护坡		
			雨水口		
			消火栓井		
原有建筑物		①应注明功能名称 ②用细实线表示	室内标高	155.00(±0.00)	
计划扩建的预留地或建筑物		用中粗虚线表示	室外标高	●145.00 ▼145.00	
			原有道路		

续表

名称	图例	说明	名称	图例	说明
拆除的建筑物		用细实线表示	计划扩建道路		
建筑物下面的通道		用粗虚线表示	新建道路	0.5% 101.00 R9 150.00	“R9”表示道路转弯半径为9m，“150.00”为路面中心控制点标高，“0.5”表示0.5%的纵向坡度，101.00表示边坡点间距离
围墙及大门		上图为实体性质的围墙，下图为通透性质的围墙，若仅表示围墙时不画大门			
露天桥式起重机					
架空索道		“I”为支架位置			
坐标	X105.00 Y425.00 A135.63 B279.46	上图表示测量坐标 下图表示建筑坐标	道路曲线段	JD2 R20	“JD2”为曲线转折点编号 “R20”表示道路中心曲线半径为20m
方格网交叉点标高	−0.50 77.85 78.35	“78.35”为原地面标高 “77.85”为设计标高 “−0.50”为施工高度 “−”表示挖方（“+”表示填方）	桥梁		上图为公路桥，下图为铁路桥用于旱桥时应注明
管线	—代号—	管线代号按现行国家有关标准的规定标注	跨线桥		道路跨铁路
					铁路跨道路
门式起重机		上图表示有外伸臂 下图表示无外伸臂			道路跨道路
					铁路跨铁路

4.2.2.4 尺寸标注与标高注法

总平面图中尺寸标注的内容包括：新建建筑物的总长和总宽；新建建筑物与原有建筑物或道路的间距；新增道路的宽度等。

总平面图中标注的标高应为绝对标高。假如标注相对标高，则应注明其换算关系。新建建筑物应标注室内外地面的绝对标高。

标高及坐标尺寸宜以米（m）为单位，并保留至小数点后两位。

4.2.2.5 指北针或风玫瑰图

总平面图应按上北下南方向绘制。根据场地形状或布局，可向左或右偏转，但不宜超过45°。总平面图上应画出指北针或风玫瑰图。风玫瑰图也称风向频率玫瑰图，表明各风向的频率，频率最高，表示该风向的吹风次数最多。它根据某地区多年平均统计的各个方向（一般为16个或32个方位）吹风次数的百分率值按一定比例绘制，图中长短不同的实线表示该地区常年的风向频率，连接十六个端点，形成封闭折线图形。玫瑰图上所表示的风的吹向，是吹向中心的。其中，粗实线表示全年风向频率，细实线表示冬季风向频率，虚线表示夏季风向频率。如图4-3所示是广州市的风玫瑰图，表明该地区冬季北风发生的次数最多，而夏季东南风发生的次数最多。由于风玫瑰图同时也表明了建筑物的朝向情况，因此，如果在总平面图上绘制了风玫瑰图，则不必再绘制指北针。

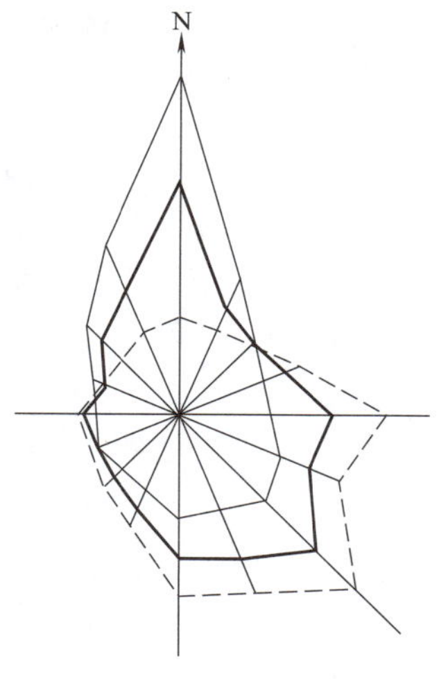

图4-3 风向频率玫瑰图

4.2.2.6 绿化与补充图例

在建筑总平面图中，许多内容均用图例表示。国家有关的制图标准规定了一些常用的图例。对于国家标准未规定的图例，设计人可以自行规定，但是要有图例说明。

上面所列内容，既不是完整无缺，也不是任何工程设计都缺一不可，而应根据工程的特点和实际情况而定。对一些简单的工程，可不画出等高线、坐标网或绿化规划等。

4.2.3 识读建筑总平面图示例

通过看建筑总平面图，应该了解图中文字说明、所用比例、工程用地范围、地形地貌、周围环境情况，新建建筑物的平面位置和定位依据，新建建筑物的朝向和主要风向，道路交通及管线布置情况以及绿化、美化的要求和布置情况。

如图4-4是某住宅小区总平面图的一部分，选用比例为1∶500。图中两幢相同的新建住宅楼A的外形轮廓线要用粗实线表示；图中原有住宅B、办公楼、库房和球场的外形轮廓，以及道路、围墙和绿化等用细实线表示；虚线画出的是计划扩建的住宅楼的外形轮廓。从图中风玫瑰图可以看出，总平面图是按上北下南方向绘制，图中所示该地区常年主导风向是北风、东南风，夏季主导风向是东南风。从等高线上所标示数字可以看出，该小区地势是自西北向东南倾斜。新建住宅楼首层室内地坪绝对标高为23.20m，即相当于建筑图中的±0.00。室外地坪标高为22.90m，室内外高差0.30m。注意室内外地坪标高标注符号是不同的。

从图4-4中所标注的尺寸，可知新建住宅楼A总长23.50m、总宽9.40m。新建住宅楼的位置可用定位尺寸或坐标确定。定位尺寸应注出与原有建筑物或道路等的位置关系，新建住宅楼A距西面道路中心线的距离为12.00m，南面离道路边线10.30m，两栋新建住宅楼南北间距为15.00m，北面新建住宅楼距离原有住宅楼间距为13.50m。

从图4-4中住宅楼A右上角的标注，可知新建住宅楼有6层高，依此原有住宅3层高，库房1层高，办公楼10层高。

从图4-4中还可以了解到周围环境情况，如新建住宅楼南面有名为金水路的道路；东面有两栋计划扩建的住宅楼；东北角的库房建有围墙，出入口在西面；西北角有一个篮球场，西侧道路名为桃园街；办公楼南面有一待拆的房屋等。

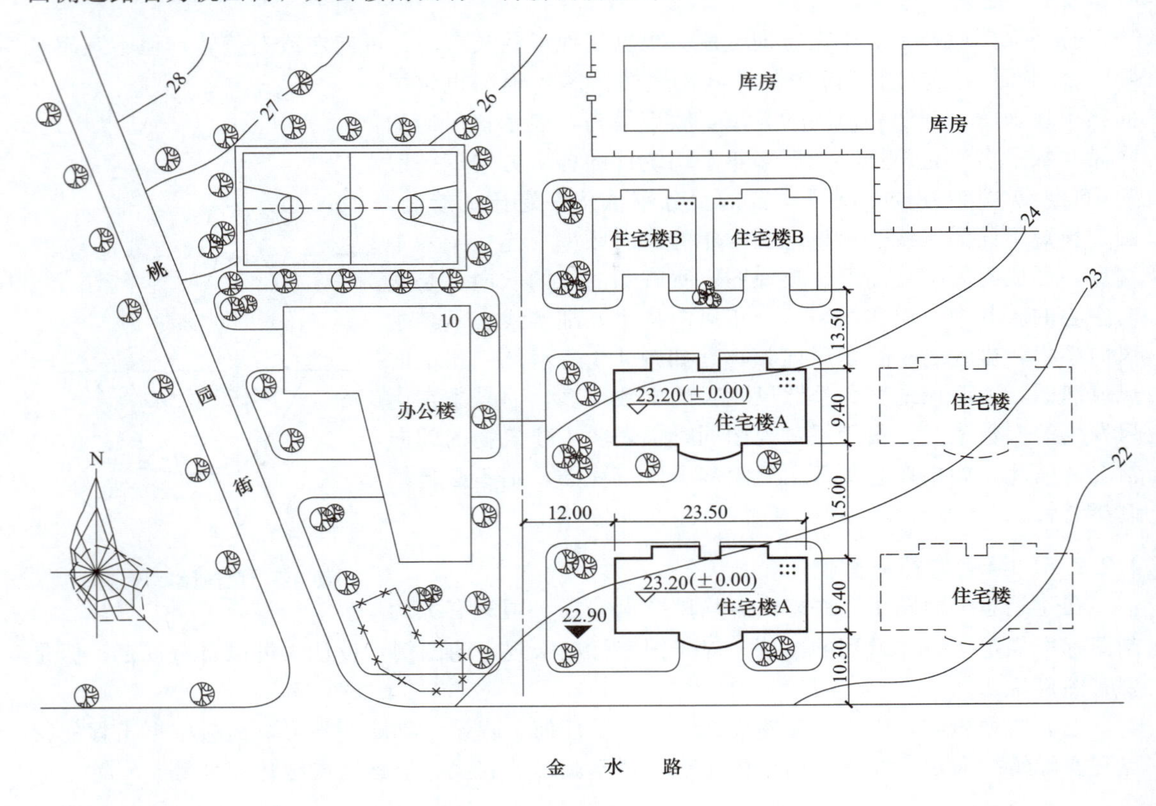

图 4-4 某住宅小区总平面图（部分）

4.3 建筑制图的一般步骤

建筑工程图的绘制应遵循以下步骤：

（1）绘图准备。

将绘图用的图板、尺子、铅笔、绘图墨水笔准备好，并保持图板及尺子等绘图工具的清洁。将图纸用胶带粘贴在图板上，绘图前先仔细阅读图样，确定好合适的绘图比例以及各部分的大小尺寸关系，找到合适的绘图切入点，即可开始进行具体的绘图操作。

（2）绘制底稿。

绘制底稿前应先考虑图样在图纸中的布局，待位置确定后，以轴线、基准线和中心线等确定好图样的位置，然后逐一绘制出图样其他部分。

底稿采用较硬的绘图铅笔进行（H 或 2H），不区分线型的粗细。绘制底稿时用笔须轻而细，以便修改。底稿中的尺寸标注暂不画出尺寸起止符号和书写尺寸数字。

（3）加深图样底稿。

加深底稿前应仔细检查图样是否有误，若有误须更正，并补齐遗漏的线条。

通常用 2B、B、HB 铅笔或绘图墨水笔进行图样的加深。

加深的过程中应细致耐心，特别是使用墨水笔进行加深时，须放平图板以免未干的墨水流动。画错的地方，须待墨水干了用刀片刮去后再进行修改。加深过程也要保持整个图面的清洁，若一次不能加深完成的，加深的间隙应将图纸进行覆盖，以免污染图面。

4.4 建筑平面图

4.4.1 建筑平面图的形成、作用、分类

假想用个水平剖切平面沿门窗洞口（通常离本层楼地面约 1.2m）将房屋剖切开，移去剖切平面及其以上部分，将余下的部分按正投影的原理投射在水平投影面上所得到的图形称为平面图。平面图主要用来表示房屋的平面布置情况，直观地反映了建筑物的平面形状大小、内部布置、墙或柱的位置、内外交通联系、门窗的类型和位置、采光通风处理和构造做法等基本情况，是建筑施工图的主要图纸之一，是概预算、备料及施工中放线、砌墙、设备安装等的重要依据。

建筑平面图有底层平面图、标准层平面图、顶层平面图和屋顶平面图。

底层平面图是指沿底层门窗洞口剖切开得到的平面图（又称首层平面图或一层平面图）。

标准层平面图是指中间各层平面组合、结构布置及构造情况等完全相同，只画一个具有代表性的平面图。

顶层平面图是指建筑最顶层的平面图。对于顶层来说，楼梯不再向上或者楼梯的做法与标准层不一样；构造上，屋顶可能有女儿墙、构架和水箱等；结构上，板厚、配筋有顶层的要求。另外，有一些建筑，顶层的层高也不同，甚至有些顶层是复式建筑。

屋顶平面图是房屋顶部按俯视方向在水平投影面上得到的正投影，它用来表示屋面的排水方向、分水线坡度、雨水管位置等。图中还应画出凸出屋面以上的水箱、烟道、通风道、天窗、女儿墙以及俯视方向可见的房屋构配件，如阳台、雨篷、消防梯等。如果屋顶平面图中的内容很简单，也可省略不画，但排水方向、坡度需在剖面图中表示清楚。

4.4.2 建筑平面图上应表达的内容要求

（1）承重墙、柱及其定位轴线和轴线编号，内外门窗位置、编号及定位尺寸，门的开启方向，房间名称或编号。

（2）轴线总尺寸或称外包总尺寸、轴线之间定位尺寸（柱距、开间、跨度）、门窗洞口尺寸、分段细节尺寸。

（3）墙身厚度（包括承重墙和非承重墙），柱宽、深尺寸及其与轴线的关系尺寸（也有墙身厚度、柱尺寸在建筑设计说明中注写的）。

（4）变形缝的位置、尺寸和做法索引。

（5）主要建筑设备和固定家具的位置及相关做法索引，如卫生器具、雨水管、水池、台、橱柜、隔断等。

（6）电梯、自动扶梯及步道、楼梯位置和楼梯上下方向及编号。

（7）主要结构和建筑构造部件的位置、尺寸和做法索引，如中庭、天窗、地沟、重要设备或设备基座的位置、尺寸，各种平台、夹层、上人孔、阳台、雨篷、台阶、坡道、散水、明沟等。

（8）楼地面预留孔洞和通气管道、管线竖井、烟囱、垃圾道（图例见表 4-3 所示）等位置、尺寸和做法索引，以及墙体（现主要为填充墙、承重砌体墙）预留洞的位置、尺寸与标

高或高度等。

（9）车库的停车位和通行路线，室外地坪标高、底层地面标高、地下室各层标高、各楼层标高。

（10）剖切线位置及编号（一般只注在底层平面或需要剖切的平面位置）；有关平面节点详图或详图索引号。

（11）建筑平面较长较大时，可分区绘制，但须在各分区平面图的适当位置上绘出分区组合示意图，并明显表示本分区部位编号。

（12）图纸名称、比例；指北针或风向频率玫瑰图。

（13）图纸的省略：如系对称平面，对称部分的内部尺寸可省略，对称轴部位用对称符号表示，但轴线号不得省略；楼层平面除轴线间等主要尺寸及轴线编号外，与底层相同的尺寸可省略；楼层标准层可共用同一平面，但需注明层次范围及各层标高。

（14）屋面平面应有女儿墙、檐口、天沟、坡向、雨水口、屋脊（分水线）、变形缝、楼梯间、水箱间、电梯间、天窗及挡风板、屋面上人孔、检修梯、室外消防楼梯及其他构筑物，必要的详图索引号、标高等。表述内容单一的屋面可缩小比例绘制。

表 4-3　常用建筑构造及配件图例

<table>
<tr><th>名称</th><th>图例</th><th>说明</th><th>名称</th><th>图例</th><th>说明</th></tr>
<tr><td rowspan="2">楼梯</td><td rowspan="2"> 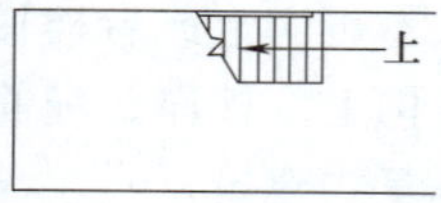上
下
上
下</td><td rowspan="2">①上图为底层楼梯平面，中图为中间层楼梯平面，下图为顶层楼梯平面
②楼梯及栏杆扶手的形式和梯段踏步数应按实际情况绘制</td><td>单扇门（包括平开或单面弹簧）</td><td> 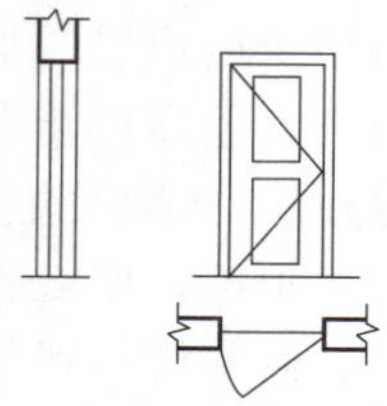</td><td rowspan="4">①门的名称代号用 M 表示
②图例中剖面图左为外，右为内；平面图下为外，上为内
③立面图上开启方向线交角的一侧为安装合页的一侧，实线为外开，虚线为内开
④立面图上的开启线在一般设计图上可不表示，在详图及室内设计图上应表示
⑤立面形式应按实际情况绘制</td></tr>
<tr><td>单扇双面弹簧门</td><td></td></tr>
<tr><td rowspan="2">坡度</td><td rowspan="2">下
下</td><td rowspan="2">上图为长坡道，下图为门口坡道</td><td>双扇门（包括平开或单面弹簧）</td><td></td></tr>
<tr><td>双扇双面弹簧门</td><td></td></tr>
</table>

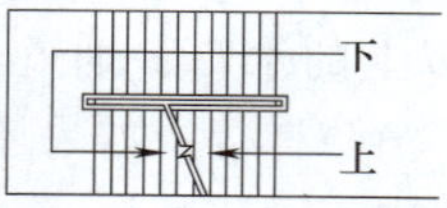

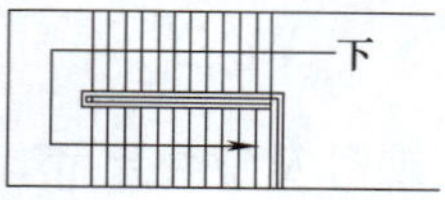

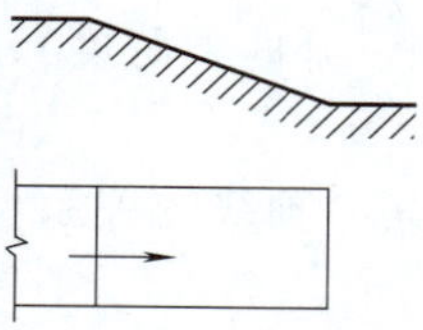

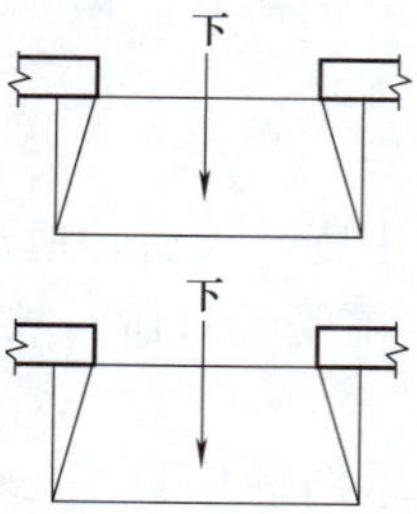

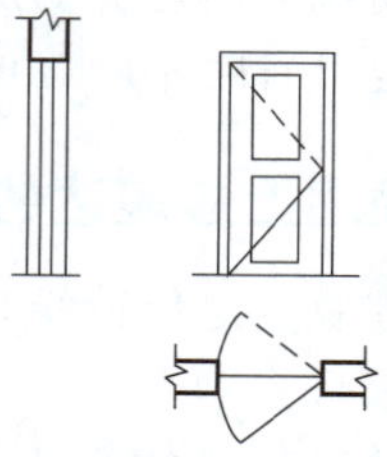

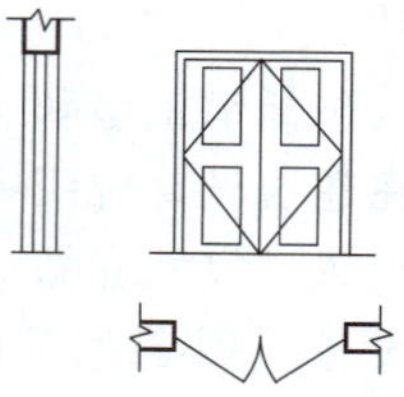

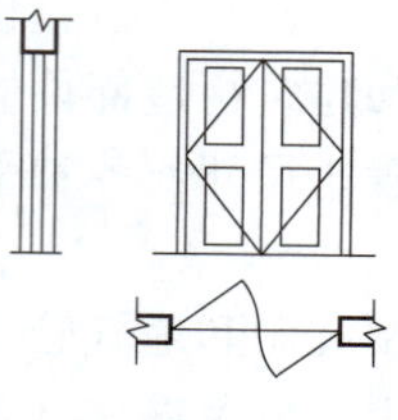

续表

名称	图例	说明
检查孔		左图为可见检查孔，右图为不可见检查孔
孔洞		
坑槽		
墙预留洞	宽×高×深 或 ϕ	
空门洞		
墙预留槽	宽×高×深 或 ϕ	
烟道		
通风道		烟道与墙身为同一材料，其相接处墙身线应断开
竖向卷帘门		

名称	图例	说明
对开折叠门		
推拉门		
单层固定窗		
单层外开上悬窗		①窗的名称代号用C表示 ②立面图中的斜线表示窗的开关方向，实线为外开，虚线为内开；开启方向交角的一侧为安装合页的一侧，一般设计图中可不表示 ③图例中剖面图左为外，右为内；平面图下为外，上为内 ④平面图、剖面图上的虚线仅说明开关方式，在设计图中不需要表示 ⑤窗的立面形式应按实际情况绘制
单层中悬窗		
单层外开平开窗		
左右推拉窗		
高窗		

4.4.3 有关规定和画法特点

4.4.3.1 比例与图例

建筑平面图的比例应根据建筑物的大小和复杂程度选定，常用比例为1∶50、1∶100、1∶200，多用1∶100。由于绘制建筑平面图的比例较小，所以平面图内的建筑构造与配件要用表4-3的图例表示。

4.4.3.2 定位轴线

定位轴线确定了房屋各承重构件的定位和布置，同时也是其他建筑构、配件的尺寸基准线。定位轴线的画法和编号已在第1章中详细介绍。建筑平面图中定位轴线的编号确定后，其他各种图样中的轴线编号应与之相符。

4.4.3.3 图线

被剖切到的墙、柱的断面轮廓线用粗实线画出。砖墙一般不画图例，钢筋混凝土的柱和墙的断面通常涂黑表示。粉刷层在1∶100的平面图中不必画出；当比例为1∶50或更大时，则要用细实线画出。没有剖切到的可见轮廓线，如窗台、台阶、明沟、楼梯和阳台等用中实线画出（当绘制较简单的图样时，也可用细实线画出）。尺寸线与尺寸界线、标高符号、定位轴线等用细实线和细单点长画线画出。

4.4.3.4 门窗布置及编号

门与窗均按图例画出，门线用90°或45°的中实线（或细实线）表示开启方向；窗线用两条平行的细实线图例（高窗用细虚线）表示窗框与窗扇。门窗的代号分别为“M”和“C”，当设计选用的门、窗是标准设计时，也可选用门窗标准图集中的门窗型号或代号来标注。门窗代号的后面都注有编号，编号为阿拉伯数字，同一类型和大小的门窗为同一代号和编号。为了方便工程预算、订货与加工，通常还需有一个门窗明细表，列出该房屋所选用的门窗编号、洞口尺寸、数量、采用标准图集及编号等，如图4-10所示。

4.4.3.5 尺寸与标高

标注的尺寸包括外部尺寸和内部尺寸。外部尺寸从里往外通常为三道尺寸，一般注写在图形下方和左方，第一道尺寸为细部尺寸，表示门窗洞口的宽度和位置、墙柱的大小和位置等；第二道尺寸表示轴线之间的距离，通常为房间的开间和进深尺寸；最外面一道尺寸称第三道尺寸，表示外轮廓的总尺寸，即指从一端外墙边到另一端外墙边的总长和总宽尺寸。内部尺寸用于表示室内的门窗洞、孔洞、墙厚、房间净空和固定设施等的大小和位置。

注写楼、地面标高，表明该楼、地面对首层地面的零点标高（注写为±0.000）的相对高度。注写的标高为装修后完成面的相对标高，也称注写建筑标高。

4.4.3.6 其他标注

房间应根据其功能注上名称或编号。楼梯间是用图例按实际梯段的水平投影画出，同时还要表示上下关系。首层平面图还应画出指北针。同时，建筑剖面图的剖切符号，如1-1、2-2等，也应在首层平面图上标示。当平面图上某一部分另有详图表示时，应画上详图索引符号。对于部分用文字更能表示清楚，或者需要说明的问题，可在图上用文字说明。

4.4.4 识读建筑平面图示例

图 4-5～图 4-9 为某住宅小区一栋底层为车库，坡屋面住宅楼的建筑平面图，现以首层平面图、楼层平面图、屋面平面图的顺序识读。

(1) 首层平面图。图 4-5 是首层平面图，是用 1∶100 的比例绘制。该建筑物坐北朝南，平面图形状规整，整个一层为车库，停放自行车和汽车。首层室内地坪标高为±0.000，室外地坪标高－0.150，高差 150mm。进出车库有 1∶15 的短坡道，汽车库门为卷帘门，自行车库门宽 1000mm、高 2000mm。单元大门在北面，宽 2100mm、高 2000mm，一层到二层为直跑单跑楼梯。

房间定位轴线均在墙中位置，横向定位轴线从 1～21，纵向定位轴线从 A～F。

剖切到的墙体用粗实线绘制，内外墙厚均为 240mm（图上未标注，在建筑设计说明中有说明），图中均标注了三道尺寸线，最外面的第一道总体尺寸反映了住宅的总长度 44.4m、总宽 13.9m；第二道定位轴线尺寸反映了开间、进深，如①轴与②轴之间的间距为 3700mm；第三道细部尺寸是门窗洞口等细节尺寸，如 JLM1 洞口宽度 2800mm，距离①轴与②轴均为 450mm。

图中剖切符号 1-1 和 2-2、3-3 表示了三个建筑剖面图的剖切位置。

(2) 二层平面图。图 4-6 是建筑二层平面图，同样是用 1∶100 的比例绘制。与首层平面图相比，减去了室外的坡道以及指北针，房屋开间、进深格局与一层相同。本栋楼共 3 个单元，每个单元一梯两户，每户均是两室一厅、一厨一卫，主卧室配阳台。客厅、卧室的标高为 2.400m，厨房、卫生间地面均比室内地面低 20mm，表示为“H-0.020”，阳台地面低于客厅地面 50mm。次卧室窗户为飘窗，客厅护窗栏杆做法详见江苏建筑标准图集 J950521 页第 2 图。

楼梯的表示方法与首层不同，不仅画出了本层“上”的部分楼梯踏步，还将本层“下”的楼梯踏步画出。标示了房间内部的细节定位尺寸及一些排水坡度。

(3) 三～六层平面图、顶层平面图。图 4-7 是建筑的三～六层平面图，基本内容与前述相同，少了二层的进单元处的雨篷，并对飘窗做了详图设计，三～六层楼面标高分别是 5.400m、8.400m、11.400m、14.400m，表示该楼层与首层地面的相对标高，即首层层高 2.4m，其余各层高度为 3m。与一层的单跑楼梯不同，三～六层为双跑楼梯。

图 4-8 是建筑的顶层平面图，房间的布局与前面的基本相同，但楼梯表示只有下，房间布局做了部分改变。

(4) 屋顶平面图。图 4-9 是屋顶平面图，也是用 1∶100 的比例绘制。屋顶平面图如果比较简单，也可用 1∶200 的比例绘制。屋面铺有挤塑保温板，图中用箭头表示排水方向，还画有分水线、排水坡度为 1∶2.5、檐沟、女儿墙和落水管位置等。屋面标高 22.208m。

(5) 识读本例门窗表见表 4-4。

门窗表中列出了本例住宅楼全部门窗的设计编号，洞口尺寸、数量、编号和备注等，是工程预算、订货和加工的重要资料。例如：编号为 JLM1 的门为卷帘门，门洞尺寸为宽 2800mm、高 2000mm，共 16 扇；编号为 M2120 的门为成品电子防盗门。门窗表下面的注释，说明了门窗的用料及加工要求。

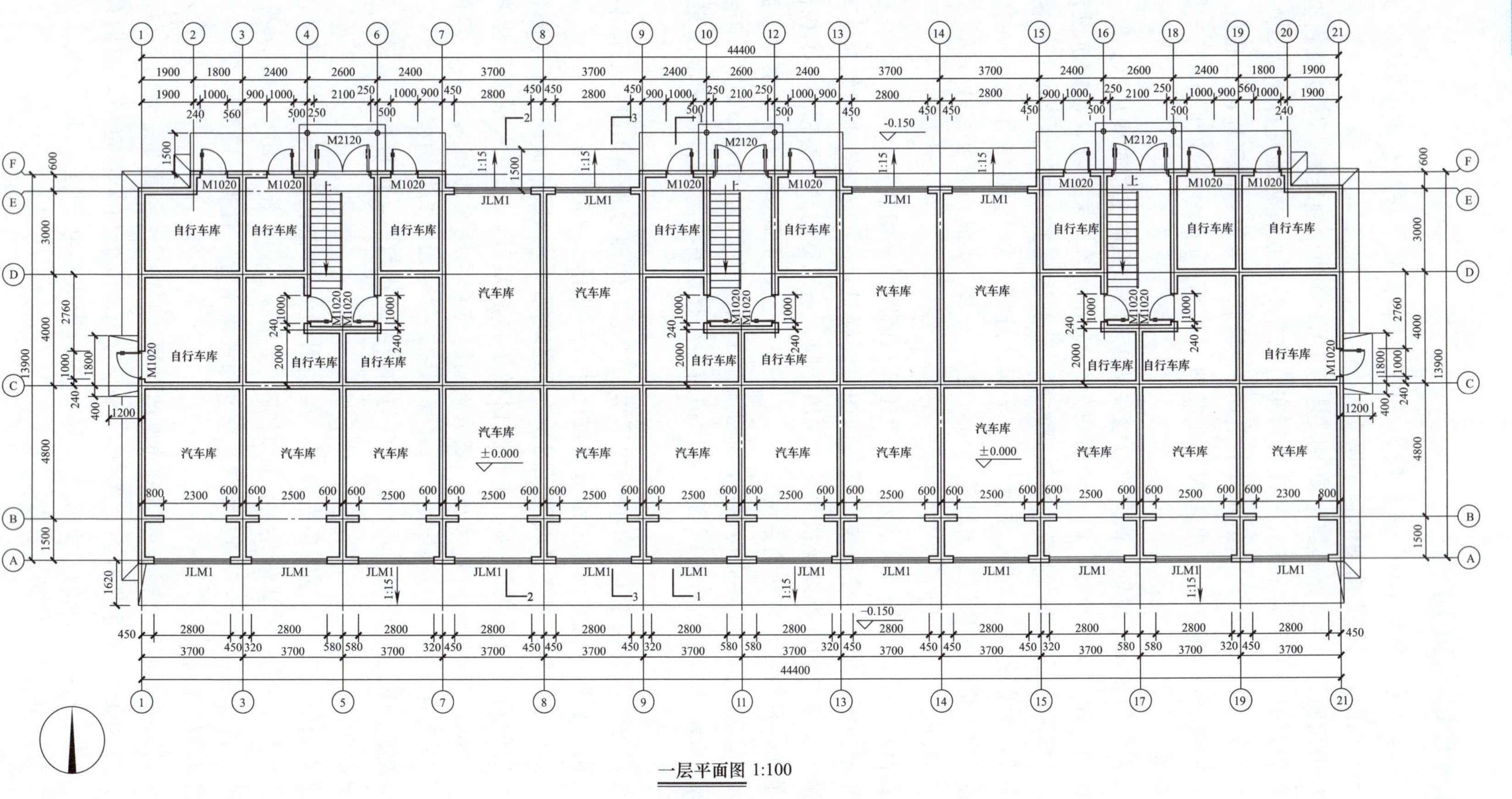

一层平面图 1:100

图 4-5 首层平面图

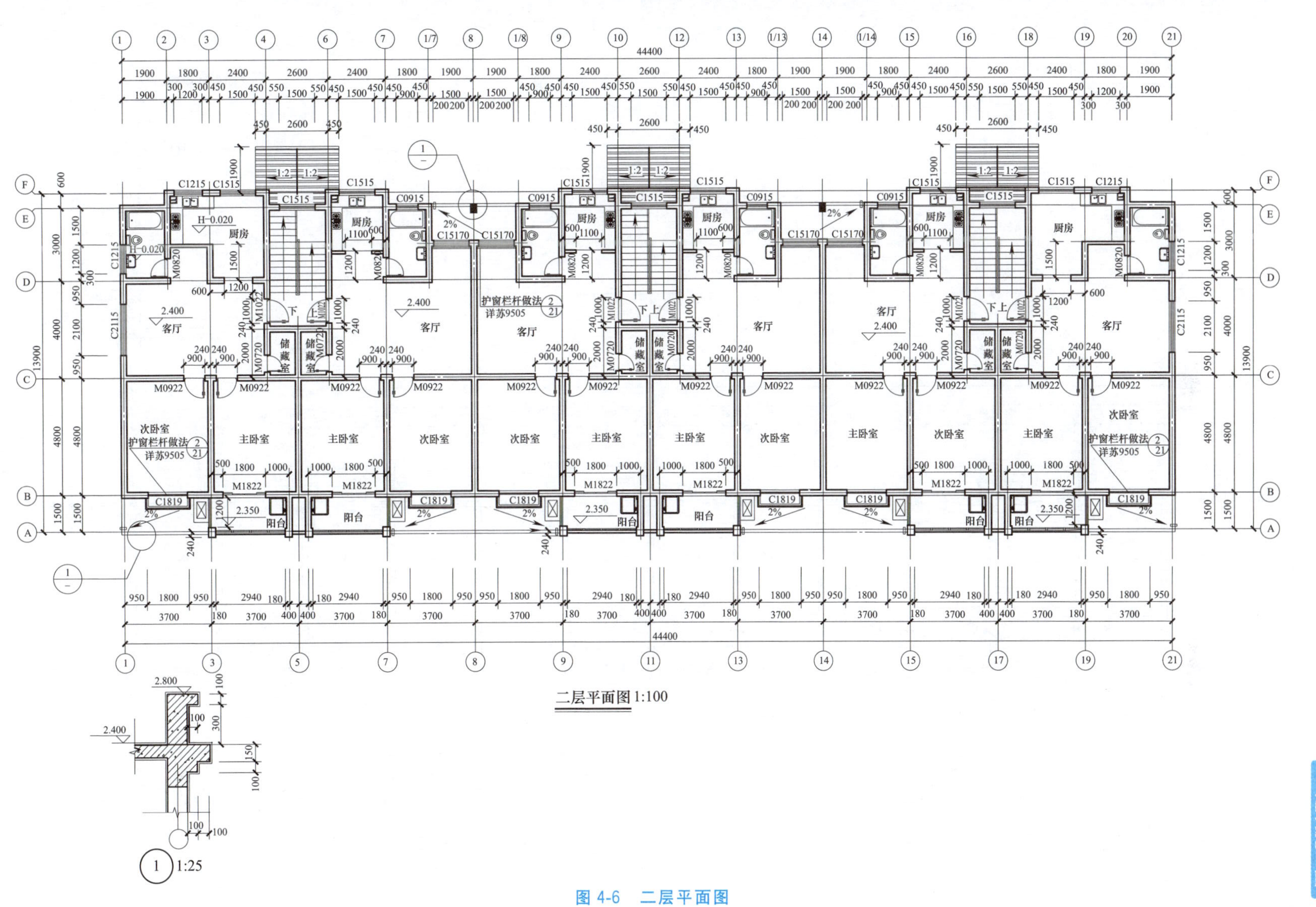

图 4-6 二层平面图

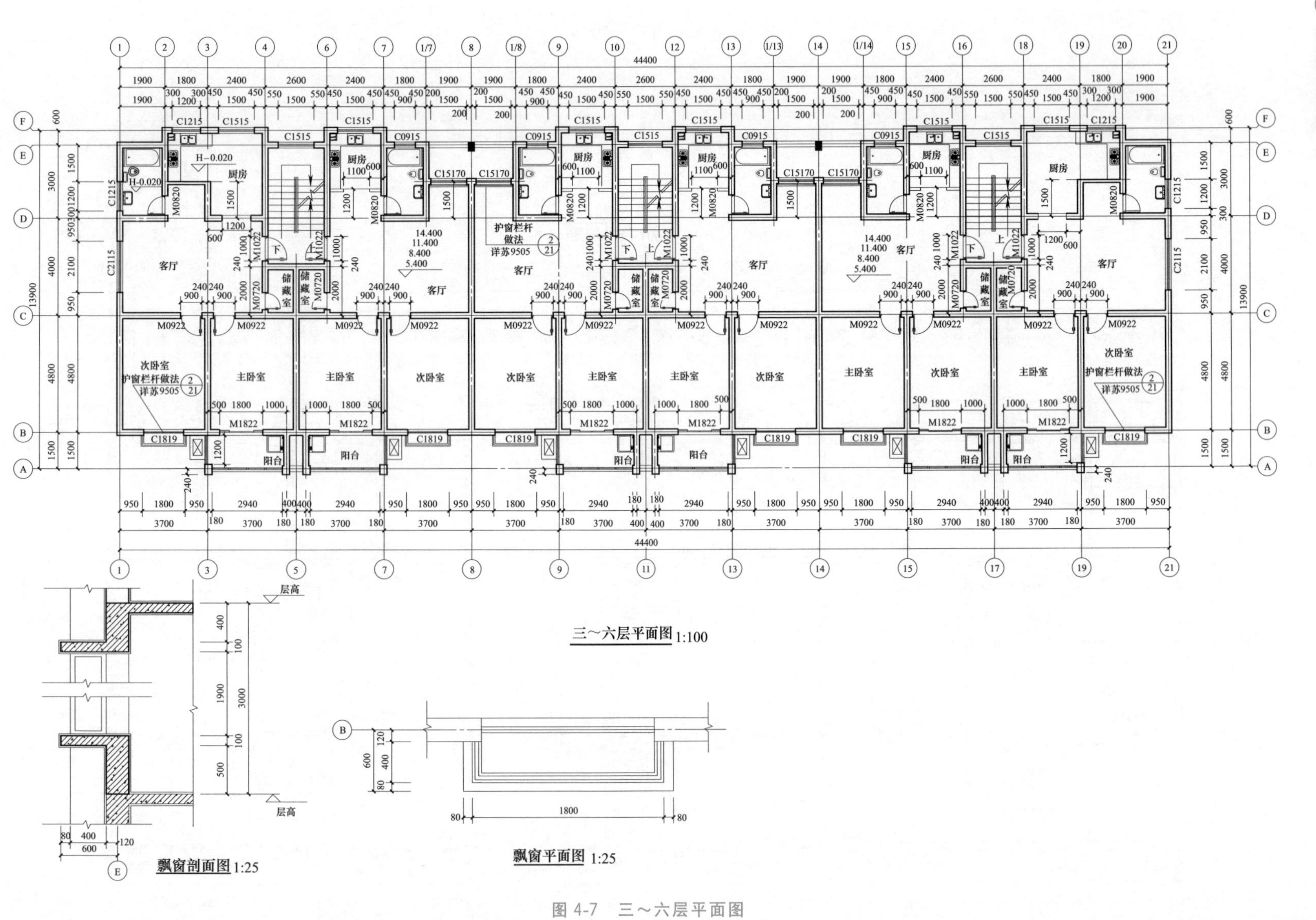

图 4-7　三～六层平面图

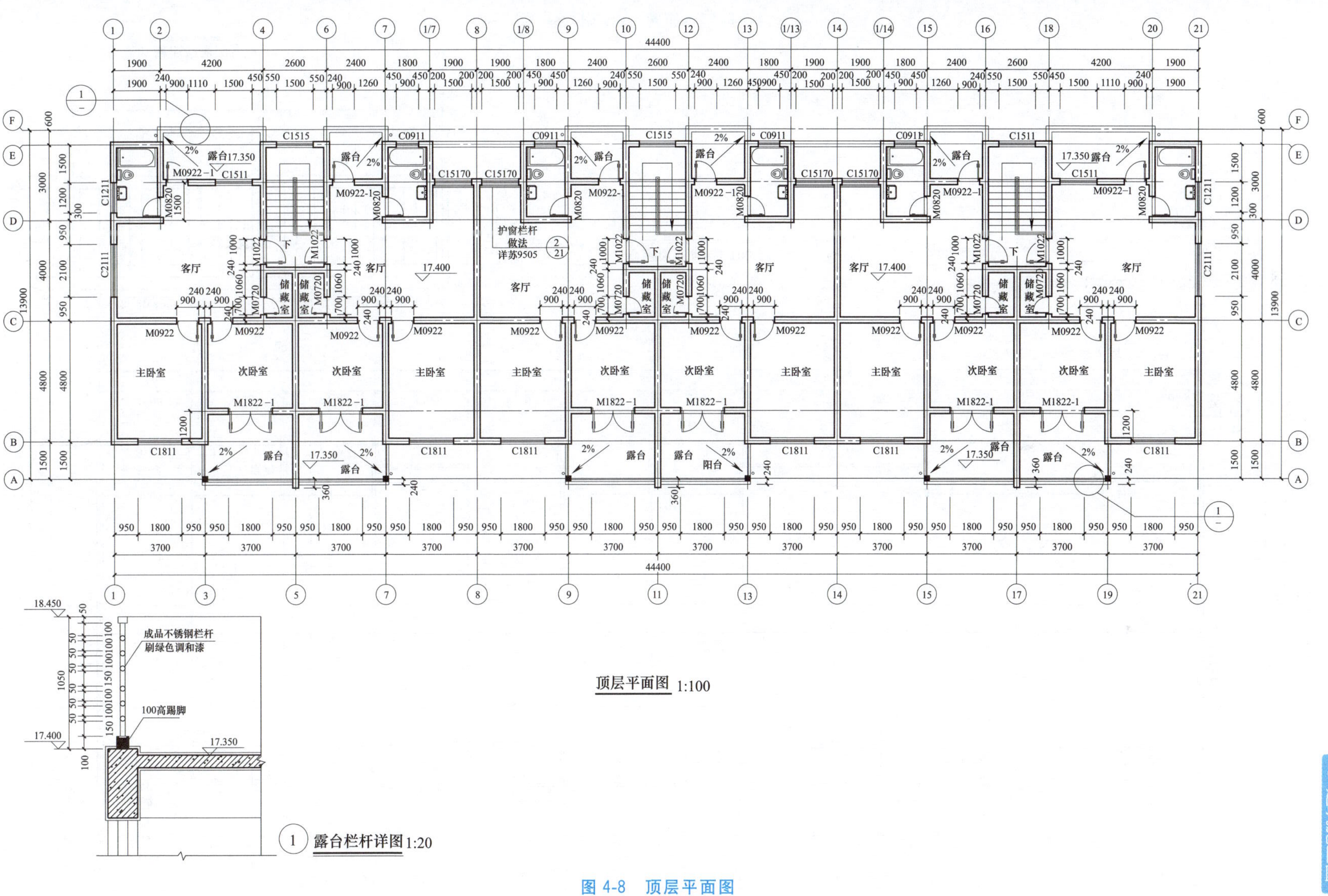
顶层平面图 1:100
露台栏杆详图 1:20
成品不锈钢栏杆
刷绿色调和漆
100高踢脚
客厅
主卧室
次卧室
储藏室
露台
阳台
护窗栏杆
做法
详苏9505
44400
13900

图 4-8 顶层平面图

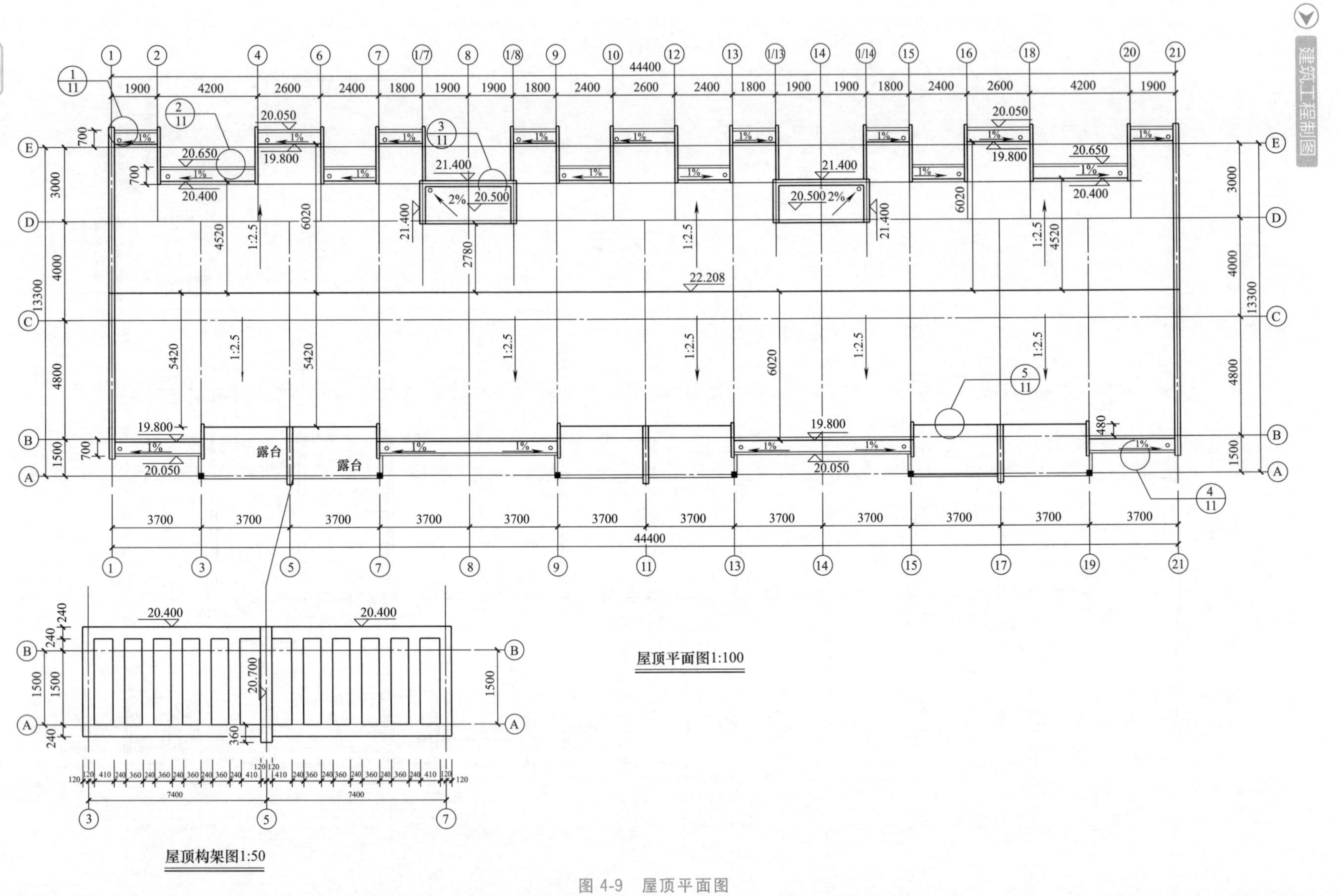
屋顶平面图1:100
屋顶构架图1:50
露台
露台
44400
13300
3000
4000
4800
1500
1900
4200
2600
2400
1800
3700
700
480
1:2.5
1%
2%
22.208
21.400
20.500
20.650
20.400
20.050
19.800
20.700
6020
5420
4520
2780
7400
360
240
1500

图 4-9　屋顶平面图

表 4-4　门窗表

门窗表					门窗表				
序号	门窗编号	洞口尺寸(宽×高)/mm	数量	备注	序号	门窗编号	洞口尺寸(宽×高)/mm	数量	备注
1	JLM1	2800×2000	16	卷帘门	1	C1819	1800×1900	30	铝合金窗
2	M2120	2100×2000	3	成品电子防盗门	2	C2115	2100×1500	10	铝合金窗
3	M1020	1000×2000	16	防盗门	3	C15170	1500×17000	4	铝合金通窗
4	M1022	1000×2200	36	分户门成品防盗门	4	C1515	1500×1500	50	铝合金窗
5	M0922	900×2200	72	三夹板木门	5	C1215	1200×1500	20	铝合金窗
6	M0820	800×200	36	塑钢门	6	C0915	900×1500	20	铝合金窗
7	M0720	700×2000	36	三夹板木门	7	C1811	1800×1100	6	铝合金窗
8	M1822	1800×2200	30	铝合金推拉门	8	C2111	2100×1100	2	铝合金窗
9	M1822-1	1800×2200	6	塑钢门	9	C1511	1500×1100	2	铝合金窗
10	M0922-1	900×2200	6	塑钢门	10	C1211	1200×1100	2	铝合金窗
					11	C0911	900×1100	4	铝合金窗

注：所有塑钢玻璃门均为安全玻璃，所有落地的窗或通窗及玻璃幕墙均为安全玻璃。

4.4.5　建筑平面图的绘制方法与步骤

（1）选定比例与图幅进行图面布置。根据建筑物的复杂程度与大小，选择合适的比例，并确定图幅的大小。要注意留出标注尺寸、符号及文字说明的位置。

（2）画铅笔图稿。用不同硬度的铅笔在绘图上画出的图形称为“底图”，其绘图步骤如下。

① 绘制图框及标题栏，并绘制出定位轴线。

② 画墙体、柱断面及门窗位置、走廊，同时也补全未定轴线的次要的非承重墙。

③ 初步校核，检查底图是否正确。

④ 按线型及线宽要求加深图线。

⑤ 标注尺寸、注写符号及文字说明。

⑥ 图面复核。为尽量做到准确无误，完成绘图前应仔细检查，及时更正错误。

（3）上墨（描图）。用描图纸盖在底图上，用描图笔及绘图墨水按底图描出的图形称为底图，又称为“二底”。

4.5 建筑立面图

4.5.1 立面图的形成、图名和图示方法

建筑物是否美观，很大程度上取决于它在立面上的艺术处理，包括造型与外立面装修是否适当。在初步设计阶段，立面图主要是用来研究这种艺术处理的；在施工图阶段，它主要反映房屋的外貌、门窗形式和位置、墙面的装饰材料、做法及色彩等。

在平行于建筑物立面的投影面上所作建筑物的正投影图，称为建筑立面图。立面图的命名，可以根据建筑物主要入口或比较显著地反映出建筑物外貌特征的那一个立面称为正立面图，其余相应地称为背立面图、左侧立面图、右侧立面图。也可根据房屋的朝向来命名，如东、西、南、北立面图。但并不是所有的建筑都是简单体型，或正南正北，所以，通常的做法是根据立面图两侧的轴线编号来命名，如①～⑥立面图或 A～G 立面图等。

建筑立面图应画出可见的建筑物外轮廓线、建筑构造和构配件的投影，并注写墙面做法及必要的尺寸和标高。但由于立面图的比例较小，如门窗扇、檐口构造、阳台、雨篷和墙面装饰等细部，往往只用图例表示，它们的构造和做法，都另有详图或文字说明。如果建筑物完全对称，在不影响构造处理和施工的情况下，立面图可绘制一半，并在对称线处画上对称符号。例如房屋东西立面对称时，南立面图和北立面图可各画一半，单独布置或合并成一图。

建筑物立面如果有一部分不平行于投影面，例如圆弧形、折线形、曲线形等，可将该部分展开到与投影面平行，再用正投影法画出其立面图，但应在其图名后加注“展开”两个字。

4.5.2 有关规定和画法特点

4.5.2.1 比例与图例

建筑立面图的比例与建筑平面图相同，通常为 1∶50、1∶100、1∶200 等，多用 1∶100。由于绘制建筑立面图的比例较小，很难将所有细部表达清楚，所以立面图内的建筑构造与配件要用表 4-3 的图例表示。如门、窗等都是用图例来绘制的，且只画出主要轮廓线及分隔线、开启方向，开启线以人站在门窗外侧看为准，细实线表示外开，细虚线表示内开，线条相关一侧为合页安装边。

相同的构件和构造，如门窗、阳台及墙面装修等可局部详细图示，其余简化画出。相同类型的门窗只画出 1～2 个完整图形，其余的只需画出轮廓线。

4.5.2.2 定位轴线

建筑立面图中一般只画出两端的定位轴线及其编号，以便与平面图对照。

4.5.2.3 图线

为使建筑立面图清晰、美观，应采用不同的线型来表示。通常把建筑立面图最外的轮廓线用粗实线画出；凸出墙面的雨篷、阳台、门窗洞口、窗台、窗楣、台阶、柱和花池等投影，用中实线表示；其余如门窗、墙面等分格线、落水管、材料符号引出线及说明引出线等，用细实线表示；室外地坪线，用加粗实线（$1.4b$）画出。

4.5.2.4 尺寸与标高

建筑立面图的高度尺寸用标高的形式标注，主要包括建筑物的室内外地面、台阶、窗

台、门窗洞顶部、檐口、阳台、雨篷、女儿墙及水箱顶部等处的标高。各标高注写在立面图的左侧或右侧且排列整齐。立面图上除了标高，有时还要补充一些没有详图表示的局部尺寸，如外墙留洞除注出标高外，还应注出其大小尺寸及定位尺寸。

4.5.2.5 其他标注

凡是需要绘制详图的部位，都应画上索引符号。房屋外墙面的各部分装饰材料、做法、色彩等用文字或列表说明。

4.5.3 识读建筑立面图示例

图 4-10 是上述住宅楼的南立面图，用 1∶100 的比例绘图。南立面图是建筑物的主要立面，它反映该建筑的外貌特征及装饰风格。配合建筑平面图，可以看出建筑物为七层，左右立面对称，首层为车库，卷帘门，门前有坡道，室内外高差 150mm。二～六层有阳台，阳台为通透的造型，虚实结合加强了建筑物的艺术效果。屋面为彩色水泥瓦坡屋面，顶层有露台。外墙装饰的主要格调为灰白色。

该南立面图上采用了以下线型：用粗实线绘制了外轮廓线；用加粗线画出室外地坪线；用中粗实线画出阳台凸出轮廓线；用细实线画出门窗分格线、阳台分格线、屋顶装饰线、雨水管，以及用料注释引出线等。

南立面图上分别注有室内外地坪、门窗洞高、窗台高、层高等标高和尺寸。从所标注的标高可知，室内外高差 0.150m，屋面标高 22.208m，所以房屋的总高度为 22.358m。

图 4-11、图 4-12 是住宅楼的北立面图、东西立面图，表达了各项的体形和外貌，窗的位置与形状，各细部构件的标高、屋面坡度等。读法与南立面图大致相同，这里不再多述。

4.5.4 建筑立面图读图注意事项

(1) 立面图与平面图有密切联系，各立面图轴线编号均应与平面图严格一致，并应校核门、窗等所有细部构造是否正确无误。

(2) 检查各立面图彼此之间在材料做法上有无不符、不协调一致之处，以及检查房屋整体外观、外装修有无不符合之处。

4.5.5 建筑立面图的绘制方法与步骤

建筑立面图的绘制方法与步骤与建筑平面图基本一致，一般对应平面图绘制立面图，具体步骤如下所述。

(1) 选定比例与图幅进行图面布置，绘制标题栏。比例、幅面与平面图一致。

(2) 画铅笔图稿。其绘图步骤如下。

① 画室外地坪线、外墙轮廓线和屋顶或檐口线，并画出首层轴线和外墙面表面分格线。

② 画细部轮廓，如门窗洞口位置、窗台、走廊、窗檐、屋檐、屋顶、雨篷及雨水管等。

③ 按线型及线宽要求加深图线。

④ 标注尺寸、标高，用文字注写说明各部位所用面材及色彩。

⑤ 图面复核。

(3) 上墨（描图）。

22.208
20.700
20.400
19.800
17.400
14.400
11.400
8.400
5.400
2.400
±0.000
-0.150
19800
1
21
①～㉑立面图 1:100

图 4-10　南立面图

22.208
21.400
21.400
18.400
16.900
15.400
13.900
12.400
10.900
9.400
7.900
6.400
4.900
19.800
17.400
14.400
11.400
8.400
5.400
2.400
±0.000
-0.150
19800
21～1立面图1:100

图 4-11 北立面图

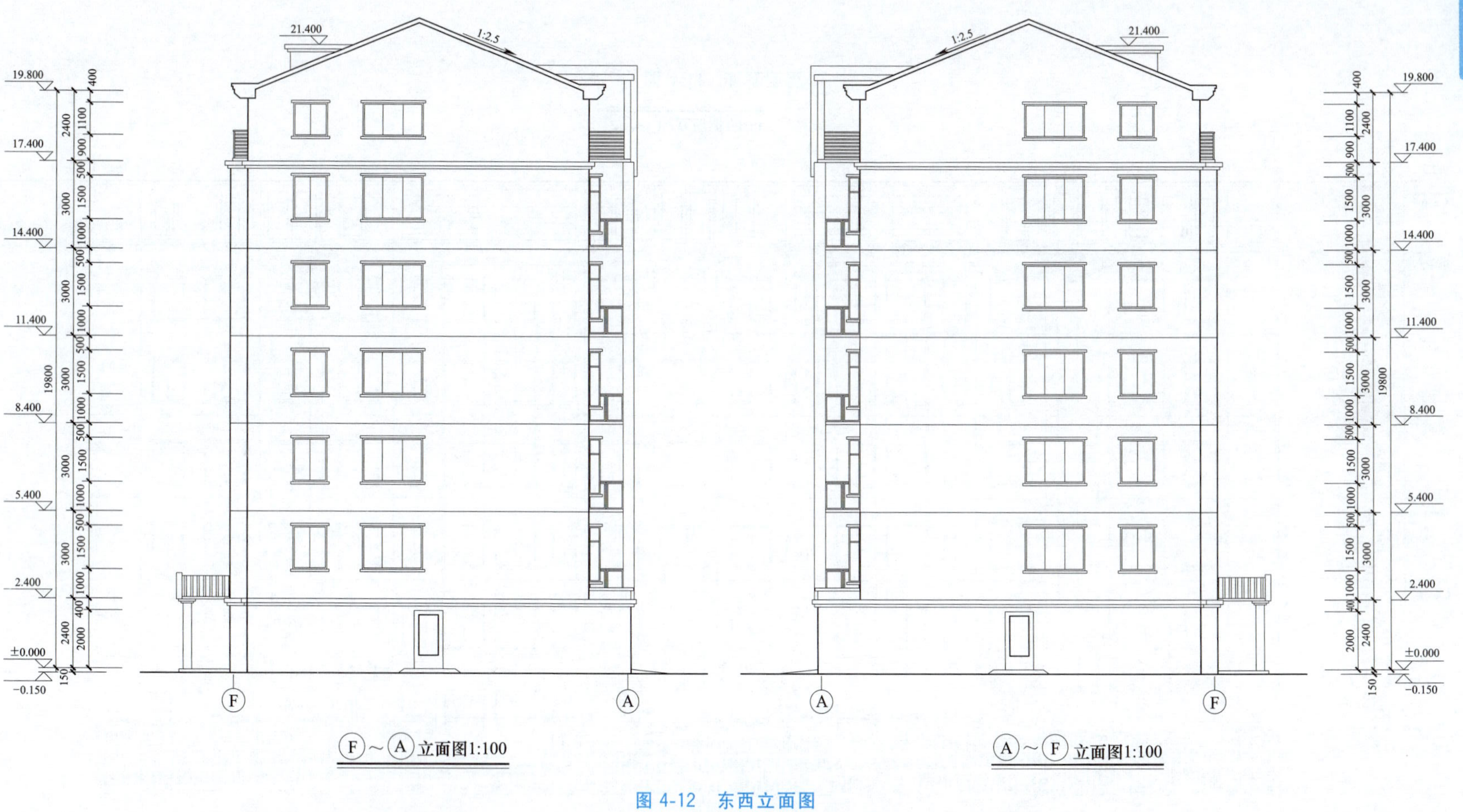
21.400
1:2.5
19.800
17.400
14.400
11.400
8.400
5.400
2.400
±0.000
−0.150
19800
F
A
Ⓕ～Ⓐ立面图1:100
Ⓐ～Ⓕ立面图1:100

图 4-12 东西立面图

4.6 建筑剖面图

4.6.1 剖面图的形成、图名和图示方法、内容

假想用一个或多个垂直于外墙轴线的铅垂剖切面将建筑物剖开，所得的投影图，称为建筑剖面图，简称剖面图。剖面图的剖切位置，应在平面图上选择能反映建筑物内部全貌的构造特性，以及有代表性的部位，并应在首层平面图中表明。剖面图的图名，应与平面图上所标注剖切符号的编号一致，如1-1剖面图、2-2剖面图等。根据房屋的复杂程度，剖面图可绘制一个或多个，如果房屋的局部构造有变化，还可以画局部剖面图。

建筑剖面图往往采用横向剖切，即平行于侧立面；需要时也可以用纵向剖切，即平行于正立面。剖切的位置常常选择通过门厅、门窗洞口、楼梯、阳台和高低变化较多的地方。剖面图是表示房屋内部在高度方向上的结构和构造，如表示房屋内部沿高度方向的分层情况、层高、门窗洞口的高度以及各部位的构造形式等，是与房屋平、立面图相互配合的、不可缺少的基本图样之一。

剖面图上表达的内容如下：建筑物内部的分层情况及层高，水平方向的分隔；室内外地面、楼板层、屋面层、内外墙、楼梯，以及其他剖切到的构配件（如台阶、雨篷等）的位置、形状、相互关系；地面、楼面、屋面的分层构造，可用文字说明或图例表示；外墙（或柱）的定位轴线和编号；垂直方向的尺寸和标高；详图索引符号，图名和比例。

建筑剖面图一般不表达地面以下的基础，墙身只画到基础即用折断线断开。有地下室时，剖切面应绘制到地下室底板下的基土上，其以下部分可不表示。

4.6.2 有关规定和画法特点

4.6.2.1 比例与图例

建筑剖面图的比例应与建筑平面图、立面图一致，通常为1∶50、1∶100、1∶200等，多用1∶100。由于绘制建筑剖面图的比例较小，按投影很难将所有细部表达清楚，所以剖面图内的建筑构造与配件也要用表4-3中的图例表示。

4.6.2.2 定位轴线

与立面图一样，只画出两端的定位轴线及其编号，以便与平面图对照。需要时也可以注出中间轴线。

4.6.2.3 图线

被剖切到的墙、楼面、屋面、梁的断面轮廓线用粗实线画出。砖墙一般不画图例，钢筋混凝土的梁、楼面、屋面和柱的断面通常涂黑表示。粉刷层在1∶100的平面图中不必画出，当比例为1∶50或更大时，则要用细实线画出。室外地坪线用加粗线（1.4b）表示。没有剖切到的可见轮廓线，如门窗洞、踢脚线、楼梯栏杆、扶手等用中实线画出（当绘制较简单的图样时，也可用细实线画出）。尺寸线与尺寸界线、图例线、引出线、标高符号、雨水管等用细实线画出。定位轴线用细单点长画线画出。

4.6.2.4 尺寸与标高

尺寸标注与建筑平面图一样，包括外部尺寸和内部尺寸。外部尺寸通常为三道尺寸，最

外面一道为总高尺寸，表示从室外地坪到女儿墙压顶面的高度；中间一道尺寸为层高尺寸；里面一道尺寸为细部尺寸，表示勒脚、门窗洞、洞间墙、檐口等高度方向尺寸。内部尺寸用于表示室内门、窗、隔断、搁板、平台和墙裙等的高度。

另外还需要用标高符号标出室内外地坪、各层楼面、楼梯休息平台、屋面和女儿墙压顶面等处的标高。注写尺寸与标高时，注意与建筑平面图和建筑立面图相一致。

4.6.2.5 其他标注

对于局部构造表达不清楚时，可用索引符号引出，另绘详图。某些细部的做法，如地面、楼面的做法，可用多层构造引出标注。

4.6.3 识读建筑剖面图示例

图 4-13 是本例住宅楼的建筑剖面图，图中 1-1 剖面图是按图 4-5 首层平面图中 1-1 剖切位置绘制的，为全剖面图。1-1 剖面图的比例是 1∶100，地坪线以下部分不画，墙体用折断线隔开。剖切到的墙体用粗实线表示，不画图例，表示用砖砌成。剖切到的楼面、屋面、梁、阳台、檐口均涂黑，表示其材料为钢筋混凝土。剖面图中还画出未剖到而可见的门、阳台栏板，以及一些门窗等高度尺寸。

从标高尺寸可知，住宅楼首层层高 2.400m，二～六层层高为 3.000m，屋面排水坡度 1∶2.5。

4.6.4 建筑剖面图的绘制

建筑剖面图的绘制方法和步骤和建筑平面图、立面图基本一致，一般是在绘制好的平面图、立面图的基础上绘制，具体步骤如下：

（1）按比例画出定位线，内容包括室内外地坪线、楼层分格线、墙体轴线。

（2）确定墙厚、楼层厚度、地面厚度及门窗的位置。

（3）画出可见的构配件的轮廓线及相应的图例。

（4）按要求加深图线。

（5）图面复核。

4.7 建筑详图

房屋建筑平面图、立面图、剖面图是全局性的图纸，因为建筑物体积较大，所以常采用缩小比例绘制。一般建筑常用 1∶100 的比例绘制，对于体量特别大的建筑，也可采用 1∶200 的比例。用这样的比例在平、立、剖面图中无法将细部做法表示清楚，因而，凡是在建筑平、立、剖面图中无法表示清楚的内容，都需要另绘详图或选用合适的标准图。

建筑详图所画的节点部位，除应在有关的建筑平、立、剖面图中绘注出索引符号外，并需在所画建筑详图上绘制详图符号和写明详图名称，以便查阅。

如图 4-14～图 4-16 所示，是上述住宅楼的楼梯、卫生间、阳台、檐口、女儿墙、门窗等的详图，详细表达了各细节部分的施工尺寸、做法等内容。

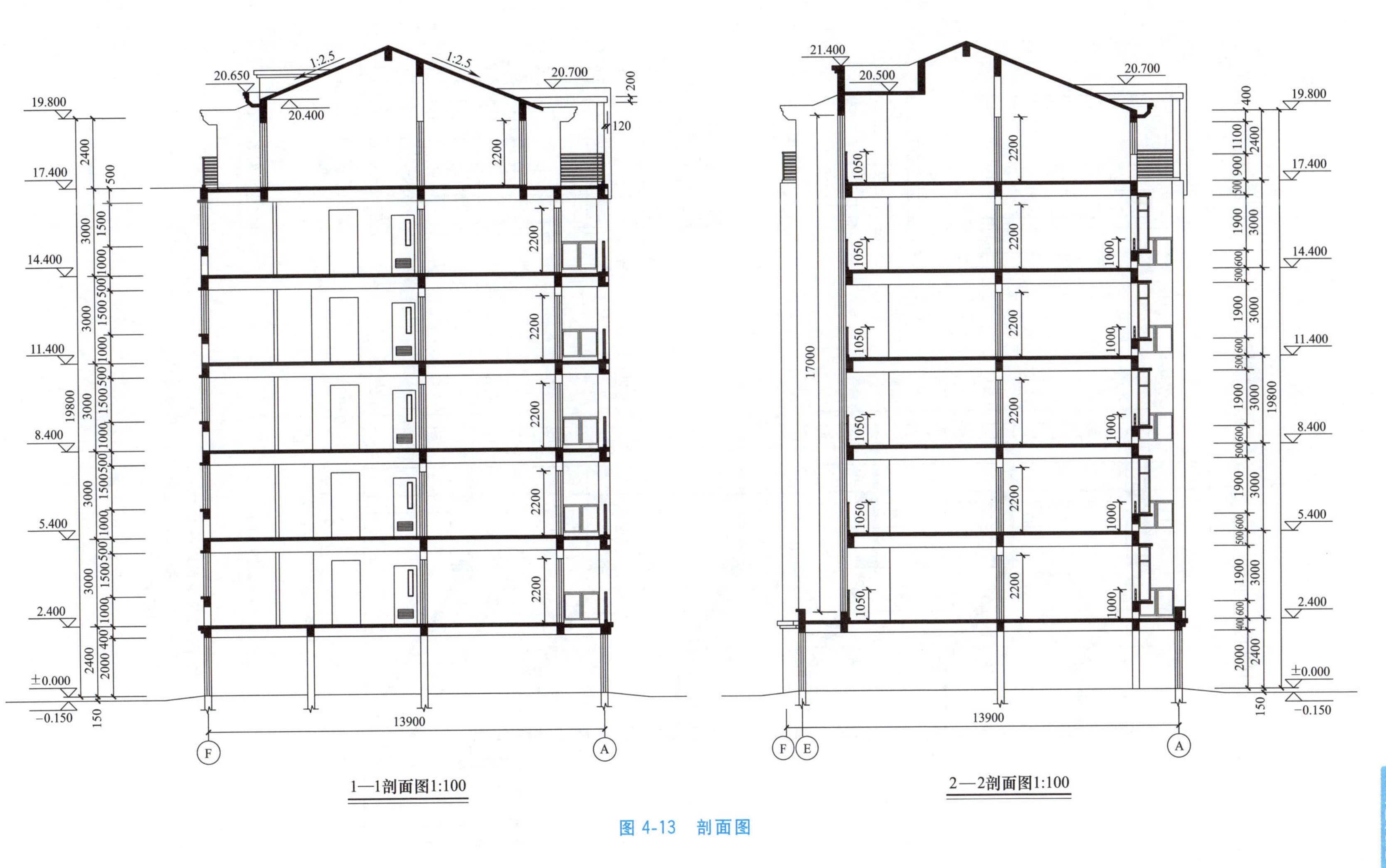
1—1剖面图1:100
2—2剖面图1:100
19.800
17.400
14.400
11.400
8.400
5.400
2.400
±0.000
−0.150
20.650
20.400
20.700
21.400
20.500
1:2.5
13900
17000
19800

图 4-13　剖面图

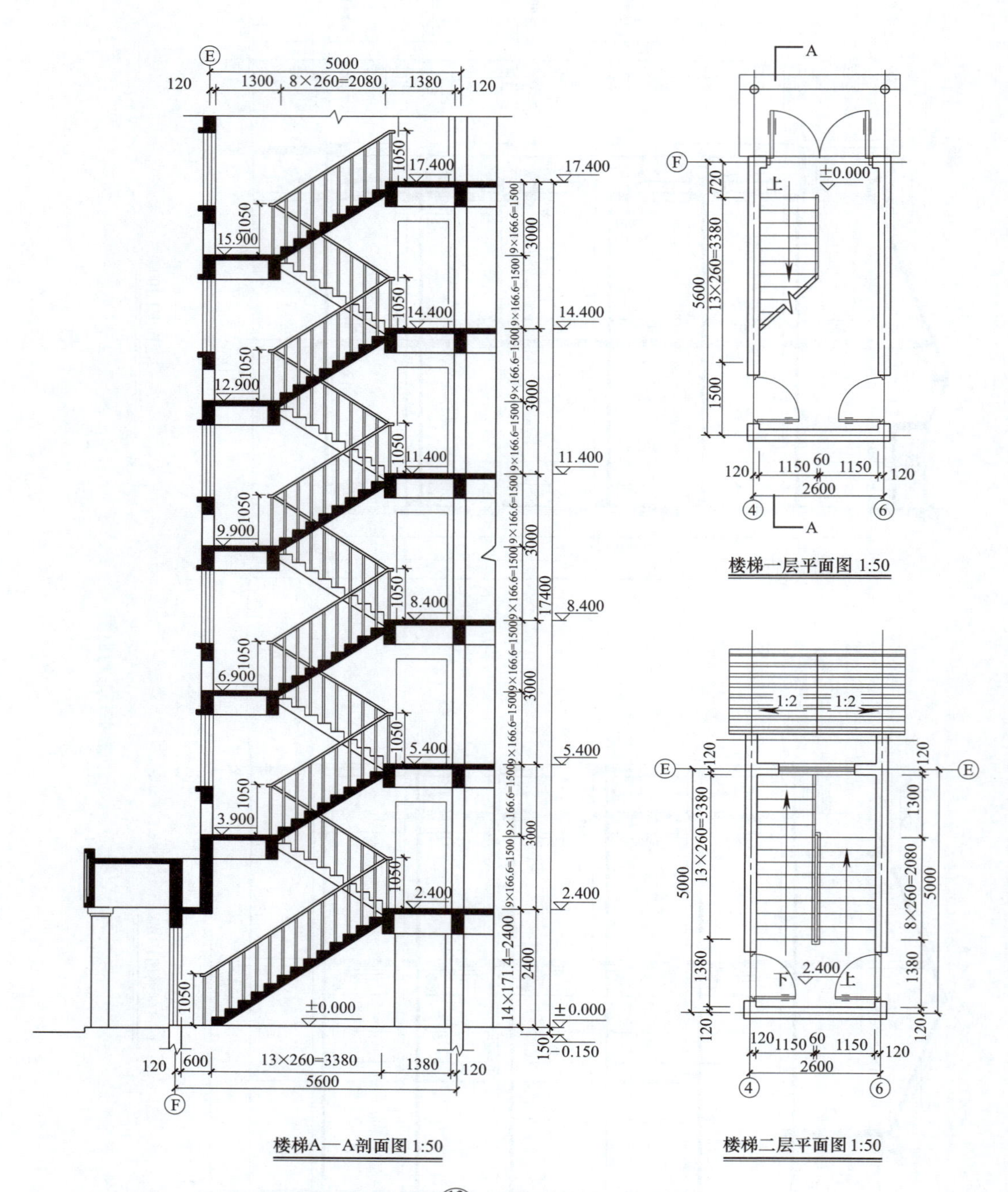

注：1. 楼梯栏杆做法详见苏J9505 $\frac{13}{3}$。

2. 栏杆扶手灰色调和漆，栏杆黑色调和漆。做法详见苏J9501 $\frac{2}{9}$ $\frac{22}{9}$。

3. 楼梯起跑方向见平面图。

图 4-14

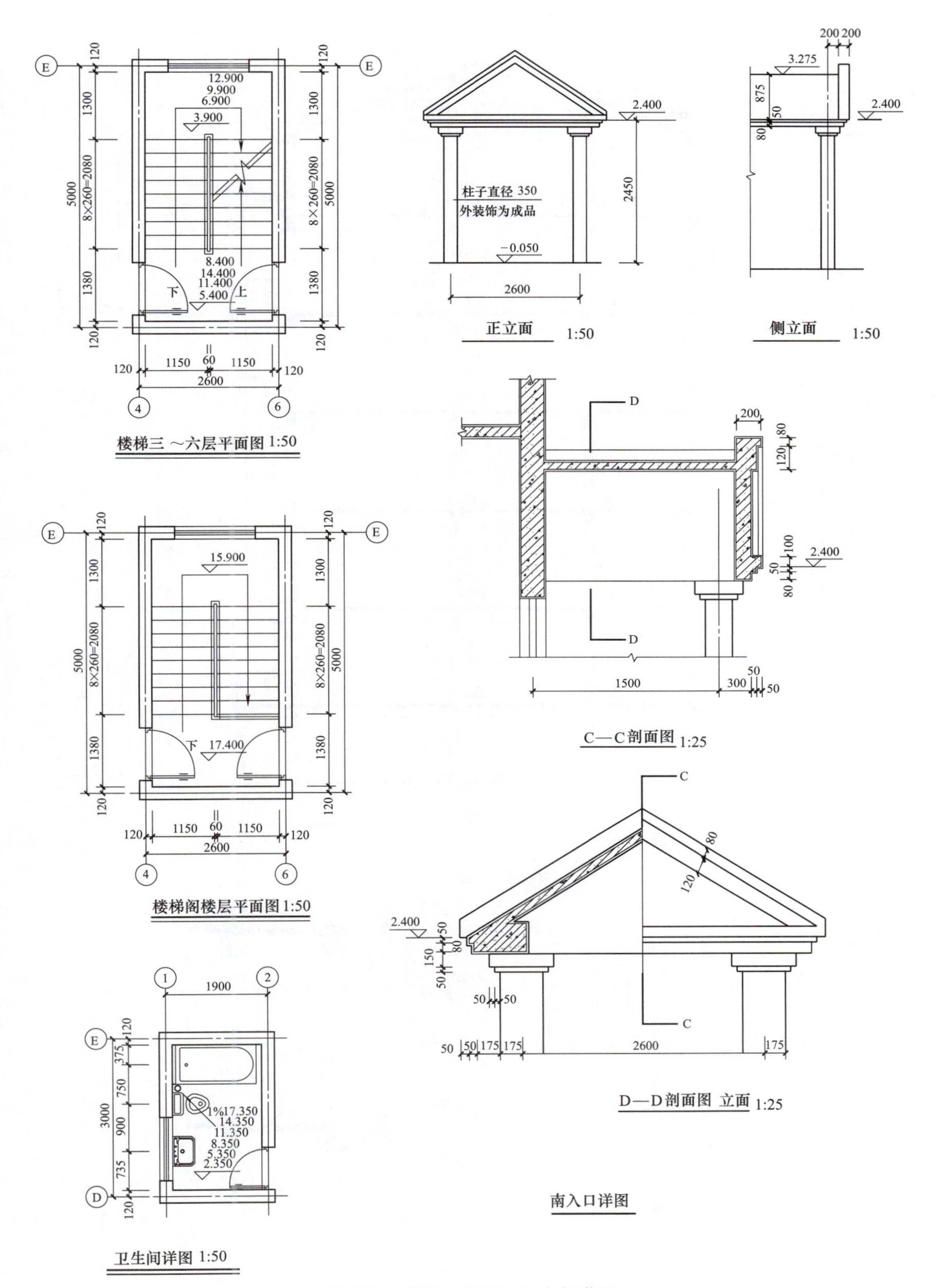

图 4-14　楼梯、入口、卫生间详图

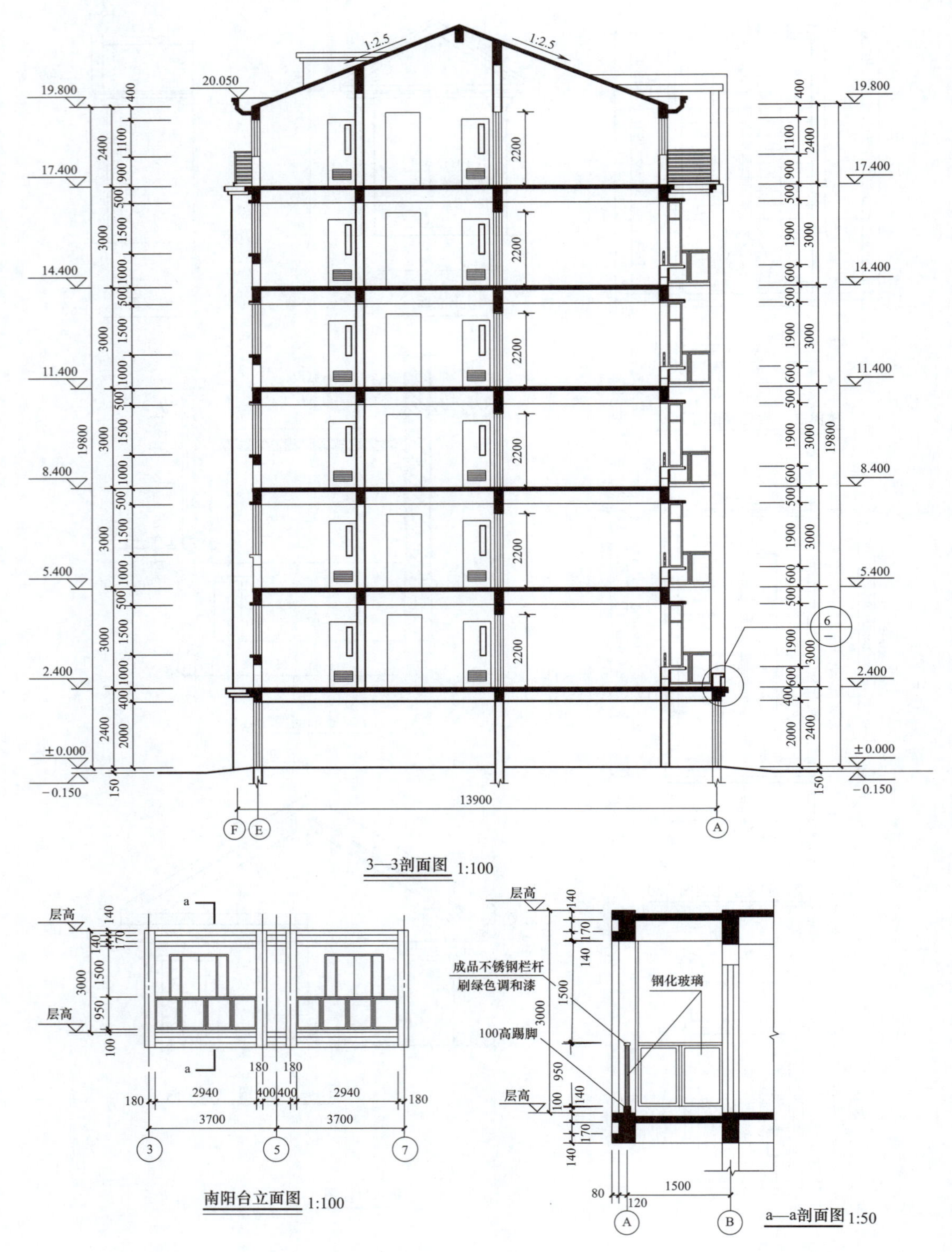
3—3剖面图 1:100
南阳台立面图 1:100
a—a剖面图 1:50
成品不锈钢栏杆
刷绿色调和漆
钢化玻璃
100高踢脚
层高
13900
19.800
17.400
14.400
11.400
8.400
5.400
2.400
±0.000
−0.150
20.050
1:2.5

图 4-15

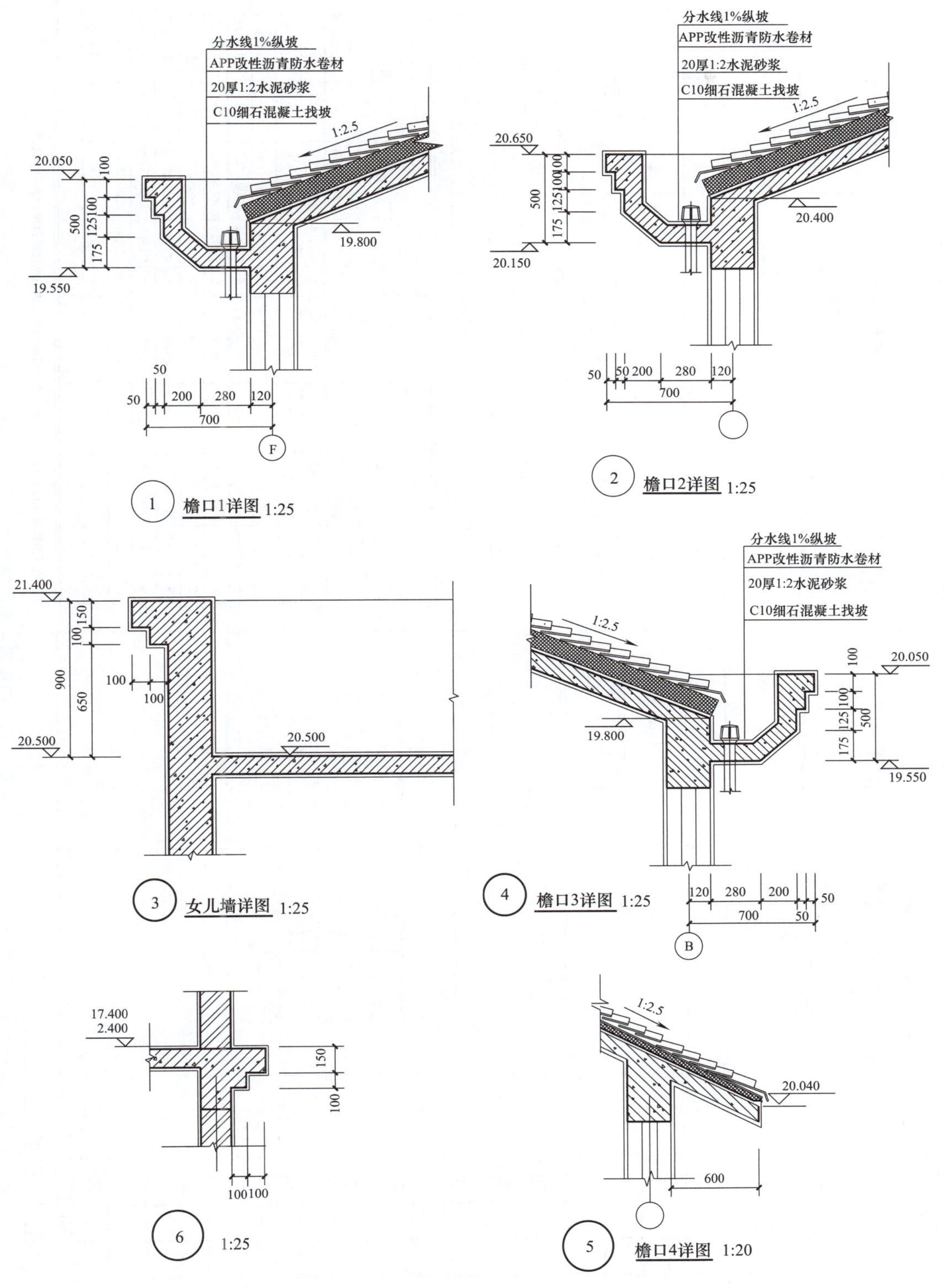

图 4-15 檐口、女儿墙、阳台详图

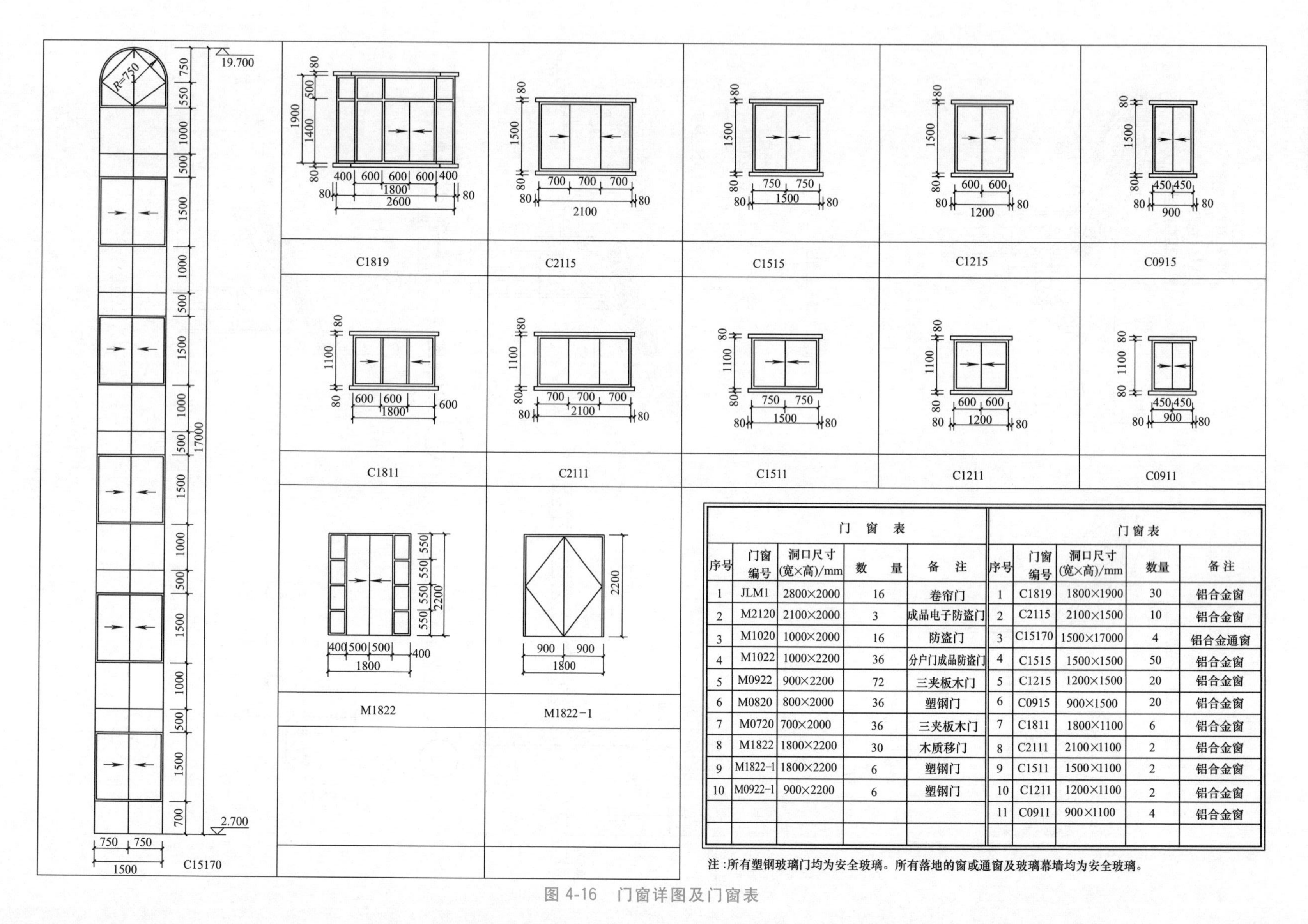

门窗表

序号	门窗编号	洞口尺寸(宽×高)/mm	数量	备注
1	JLM1	2800×2000	16	卷帘门
2	M2120	2100×2000	3	成品电子防盗门
3	M1020	1000×2000	16	防盗门
4	M1022	1000×2200	36	分户门成品防盗门
5	M0922	900×2200	72	三夹板木门
6	M0820	800×2000	36	塑钢门
7	M0720	700×2000	36	三夹板木门
8	M1822	1800×2200	30	木质移门
9	M1822-1	1800×2200	6	塑钢门
10	M0922-1	900×2200	6	塑钢门

门窗表

序号	门窗编号	洞口尺寸(宽×高)/mm	数量	备注
1	C1819	1800×1900	30	铝合金窗
2	C2115	2100×1500	10	铝合金窗
3	C15170	1500×17000	4	铝合金通窗
4	C1515	1500×1500	50	铝合金窗
5	C1215	1200×1500	20	铝合金窗
6	C0915	900×1500	20	铝合金窗
7	C1811	1800×1100	6	铝合金窗
8	C2111	2100×1100	2	铝合金窗
9	C1511	1500×1100	2	铝合金窗
10	C1211	1200×1100	2	铝合金窗
11	C0911	900×1100	4	铝合金窗

注：所有塑钢玻璃门均为安全玻璃。所有落地的窗或通窗及玻璃幕墙均为安全玻璃。

图 4-16　门窗详图及门窗表

5 建筑结构施工图

结构专业施工图要表示房屋结构系统的结构类型、结构布置、构件种类及数量、构件的内部构造和外部形状大小、构件间的连接构造等，是建筑结构施工的技术依据。按照制图标准的规定，用正投影的基本原理，详细准确表达出来的图样，称为结构施工图，简称结施。

结构施工图是说明一栋房屋的骨架构造的类型、尺寸、使用材料要求和构件的详细构造的图纸，是关于承重构件（如基础、承重墙、梁、板、柱）的布置、使用的材料、形状、大小、内部构造及其相互关系的工程图样，是承重构件以及受力构件施工的主要技术依据。结构施工图还反映其他专业（如建筑、给排水、暖通、电气等）对结构的要求。

结构施工图根据建筑图设计，目的是达到建筑图设计功能，根据建筑图把结构构件等布置在图纸上。建筑施工图和结构施工图相辅相成，建筑施工图是一栋建筑物的外表，结构图是建筑物的骨架，二者缺一不可。

结构施工图是房屋建筑施工时的主要技术依据。在施工图设计阶段，结构专业设计文件应包括图纸目录、设计说明、设计图纸以及相关的计算书（另外成册）。

5.1 结构施工图主要内容

5.1.1 图纸目录

图纸目录包括新绘制的图纸、重复利用的图纸和标准图。应按照图纸序号排列，先列新绘制的图纸，后列重复利用的图纸和标准图（也可列在一起）。如图 5-1 所示为某学院图书馆结构施工图目录。

5.1.2 结构设计说明

每一单项工程应编写一份结构设计总说明，对于多子项工程应编写统一的结构设计总说明。当工程以钢结构为主或包含较多的钢结构时，应编制钢结构设计总说明。当工程较简单时，也可将总说明的内容分散写在相关部分的图纸中。

结构设计总说明应该包括以下内容：工程概况、设计依据、图纸说明、建筑分类等级、主要荷载取值、设计计算程序、主要结构材料以及基础和地下室工程、钢筋混凝土工程、钢结构工程、砌体工程等的具体设计、施工要求，还包括检测（监测）的相关要求。

序号	图号	图纸名称	规格	备注
1	G-01	结构总说明	A2	
2	G-02	钢筋混凝土柱构造说明	A1	
3	G-03	承台大样及桩基说明	A1	
4	G-04	桩基平面布置图	A1	
5	G-05	地下室柱平面定位图	A1	
6	G-06	首层柱平面定位图	A1	
7	G-07	2～6层柱平面定位图	A1	
8	G-08	地下室、首层钢筋混凝土柱表	A1	
9	G-09	2～6层钢筋混凝土柱表	A1	
10	G-10	地下室底板梁配筋图	A1	
11	G-11	地下室底板板配筋图	A1	
12	G-12	首层梁配筋图	A1	
13	G-13	首层板配筋图	A1	
14	G-14	2层梁配筋图	A1	
15	G-15	2层板配筋图	A1	
…	…	…		
24	G-24	屋面层梁配筋图	A1	
25	G-25	屋面层板配筋图	A1	
26	G-26	梯表(T1、T2)	A1	
27	G-27	梯表(T3)	A1	
28	G-28	楼梯(T1、T2、T3、T4)剖面图	A1	

图 5-1　某学院图书馆结构施工图目录

5.1.3　基础图

基础图包括基础平面图和基础详图。

5.1.4　结构平面布置图

结构平面布置图是表达房屋结构中的各种承重构件总体平面布置的图样，包括楼层结构布置平面图（工业建筑还包括柱网、吊车梁、柱间支撑、连系梁的布置图等），屋面结构平面图（工业建筑还包括屋面板、天沟板、屋架、天窗架及屋面支撑系统布置图）等。

5.1.5　结构详图

结构详图是表示单个构件形状、尺寸、材料、构造及工艺的图样，如基础、梁、板、柱、楼梯、屋架结构、天沟、雨篷等详图。

5.2 结构施工图的用途及识读方法

结构施工图是结构设计的最终成果图，也是结构施工的指导性文件，是进行构件制作、结构安装、编制预算和安排施工进度的依据。

识读结构施工图，应先看结构设计（总）说明；再读基础平面图、基础结构详图；然后读楼层结构平面布置图、屋面结构平面布置图；最后读构件详图、钢筋详图和钢筋表。各种图样之间不是孤立的，应互相联系阅读。

识读施工图时，应熟练运用投影关系、图例符号、尺寸标注及比例，以读懂整套结构施工图。此外，还应注意建筑标高和结构标高之差是否满足设计要求，构件与构件间的标高是否相对应，构件间能否满足搭接要求和使用要求，建筑图所用的材料对使用功能是否有影响，是否需要在结构上局部加强等问题。

5.3 结构施工图常用构件表示方法

5.3.1 结构施工图图线比例

绘制结构图，根据《房屋建筑制图统一标准》(GB/T 50001—2017) 和《建筑结构制图标准》(GB/T 50105—2010) 的规定，结构图的图线、线型、线宽及比例应符合表 5-1、表 5-2 的规定。

表 5-1 结构施工图中常用比例

图名	常用比例	可用比例
结构平面图、基础平面图	1∶50、1∶100、1∶150	1∶60、1∶200
圈梁平面图、总图中管沟、地下设施等	1∶200、1∶500	1∶300
详图	1∶10、1∶20、1∶50	1∶5、1∶25、1∶4

表 5-2 结构施工图中的图线

名称		线型	线宽	一般用途
实线	粗	————	b	螺栓、主钢筋线、结构平面图中的单线结构构件线、钢木支撑及系杆线，图名下横线、剖切线
	中	————	$0.5b$	结构平面图及详图中剖到或可见的墙身轮廓线，基础轮廓线，钢、木结构轮廓线，箍筋线，板钢筋线
	细	————	$0.25b$	可见的钢筋混凝土构件的轮廓线，尺寸线、标注引出线，标高符号，索引符号
虚线	粗	--------	b	不可见的钢筋、螺栓线，结构平面图中的不可见的单线结构构件线及钢、木支撑线
	中	--------	$0.5b$	结构平面图中的不可见构件、墙身轮廓线及钢、木构件轮廓线
	细	--------	$0.25b$	基础平面图中的管沟轮廓线、不可见的钢筋混凝土构件轮廓线
单点长画线	粗	—·—·—	b	柱间支撑、垂直支撑、设备基础轴线图中的中心线
	细	—·—·—	$0.25b$	定位轴线、对称线、中心线

续表

名称		线型	线宽	一般用途
双点长画线	粗		b	预应力钢筋线
	细		$0.25b$	原有结构轮廓线
折断线			$0.25b$	断开界线
波浪线			$0.25b$	断开界线

5.3.2 常用构件代号

结构图中构件的名称应用代号表示，代号后应用阿拉伯数字标注该构件的型号和编号，也可为构件顺序号。构件的顺序号采用不带角标的阿拉伯数字连续编排。

为了简明扼要地图示各种结构构件，《建筑结构制图标准》（GB/T 50105—2010）规定了各种常用构件的代号，如表5-3所示。

表5-3 常用构件代号

序号	名称	代号	序号	名称	代号	序号	名称	代号
1	板	B	19	圈梁	QL	37	承台	CT
2	屋面板	WB	20	过梁	GL	38	设备基础	SJ
3	空心板	KB	21	连系梁	LL	39	桩	ZH
4	槽形板	CB	22	基础梁	JL	40	挡土墙	DQ
5	折板	ZB	23	楼梯梁	TL	41	地沟	DG
6	密肋板	MB	24	框架梁	KL	42	柱间支撑	ZC
7	楼梯板	TB	25	框支梁	KZL	43	垂直支撑	CC
8	盖板或沟盖板	GB	26	屋面框架梁	WKL	44	水平支撑	SC
9	挡雨板或檐口板	YB	27	檩条	LT	45	梯	T
10	吊车安全走道板	DB	28	屋架	WJ	46	雨篷	YP
11	墙板	QB	29	托架	TJ	47	阳台	YT
12	天沟板	TGB	30	天窗架	CJ	48	梁垫	LD
13	梁	L	31	框架	KJ	49	预埋件	M-
14	屋面梁	WL	32	刚架	GJ	50	天窗端壁	TD
15	吊车梁	DL	33	支架	ZJ	51	钢筋网	W
16	单轨吊车梁	DDL	34	柱	Z	52	钢筋骨架	G
17	轨道连接	DGL	35	框架柱	KZ	53	基础	J
18	车挡	CD	36	构造柱	GZ	54	暗柱	AZ

注：1. 预制钢筋混凝土构件、现浇钢筋混凝土构件、钢构件和木构件，一般可直接采用本表中的构件代号。在绘图中，当需要区别上述构件的材料种类时，可在构件代号前加注材料代号，并在图纸中加以说明。

2. 预应力钢筋混凝土构件的代号，应在构件代号前加注“Y-”，如Y-DL表示预应力钢筋混凝土吊车梁。

5.4 钢筋混凝土结构基本知识和图示方法

5.4.1 混凝土和钢筋混凝土

混凝土由水泥、砂、石子和水组成，凝固后坚硬如石，受压能力好，但抗拉能力差，容易因受拉而断裂，如图 5-2 所示。为了解决这一矛盾，充分发挥混凝土的受压能力，常在混凝土受拉区域内或相应部位加入一定数量的钢筋，使两种材料黏结成一个整体，共同承受外力。这种配有钢筋的混凝土，称为钢筋混凝土，如图 5-3 所示。

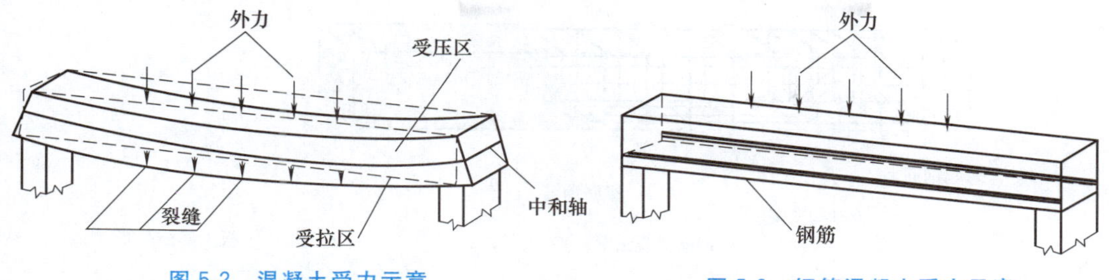

图 5-2　混凝土受力示意

图 5-3　钢筋混凝土受力示意

混凝土的强度等级一般分为 C15、C20、C25、C30、C35、C40、C45、C50、C55、C60、C65、C70、C75、C80 十四个等级［混凝土强度等级应按立方体抗压强度标准值确定。立方体抗压强度标准值系指按照标准方法制作养护的边长为 150mm 的立方体试件在 28d 龄期，用标准试验方法测得的具有 95%保证率的抗压强度（单位为 N/mm^2），如 C20 就表示立方体强度标准值为 $20N/mm^2$ 的混凝土强度等级］，数字越大，混凝土的抗压强度越高。

用钢筋混凝土制成的梁、板、柱、基础等构件，称为钢筋混凝土构件。钢筋混凝土构件，有在施工现场浇筑的，称为现浇钢筋混凝土构件；也有在工厂或工地预先把构件制作好，然后在工地安装的，称为预制钢筋混凝土构件。

5.4.2　钢筋的分类和作用

按钢筋在构件中的作用不同，构件中的钢筋可分为受力筋、箍筋、架立筋、分布筋、构造筋等，如图 5-4 所示。

受力筋——承受拉、压作用的钢筋，用于梁、板、柱、剪力墙等钢筋混凝土构件中，钢筋面积根据受力大小由计算决定。

箍筋——是梁、柱中承受剪力的钢筋，同时起固定受力筋的位置和架立筋形成钢筋骨架的作用。

架立筋——用以固定梁内箍筋的位置，使梁内钢筋骨架成型，固定受力筋位置，并承担部分剪力和扭矩。

分布筋——多用于屋面板、楼板内，与板的受力筋垂直布置，将承受的重量均匀地传给受力筋，并固定受力筋的位置，以及抵抗各种原因引起的混凝土开裂、温度变化而产生的变形。

其他钢筋——因构件的构造要求或施工安装需要而配置的构造筋，如腰筋、吊筋、预埋锚固筋等。

5.4.3　钢筋的种类和代号

在钢筋混凝土结构设计规范中，对国产建筑用钢筋，按其产品种类等级不同，分别给予不同代号，以便标注及识别，如表 5-4 所示。

5.4.4　钢筋的表示方法

为了突出表示钢筋的配置状况，在构件的立面图和断面图上，轮廓线用中粗线或细实线画出，图内不画材料图例，而用粗实线（在立面图）和黑圆点（在断面图）表示钢筋。一般钢筋的表示方法如表 5-5 所示，钢筋的画法如表 5-6 所示。

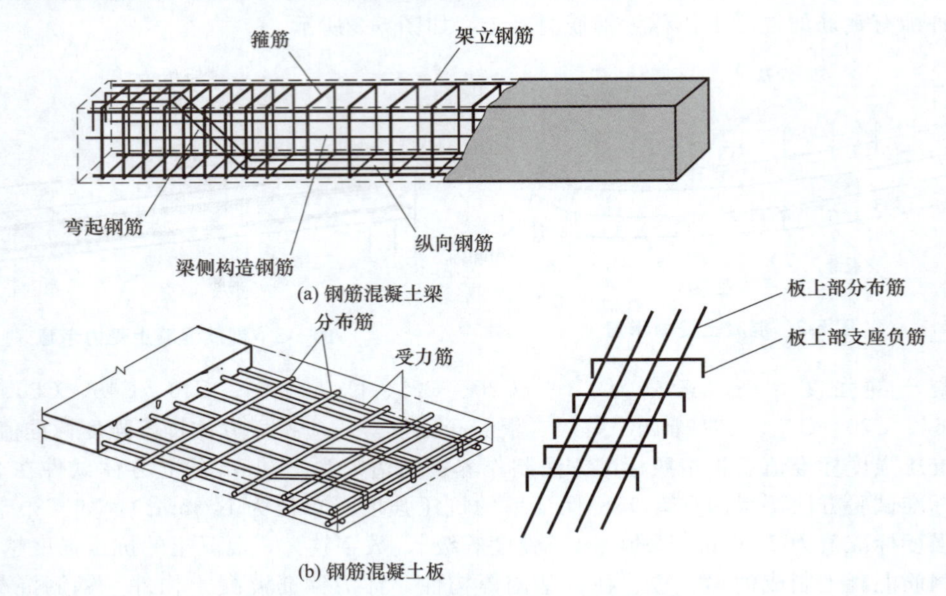

图 5-4　钢筋混凝土构件中钢筋种类

表 5-4　常用普通钢筋种类和代号

牌号	符号	公称直径 d /mm
HPB300	Φ	6～22
HRB335 HRBF335	Φ Φ^{F}	6～50
HRB400 HRBF400 RRB400	Φ Φ^{F} Φ^{R}	6～50
HRB500 HRBF500	Φ Φ^{F}	6～50

注：HPB 是 Hot-rolled Plain Steel Bar 的英文缩写，HPB 钢筋是光圆型的一级钢筋，HPB300 屈服强度标准规定不小于 300MPa。H 、R、B 分别为热轧（Hot rolled ）、带肋（Ribbed）、钢筋（Bars）三个词的英文首位字母，F 表示细晶粒。热轧带肋钢筋广泛用于房屋、桥梁、道路等土建工程建设。

钢筋的标注应包括钢筋的编号、数量（或间距）、代号、直径及所在位置，通常是沿钢筋的长度标注或标注在钢筋的引出线上。简单的构件，钢筋可不编号。板的配筋和梁、柱的箍筋一般是标注其间距，不标注数量。

表 5-5　一般钢筋的表示方法

名　称	图　例	说　明
钢筋横断面	●	
无弯钩的钢筋端部		下图表示长、短钢筋投影重叠时，短钢筋的端部用 45°斜画线表示
带半圆形弯钩的钢筋端部		

续表

名　称	图　例	说　明
带直弯钩的钢筋端部		
无弯钩的钢筋搭接		
带半圆形弯钩的钢筋搭接		
带直弯钩的钢筋搭接		
机械连接的钢筋接头		用文字说明机械连接的方式（冷挤压或锥螺纹等）
预应力钢筋或钢绞线		
单根预应力钢筋断面		

表 5-6　钢筋的画法

序号	说　明	图　例
1	在结构平面图中配置双层钢筋时，底层钢筋的弯钩应向上或向左，顶层钢筋的弯钩则向下或向右	（底层）（顶层）
2	钢筋混凝土墙体配双层钢筋时，在配筋立面图中，远面钢筋的弯钩应向上或向左，而近面钢筋的弯钩向下或向右（JM 近面；YM 远面）	JM YM JM YM
3	在断面图中不能表达清楚的钢筋布置，应在断面图外增加钢筋大样图（如钢筋混凝土墙、楼梯等）	
4	图中所表示的箍筋、环筋等若布置复杂时，可加画钢筋大样及说明	或

续表

序号	说　明	图　例
5	每组相同的钢筋、箍筋或环筋，可用一根粗实线表示，同时用一两端带斜短画线的横穿细线，表示其余钢筋及起止范围	

5.4.5 其他规定

为了保护钢筋，防腐蚀、防火以及加强钢筋与混凝土的黏结力，在构件中的钢筋外面要留有保护层。混凝土保护层厚度是指最外层钢筋外边缘至混凝土表面的距离。根据《混凝土结构设计规范》（GB 50010—2010）的规定，混凝土保护层的最小厚度应符合表5-7的规定。

表5-7　混凝土保护层最小厚度 *C*　　单位：mm

环境类别	板、墙、壳	梁、柱、杆
一	15	20
二 a	20	25
二 b	25	35
三 a	30	40
三 b	40	50

注：1. 混凝土强度等级不大于C25时，表中保护层厚度数值应增加5mm。
2. 钢筋混凝土基础宜设置混凝土垫层，基础中钢筋的混凝土保护层厚度应从垫层顶面算起，且不应小于40mm。

表5-7中的混凝土结构的环境类别划分，根据《混凝土结构设计规范》（GB 50010—2010）规定应符合表5-8的要求。

表5-8　混凝土结构的环境类别

环境类别	条　件
一	室内干燥环境； 无侵蚀性静水浸没环境
二 a	室内潮湿环境； 非严寒和非寒冷地区的露天环境； 非严寒和非寒冷地区与无侵蚀性的水或土壤直接接触的环境； 严寒和寒冷地区的冰冻线以下与无侵蚀性的水或土壤直接接触的环境
二 b	干湿交替环境； 水位频繁变动环境； 严寒和寒冷地区的露天环境； 严寒和寒冷地区冰冻线以上与无侵蚀性的水或土壤直接接触的环境
三 a	严寒和寒冷地区冬季水位变动区环境； 受除冰盐影响环境； 海风环境

续表

环境类别	条　　件
三 b	盐渍土环境； 受除冰盐作用环境； 海岸环境
四	海水环境
五	受人为或自然的侵蚀性物质影响的环境

注：1. 室内潮湿环境是指构件表面经常处于结露或湿润状态的环境。

2. 严寒和寒冷地区的划分应符合现行国家标准《民用建筑热工设计规范》(GB 50176—2016) 的有关规定。

3. 海岸环境和海风环境宜根据当地情况，考虑主导风向及结构所处迎风、背风部位等因素的影响，由调查研究和工程经验确定。

4. 受除冰盐影响环境是指受到除冰盐盐雾影响的环境；受除冰盐作用环境是指被除冰盐溶液溅射的环境，以及使用除冰盐地区的洗车房、停车楼等建筑。

5. 暴露的环境是指混凝土结构表面所处的环境。

如果受力筋用光圆钢筋，则两端要弯钩，以加强钢筋与混凝土的黏结力，避免钢筋在受拉时滑动。带纹钢筋与混凝土的黏结力强，两端不必弯钩。钢筋端部的弯钩常用两种形式，如图 5-5 所示。

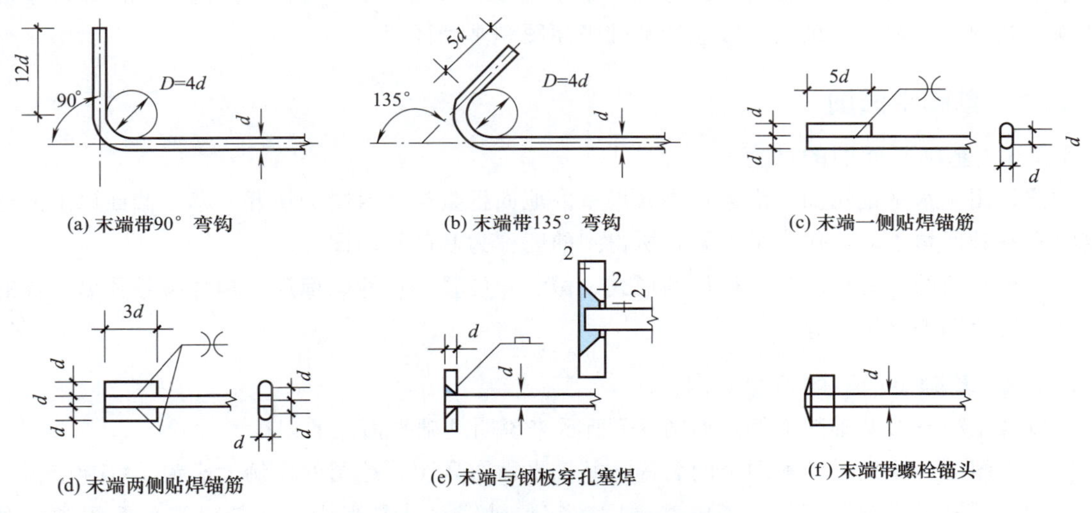

图 5-5　纵向钢筋弯钩和机械锚固的形式

5.5　基础结构施工图

基础是房屋的地下承重结构部分，它承受房屋全部荷载，并将其传递给地基。基础的形式与上部结构系统及荷载大小与地基的承载力有关，通常有条形基础、独立基础、筏板基础、箱形基础等，如图 5-6 所示。条形基础一般用于砖混结构中，独立基础、筏板基础和箱形基础用于钢筋混凝土结构中。基础按照材料不同又可分为砖石基础、混凝土基础、毛石基础、钢筋混凝土基础等。

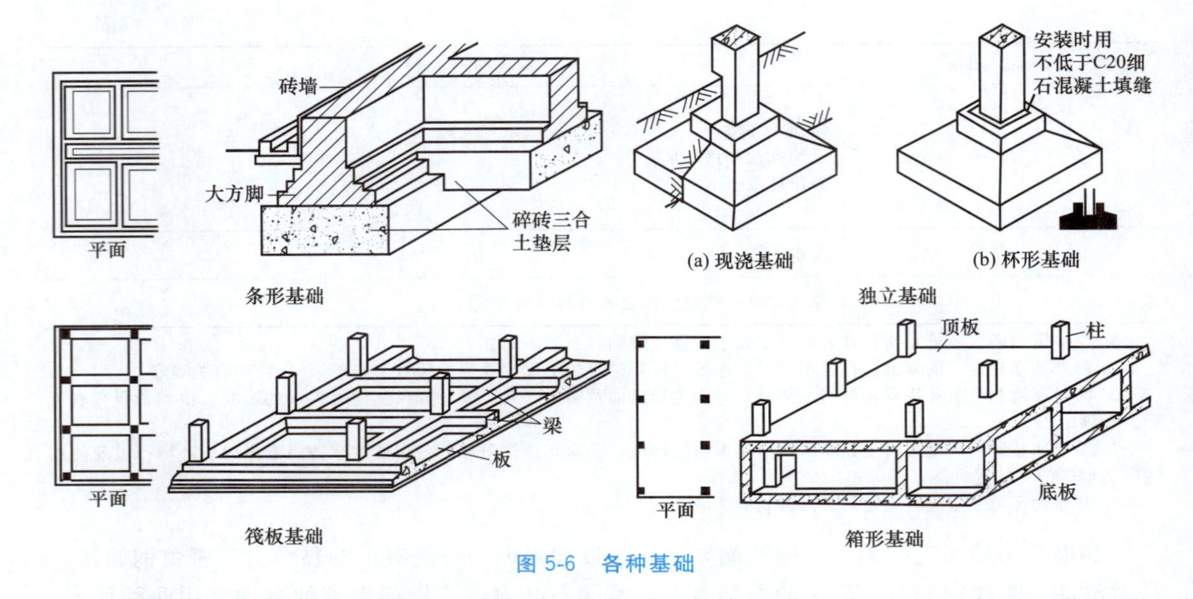

图 5-6　各种基础

基础图是表示建筑物室内地面以下基础部分的平面布置和详细构造的图样，它是施工时在基地上放灰线（用石灰粉线定出房屋的定位轴线、墙身线、基础底面长宽线）、开挖基坑和施工基础的依据。基础图一般包括基础平面图和基础详图。

5.5.1　基础平面图

5.5.1.1　基础平面图的产生

假设用一水平剖切面，沿建筑物底层室内地面把整栋建筑物剖切开，移去截面以上的建筑物和基础回填土后，作水平投影，所得到的图称为基础平面图。

基础平面图主要反映基础构件的形式、做法、位置、尺寸、标高、构件编号及墙、柱的位置、尺寸和编号等内容。

5.5.1.2　基础平面图的识图实例

以某工程条形基础图为例，如图 5-7 所示来说明基础平面图的识读。

（1）图名、比例。了解图纸的名称：基础平面布置图，绘图的比例大小为 1∶100。

（2）了解纵横轴线编号。了解基础间的定位轴线尺寸是多少，并与建筑平面图进行对照，比较是否一致。

（3）基础的平面布置。了解基础墙、柱以及基础底面的形状、大小及其与轴线的关系。该基础为墙下条形基础，局部采用独立基础，部分条形基础之间有基础梁相连。基础的剖面形式有三种，基础梁的剖面形式也有三种。

（4）施工说明。了解施工时对基础材料、强度等的要求。

5.5.2　基础详图

基础详图以断面图的图示方法绘制。基础断面图，一般用较大的比例（1∶20）绘制，能详细表示出基础的断面形状、尺寸、与轴线的关系、基础底标高、材料及其他构造做法，为此又称为基础详图。

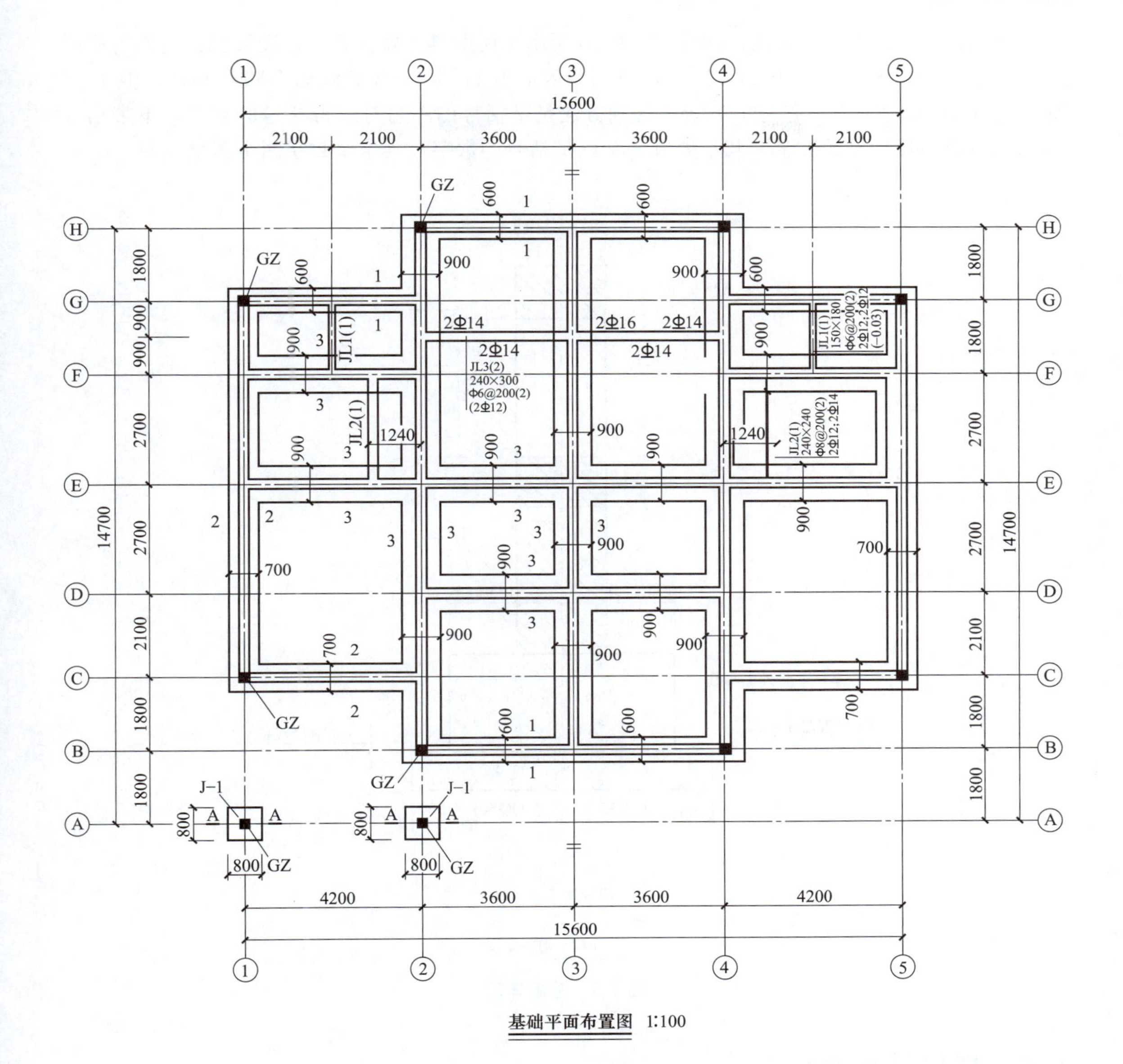

图 5-7 基础平面布置图

（1）图名、比例。基础详图的名称对应基础平面图的剖切面的相应位置，了解其为哪一基础上的断面。

（2）基础断面图中轴线及其编号（若为通用断面图，则轴线圆圈内无编号）。配合找出该断面基础在平面图中的位置。

（3）基础断面形状、大小、材料及配筋。

（4）基础梁的高宽尺寸及配筋。

（5）基础断面的详细尺寸和室内外地面、基础底面的标高，了解基础的埋置深度。

（6）防潮层。防潮层可以在基础断面图中表明其位置及做法，但是一般以建筑施工图为主表明其位置及做法。

为了节约绘图时间和图幅，设计中常常将两个或两个以上类似的图形用一个图来表示。

下面以1—1（2—2）断面为例，如图5-8所示来说明其主要内容。读图要找出它们的相同与不同处。如基础底宽800mm、900mm两种类型，1—1与2—2的断面形状都一样，但1—1底宽为800mm，2—2底宽为900mm。区别方法是带括号的图名对应带括号的数字，不带括号的图名对应不带括号的数字。若某处有一个没带括号的数字，则这个数字两个图都相同。

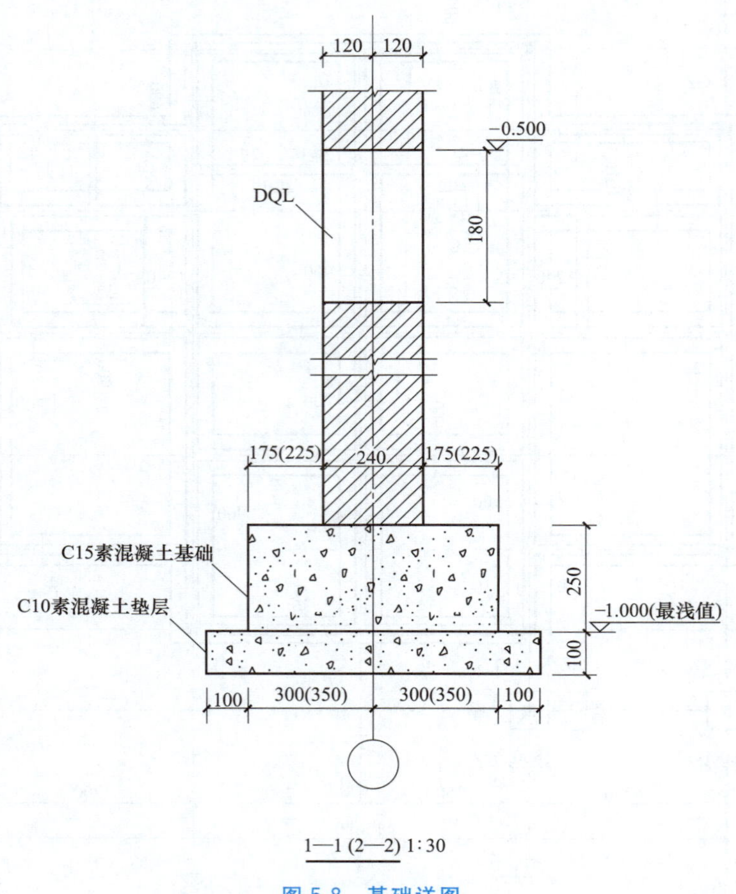

图5-8　基础详图

5.6　楼层结构平面图

钢筋混凝土楼层按照施工方法可以分为预制装配式和现浇整体式两大类。楼层结构平面图是假想用一个平行于水平面的剖切平面将楼面板剖切后，向下投影得到的水平剖面图。楼层结构平面图主要表示板、梁、墙等的布置情况及它们之间的相互关系。对于现浇板，一般要在图中反映板的配筋情况；若是预制板，则要反映板的选型、排列、数量等。梁的位置、编号以及板、梁、墙的连接或搭接情况等都要在图中反映出来；另外楼层结构平面图还反映圈梁、过梁、雨篷、阳台等布置，当构造复杂时，也可单独成图。

5.6.1　预制装配式楼层结构布置图

楼层又叫做楼盖，预制装配式的楼盖是由许多预制构件组成的，这些构件预先在预制厂（场）成批生产，然后在施工现场安装就位，组成楼盖。

装配式楼盖结构图主要表示预制梁、板及其他构件的位置、数量及搭接方法。其内容一般包括结构布置平面图、节点详图、构件统计表及文字说明等。

以图 5-9 为例，说明预制楼盖结构平面布置图的识读方法：

（1）看图名、比例。了解是哪个工程的哪一层的结构平面图，其比例大小为多少。

（2）看预制板的布置及其编号。了解本工程采用哪个地区通用图。

（3）看梁（柱）的布置及其编号。了解本工程的结构形式，如图 5-9 为混合结构、图 5-10为框架结构。

（4）看现浇钢筋混凝土板的位置和代号。配合构件详图识读。

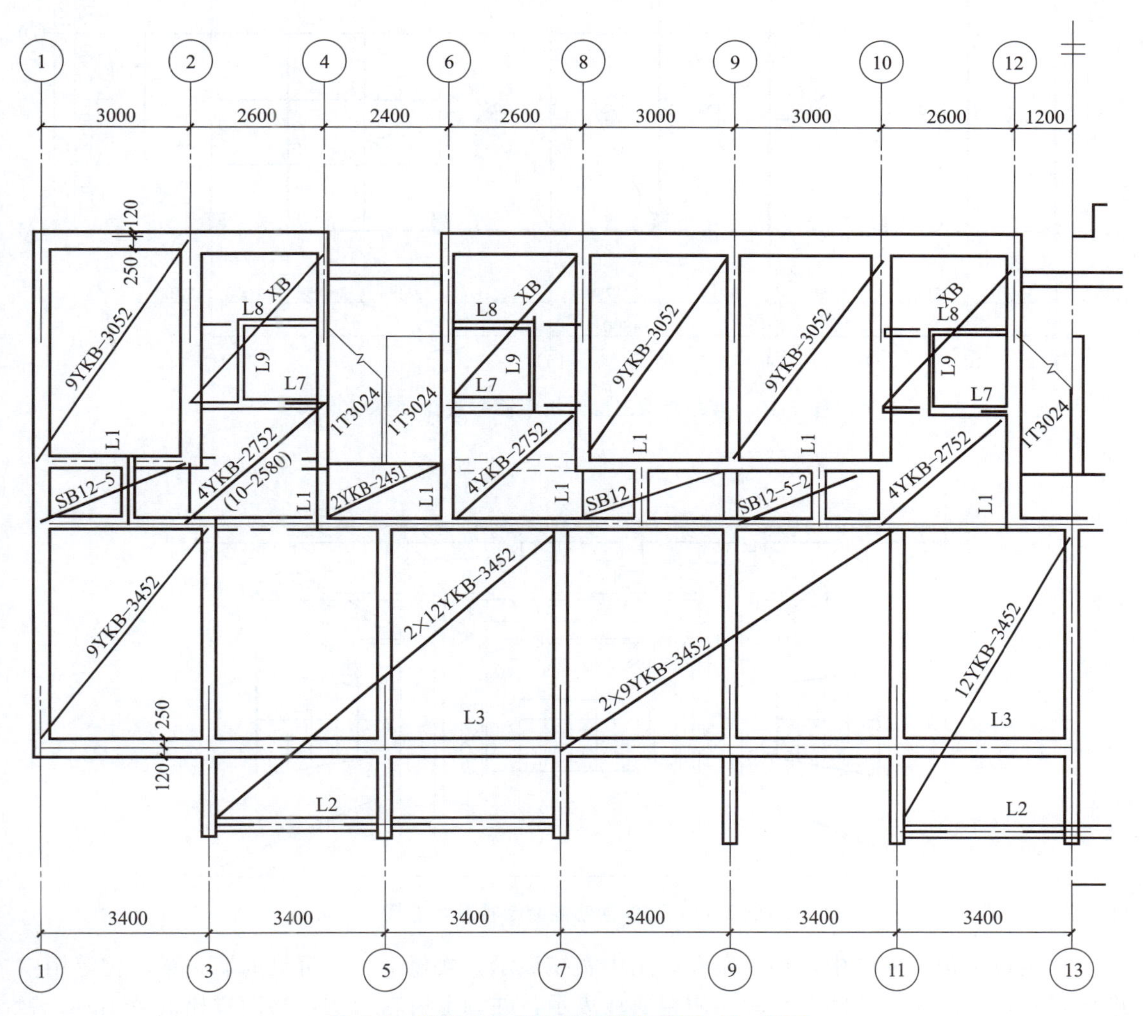

图 5-9 某住宅二层结构平面布置图（1：100）

5.6.2 现浇整体式楼层结构布置图

整体式钢筋混凝土楼盖由板、次梁和主梁构成，三者整体现浇在一起，如图 5-11 所示。整体式楼盖的优点是整体刚度好，适应性强。

对于结构相同的楼层，可共用一张结构平面图，称为标准层结构平面图或 *X-X* 层平面图。

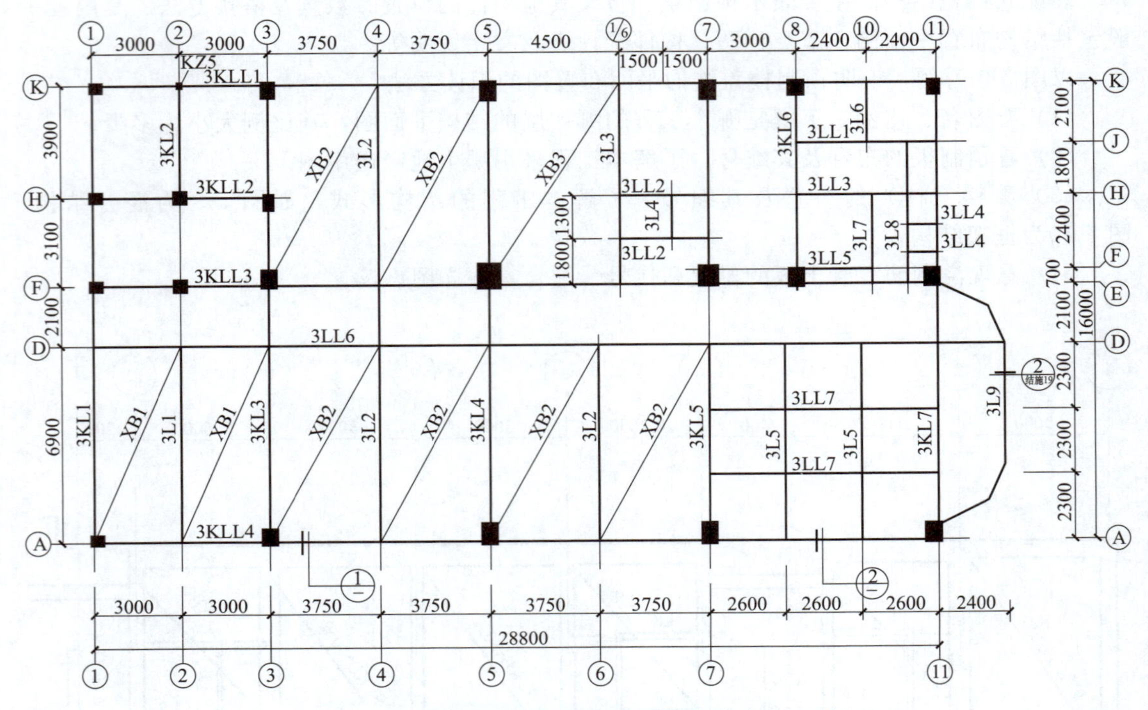

图 5-10　某综合楼三层结构平面布置图（1∶100）

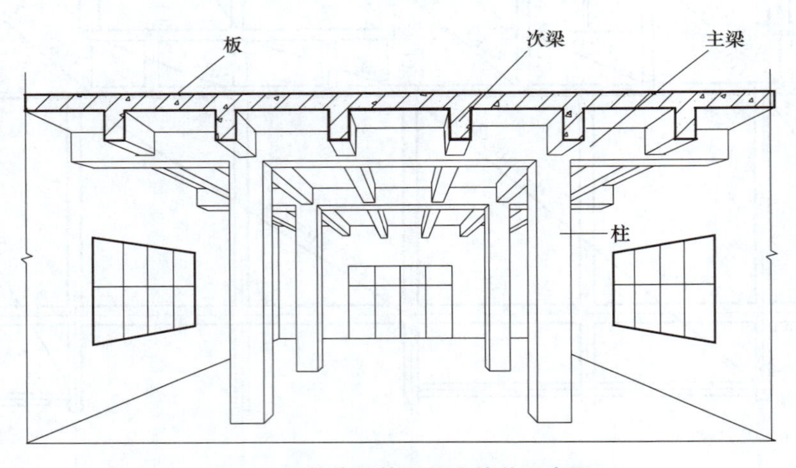

图 5-11　整体钢筋混凝土楼盖示意图

在楼板结构平面图中，楼板轮廓线用中实线表示，楼板下方不可见的墙、梁、柱等用中虚线表示，被剖切到的断面轮廓线用粗实线表示，并画上材料图例，当图样比例较小时，钢筋混凝土可涂黑表示；用粗实线画出板中钢筋，每一种钢筋只画一根，同时画出一个重合断面表示板的形状、厚度和标高；配筋相同的板，可画出其中一块板的配筋，并表示出该类板的编号，如 B_1、B_2 等，其余板不用再重复标注配筋；楼梯间的结构布置一般不在楼层结构平面图中表示，可用双对角线表示，其内容在楼梯结构详图中表示。

某整体有梁楼盖平法施工图，如图 5-12 所示。

层号	标高/m	层高/m
屋面2	65.670	
塔层2	62.370	3.30
屋面1(塔层1)	59.070	3.30
16	55.470	3.60
15	51.870	3.60
14	48.270	3.60
13	44.670	3.60
12	41.070	3.60
11	37.470	3.60
10	33.870	3.60
9	30.270	3.60
8	26.670	3.60
7	23.070	3.60
6	19.470	3.60
5	15.870	3.60
4	12.270	3.60
3	8.670	3.60
2	4.470	4.20
1	-0.030	4.50
-1	-4.530	4.50
-2	-9.030	4.50

结构层楼面标高
结 构 层 高

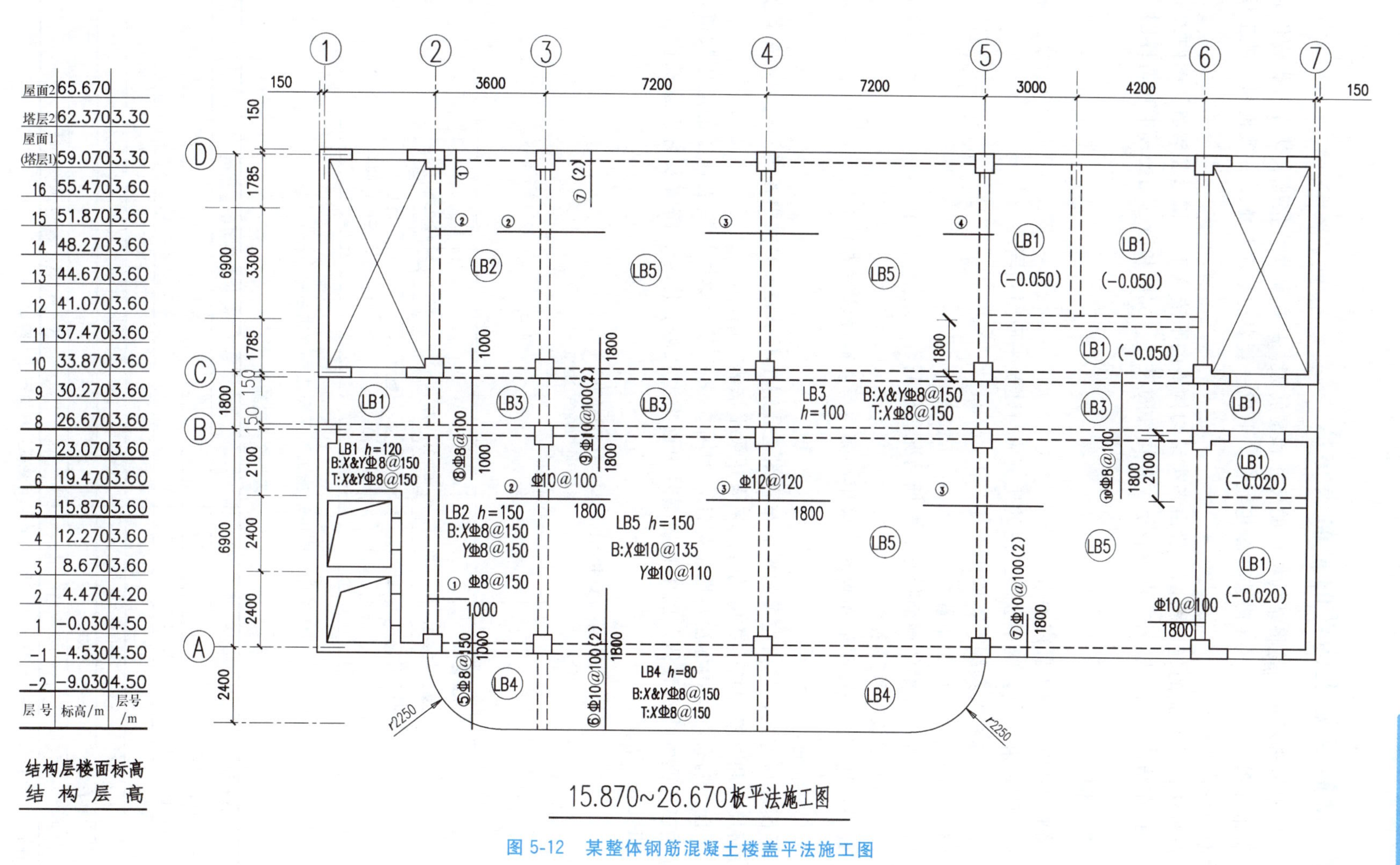

15.870~26.670板平法施工图

图 5-12 某整体钢筋混凝土楼盖平法施工图

5.7 钢筋混凝土构件的平面表示法

平面整体表示法，是将结构构件的尺寸和配筋等，一次整体直接地表达在各类构件的结构平面布置图上，并与标准构造详图相配合，形成一套表达顺序与施工一致且利于施工质量检查的结构设计。

按平法设计绘制的施工图，一般由各类结构构件的平法施工图和标准构造详图两大部分构成，且在结构平面布置图上直接表示了各构件的尺寸、配筋和所选用的标准构造详图。

5.7.1 梁

梁平法施工图的主要内容有：

(1) 图名和图例，梁平法施工图的比例应与建筑平面图相同。

(2) 定位轴线及其编号、间距尺寸。

(3) 梁的编号、平面布置。

(4) 每一种编号梁的截面尺寸、配筋情况和标高。

(5) 必要的设计详图和说明。

梁平法施工图在梁平面布置图上采用平面注写或截面注写方式。

5.7.1.1 平面注写方式

平面注写方式，是指在梁的平面布置图上分别在不同编号的梁中各选一根梁，在其上注写截面尺寸和配筋的具体数值的方式来表达梁平法施工图。

平面注写包括集中标注与原位标注，如图 5-13 所示。集中标注表达梁的通用数值，原位标注表达梁的特殊数值。图中梁的编号由梁类型代号、序号、跨数及有无悬挑代号等组成，如表 5-9 所示。

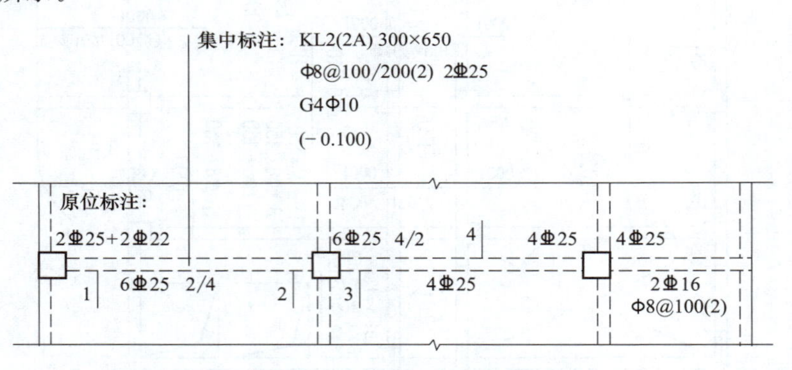

图 5-13 梁平法施工图平面注写方式示例（一）

表 5-9 梁编号

梁类型	代号	序号	跨数及是否带有悬挑
楼层框架梁	KL	××	(××)、(××A)、(××B)
屋面框架梁	WKL	××	(××)、(××A)、(××B)
框支梁	KZL	××	(××)、(××A)、(××B)
非框架梁	L	××	(××)、(××A)、(××B)
悬挑梁	XL	××	—
井字梁	JZL	××	(××)、(××A)、(××B)

注：(××A) 为一端有悬挑，(××B) 为两端有悬挑，悬挑不计入跨数。

（1）梁集中标注的内容有 5 项必注值及 1 项选注值（集中标注可以从梁的任意一跨引出），规定如下。

① 梁编号如图 5-13 中“KL2（2A）”表示第 2 号框架梁，2 跨，一端有悬挑。

② 梁截面尺寸等截面梁，用 $b\times h$ 表示，如图 5-13 所示“300×650”表示宽为 300、高为 650；当为竖向加腋梁时，用 $b\times h$ GY $C_1\times C_2$ 表示（C_1：腋长，C_2：腋高），如图 5-14 所示；当为横向加腋梁时，用 $b\times h$ PY $C_1\times C_2$ 表示（C_1：腋长，C_2：腋高），加腋部位应在平面图中绘制，如图 5-15 所示；当有悬挑梁且根部和端部的高度不同时，用斜线分隔根部与端部的高度值，即用 $b\times h_1/h_2$ 表示，如图 5-16 所示。

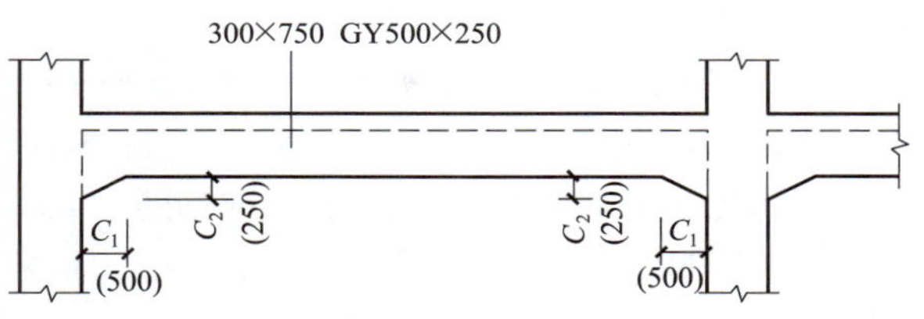

图 5-14 竖向加腋截面注写示例

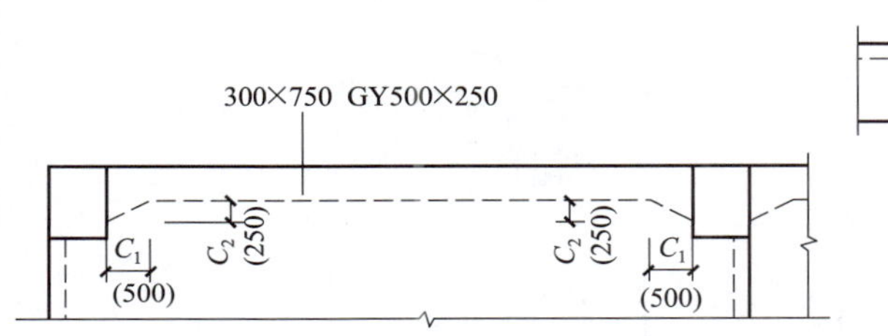

图 5-15 水平加腋截面注写示例

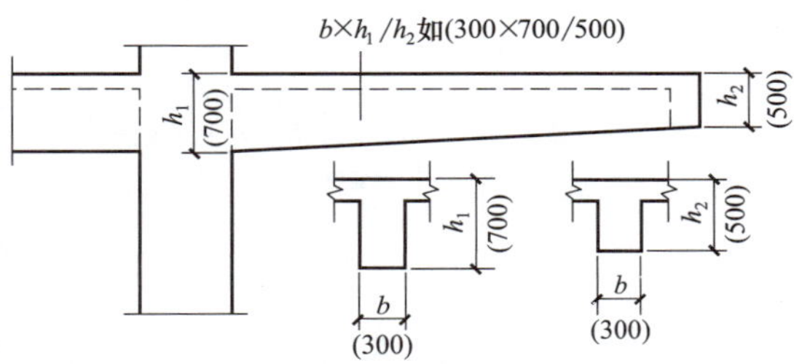

图 5-16 悬挑梁不等高截面尺寸注写示例

③ 梁箍筋包括钢筋级别、直径、加密区与非加密区间距及肢数，该项为必注值。如图 5-13 中“Φ8@100/200（2）”表示箍筋为 HPB300 级钢筋，直径 8，加密区间距为 100，非加密区间距为 200，均为双肢箍。

当抗震设计中的非框架梁、悬挑梁、井字梁，及非抗震设计中的各类梁采用不同的箍筋间距及肢数时，也用斜线“/”分隔开来。注写时，先注写梁支座端部的箍筋（包括箍筋的箍数、钢筋级别、直径、间距与肢数），在斜线后注写梁跨中部分的箍筋间距及肢数。

【例 5-1】 13Φ10@150/200（4），表示箍筋为 HPB300 钢筋，直径Φ10，梁的两端各有 13 根四肢箍，间距 150；梁跨中部分间距为 200，四肢箍。

④ 梁上部通长筋或架立筋（通长筋可为相同或不同直径采用搭接连接、机械连接或焊接的钢筋），该项为必注值。

如图 5-13 中“2Φ25”用于双肢箍；但当同排纵筋中既有通长筋又有架立筋时，应用加号“+”将通长筋和架立筋相连，且角部纵筋写在加号前面，架立筋写在后面的括号内，如“2Φ22+（4Φ12）”用于六肢箍，其中 2Φ22 为通长筋，4Φ12 为架立筋。当全部为架立筋时，则将其写入括号内。

当梁的上部纵筋和下部纵筋为全跨相同，且多数跨配筋相同时，此项可加注下部纵筋的配筋值，用分号“；”将上下部纵筋的配筋值分隔开来。

【例 5-2】 3Φ22；3Φ20 表示梁的上部配置 3Φ22 的通长筋，梁的下部配置 3Φ20 的通长筋。

⑤ 梁侧面纵向构造钢筋或受扭钢筋，该项为必注值。

a. 如图 5-13 中“G4Φ10”表示梁的两个侧面共配置 4Φ10 的纵向构造钢筋，每侧各配置 2Φ10；

b. 梁侧面配置的受扭钢筋，用 N 开头，如“N6Φ20”表示梁的两个侧面共配置 6Φ20 的受扭纵向钢筋，每侧各配置 3Φ20。

⑥ 梁顶面标高高差，此项为选注值。梁顶面的标高高差，系指相对于结构层楼面标高的高差值，对于位于结构夹层的梁，则指相对于结构夹层楼面标高的高差。有高差时，需要写入括号内，无高差时不注。如图 5-13 中“（－0.100)”表示该梁顶面标高低于其结构层的楼面标高 0.1m。

(2) 梁原位标注的内容如下。

① 梁支座上部纵筋，该部分含通长筋在内的所有纵筋。

a. 如上部纵筋多于一排时，用“/”将各排纵筋自上而下分开，如图 5-13 中“6Φ25 4/2”表示上一排纵筋为 4Φ25，下一排纵筋为 2Φ25；

b. 如同排纵筋有两种直径时，用“＋”将两种直径纵筋相连，且角部纵筋写在前面，如图 5-13 中“2Φ25＋2Φ22”表示梁支座上部有四根纵筋，2Φ25 放在角部，2Φ22 放在中部；

c. 如梁中间支座两边的上部纵筋相同时，可仅标注一边；但当不同时，应在支座两边分别标注，如图 5-17 所示。

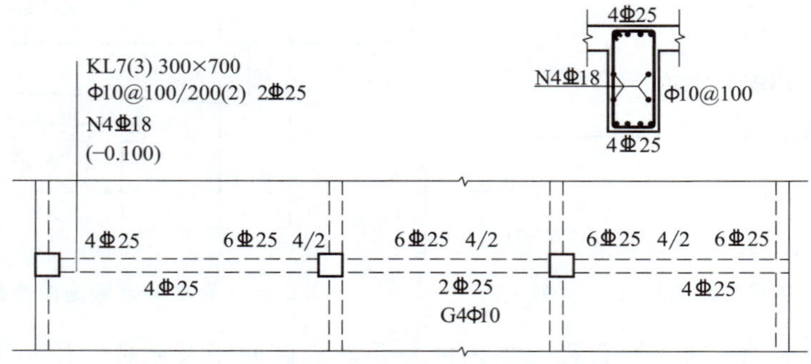

图 5-17　大小跨梁的注写方式

② 梁下部纵筋

a. 下部纵筋多于一排时，同样用“/”将各排纵筋自上而下分开，全部深入支座；

b. 同排纵筋有两种直径时，同样用“＋”将两种直径纵筋相连，且角筋写在前面；

c. 梁下部纵筋不全伸入支座时，将梁支座下部纵筋减少的数量写在括号内。

【例 5-3】 “6Φ20 2 (－2)/4”，表示上排纵筋为 2Φ20，且不伸入支座，下一排纵筋为 4Φ20，全部伸入支座。

【例 5-4】 梁下部的纵筋注写为“2Φ25＋3Φ22 (－3)/5Φ25”表示上排钢筋为 2Φ25 和 3Φ22，其中 3Φ22 不深入支座，下一排纵筋为 5Φ25，全部深入支座。

附加箍筋或吊筋，直接在平面图中的主梁上标注，用引线注总配筋值，如图 5-18 所示。梁平法施工图平面注写方式示例（二）见图 5-19。

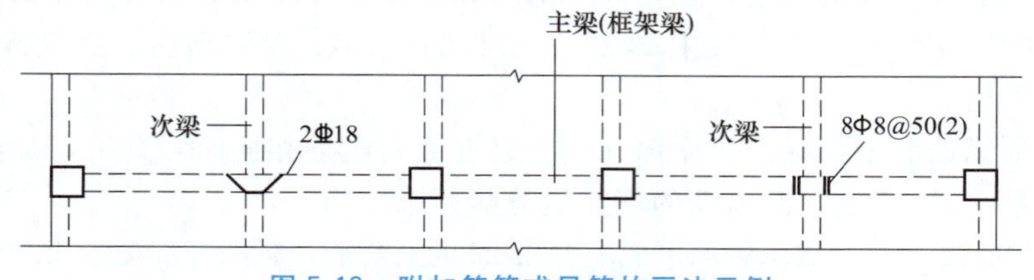

图 5-18　附加箍筋或吊筋的画法示例

5.7.1.2　截面注写方式

截面注写方式，是指在分标准层绘制的梁平面布置图上分别在不同编号的梁中各选择一根梁用剖面号引出配筋图，并在其上注写截面尺寸和配筋的具体数值，如图 5-20 所示。

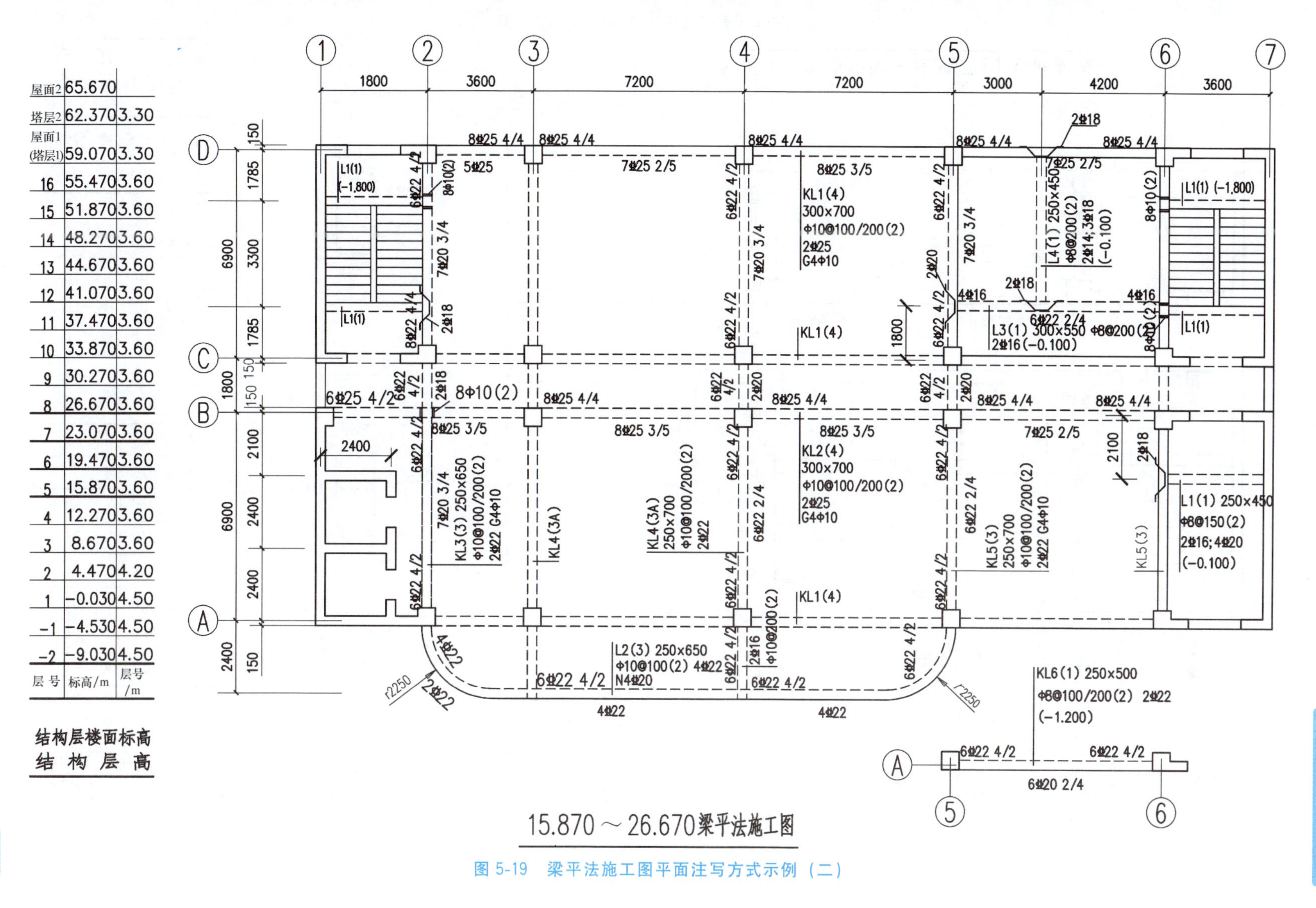

层号	标高/m	层高/m
屋面2	65.670	
塔层2	62.370	3.30
屋面1(塔层1)	59.070	3.30
16	55.470	3.60
15	51.870	3.60
14	48.270	3.60
13	44.670	3.60
12	41.070	3.60
11	37.470	3.60
10	33.870	3.60
9	30.270	3.60
8	26.670	3.60
7	23.070	3.60
6	19.470	3.60
5	15.870	3.60
4	12.270	3.60
3	8.670	3.60
2	4.470	4.20
1	-0.030	4.50
-1	-4.530	4.50
-2	-9.030	4.50

结构层楼面标高
结构层高

图 5-19　梁平法施工图平面注写方式示例（二）

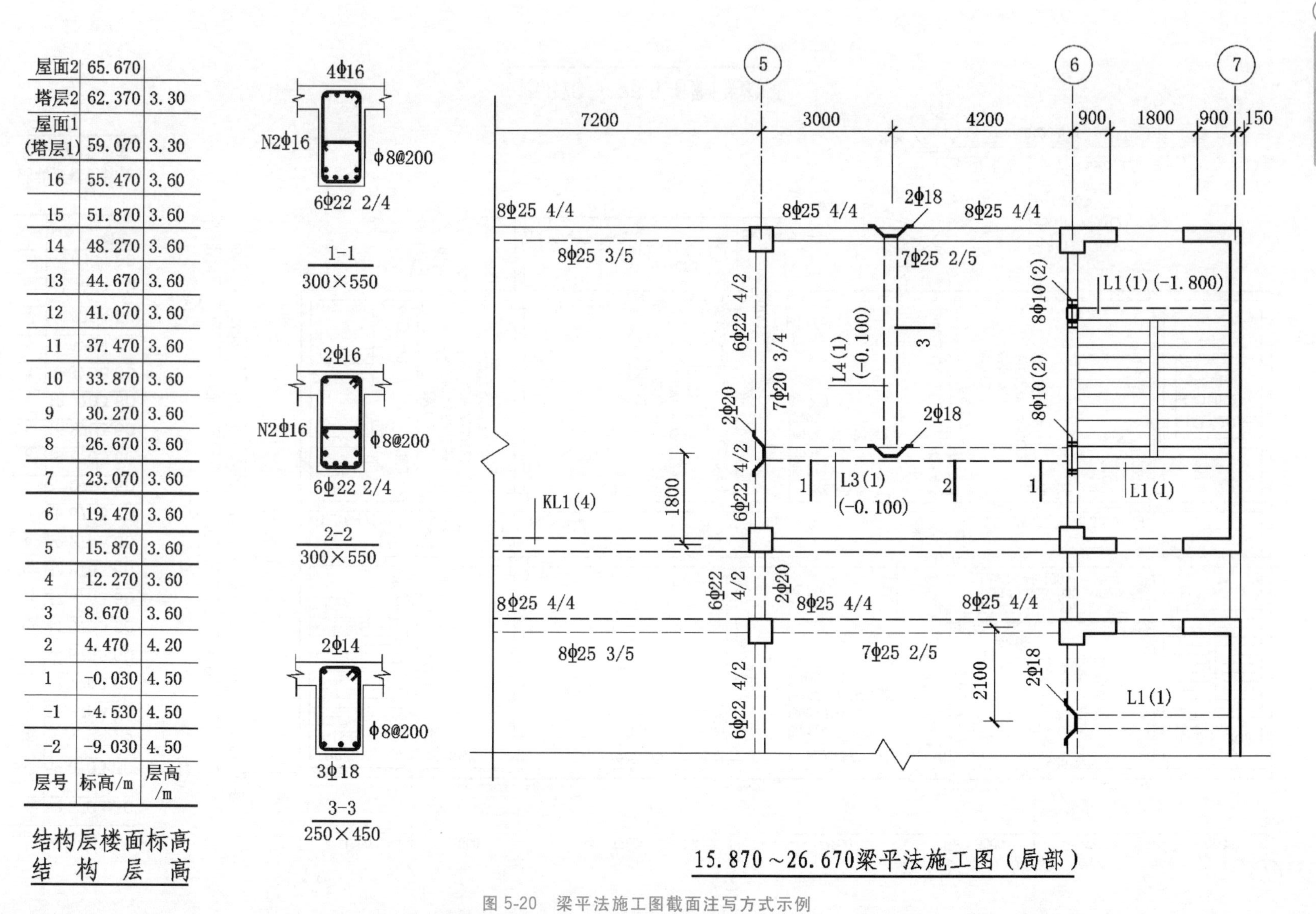

屋面2	65.670	
塔层2	62.370	3.30
屋面1 (塔层1)	59.070	3.30
16	55.470	3.60
15	51.870	3.60
14	48.270	3.60
13	44.670	3.60
12	41.070	3.60
11	37.470	3.60
10	33.870	3.60
9	30.270	3.60
8	26.670	3.60
7	23.070	3.60
6	19.470	3.60
5	15.870	3.60
4	12.270	3.60
3	8.670	3.60
2	4.470	4.20
1	-0.030	4.50
-1	-4.530	4.50
-2	-9.030	4.50
层号	标高/m	层高/m

结构层楼面标高
结 构 层 高

图 5-20　梁平法施工图截面注写方式示例

5.7.2 柱平法表示

柱平法施工图在柱的平面布置图上采用列表注写方式或截面注写方式。

5.7.2.1 列表注写方式

列表注写方式，是指在柱的平面布置图上分别在同一编号的柱中选择一个（或几个）截面标注几何参数代号，然后在柱表中注写柱号、柱段起止标高、几何尺寸与配筋的具体数值，且配以各种柱截面形状及其箍筋类型图，如图 5-21 所示。

列表注写以下内容：

（1）柱编号。柱编号由类型代号和序号组成，如表 5-10 所示。

表 5-10 柱类型代号表

柱类型	代号	序号
框架柱	KZ	××
框支柱	KZZ	××
芯柱	XZ	××
梁上柱	LZ	××
剪力墙上柱	QZ	××

（2）各段柱的起止标高。

（3）柱截面尺寸 $b \times h$（圆形柱为直径 d）及与轴线关系的几何参数数值。

（4）柱纵筋。柱纵筋直径相同、各边根数也相同时，则在“全部纵筋”栏中注写；除此之外，则分别注写。

（5）箍筋类型号及箍筋肢数。

（6）柱箍筋级别、直径与间距。

5.7.2.2 截面注写方式

截面注写方式，是指在分标准层绘制的柱平面布置图的柱截面上分别在同一编号的柱中选择一个截面，直接注写截面尺寸和配筋具体数值，如图 5-22 所示。

5.7.3 剪力墙平法表示

剪力墙平法施工图采用列表注写方式或者截面注写方式。

5.7.3.1 列表注写方式

列表注写方式，是指分别在剪力墙柱表、剪力墙身表和剪力墙梁表中对应于剪力墙平面布置图上的编号，在截面配筋图上注写几何尺寸和配筋的具体数值，如图 5-23（a）、（b）所示。

剪力墙按剪力墙柱、剪力墙身、剪力墙梁分别进行编号，编号由类型代号和序号组成，如表 5-11、表 5-12 所示；墙身编号由墙身代号、序号及墙身所配置的水平与竖向分布钢筋的排数组成，且排数注写在括号内，如 Q××（×排）。

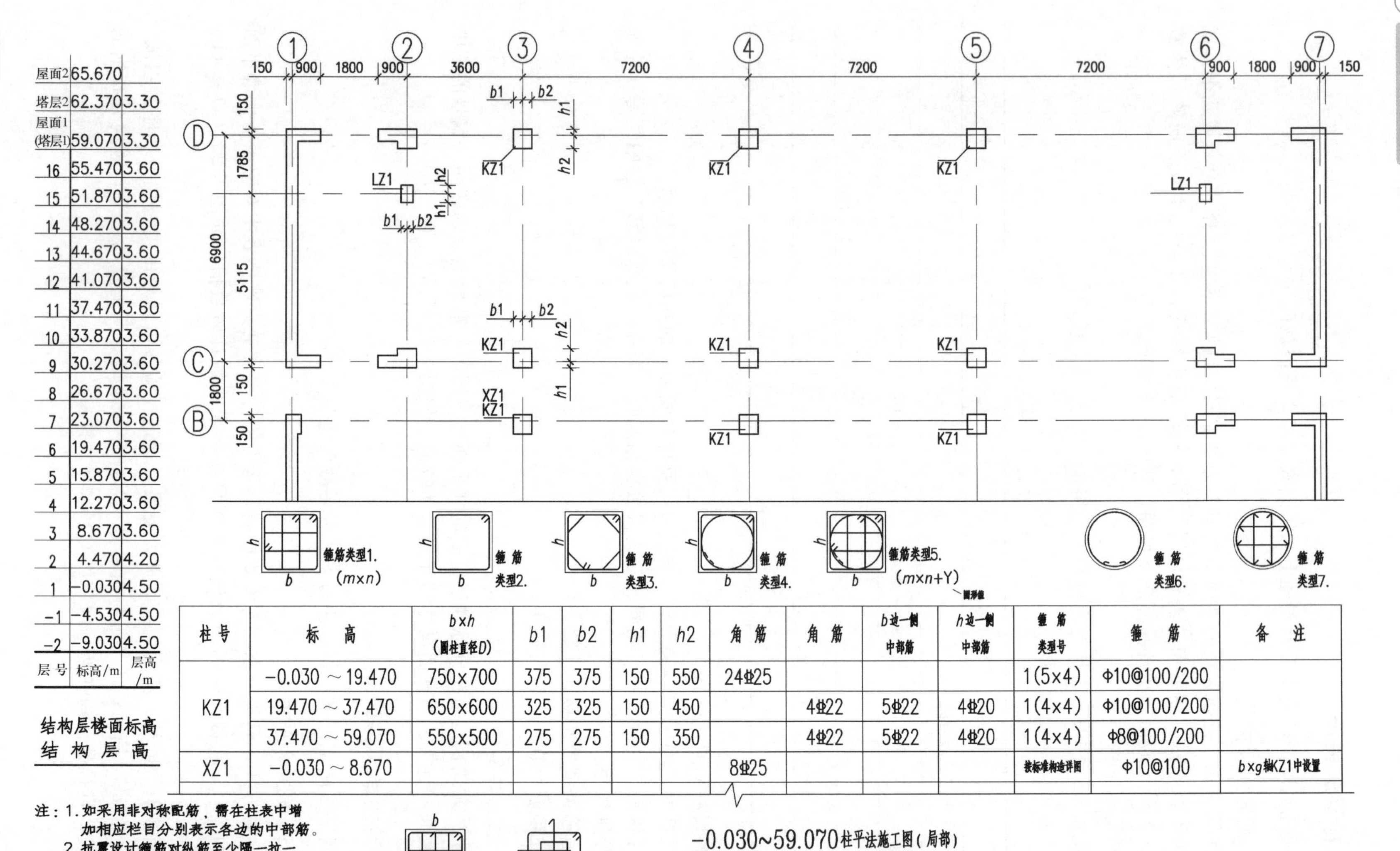

层号	标高/m	层高/m
屋面2	65.670	
塔层2	62.370	3.30
屋面1(塔层1)	59.070	3.30
16	55.470	3.60
15	51.870	3.60
14	48.270	3.60
13	44.670	3.60
12	41.070	3.60
11	37.470	3.60
10	33.870	3.60
9	30.270	3.60
8	26.670	3.60
7	23.070	3.60
6	19.470	3.60
5	15.870	3.60
4	12.270	3.60
3	8.670	3.60
2	4.470	4.20
1	−0.030	4.50
−1	−4.530	4.50
−2	−9.030	4.50

结构层楼面标高
结构层高

柱号	标高	b×h(圆柱直径D)	b1	b2	h1	h2	角筋	角筋	b边一侧中部筋	h边一侧中部筋	箍筋类型号	箍筋	备注
KZ1	−0.030～19.470	750×700	375	375	150	550	24Φ25				1(5×4)	Φ10@100/200	
	19.470～37.470	650×600	325	325	150	450		4Φ22	5Φ22	4Φ20	1(4×4)	Φ10@100/200	
	37.470～59.070	550×500	275	275	150	350		4Φ22	5Φ22	4Φ20	1(4×4)	Φ8@100/200	
XZ1	−0.030～8.670						8Φ25				按标准构造详图	Φ10@100	b×g轴KZ1中设置

注：1.如采用非对称配筋，需在柱表中增加相应栏目分别表示各边的中部筋。
2.抗震设计箍筋对纵筋至少隔一拉一。
3.类型1的箍筋肢数可有多种组合，右图为5×4的组合，其余类型为固定形式，在表中只注类型号即可。

−0.030～59.070柱平法施工图(局部)

图 5-21　柱平法施工图列表注写方式示例

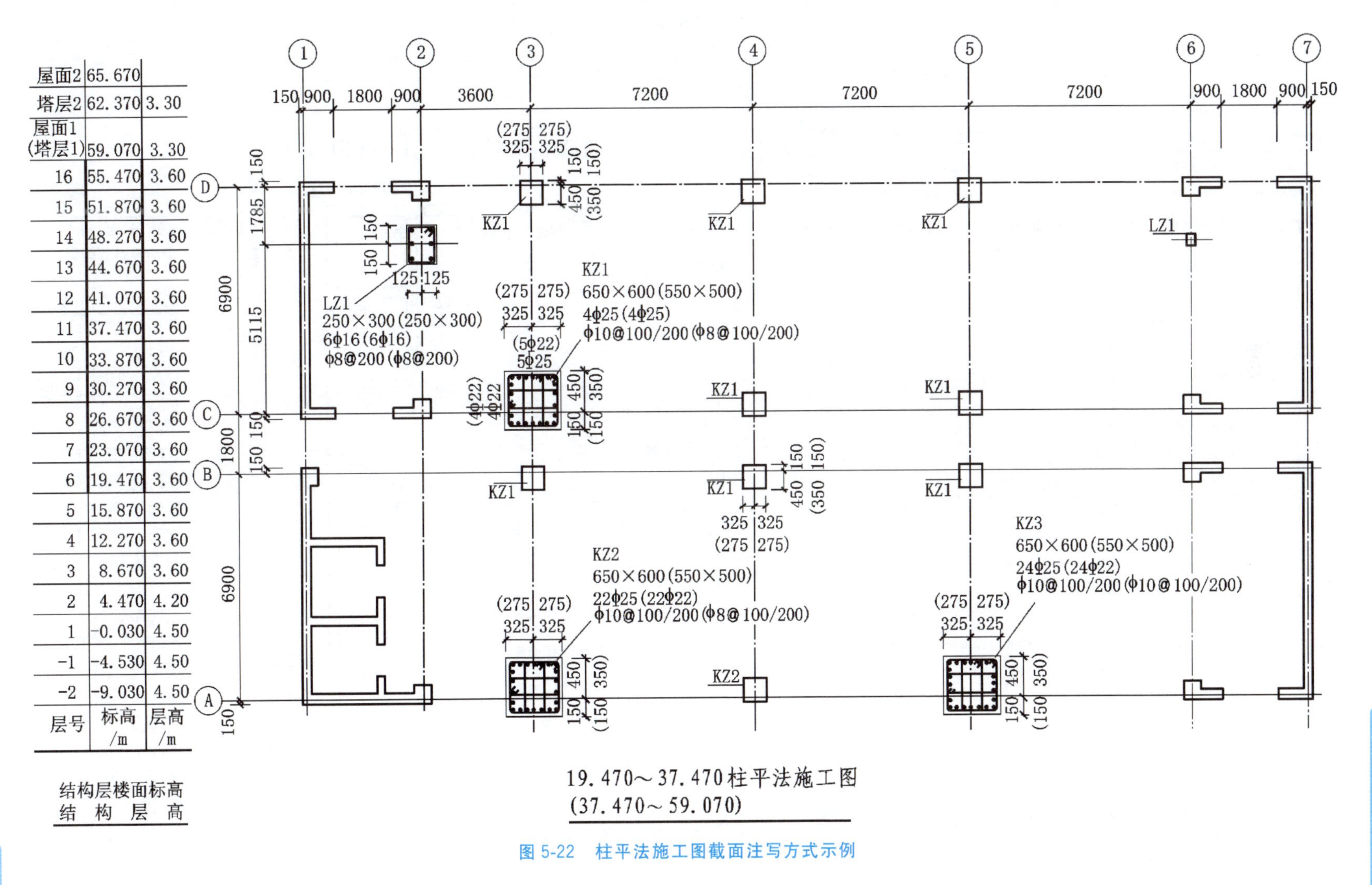

屋面2	65.670	
塔层2	62.370	3.30
屋面1(塔层1)	59.070	3.30
16	55.470	3.60
15	51.870	3.60
14	48.270	3.60
13	44.670	3.60
12	41.070	3.60
11	37.470	3.60
10	33.870	3.60
9	30.270	3.60
8	26.670	3.60
7	23.070	3.60
6	19.470	3.60
5	15.870	3.60
4	12.270	3.60
3	8.670	3.60
2	4.470	4.20
1	-0.030	4.50
-1	-4.530	4.50
-2	-9.030	4.50
层号	标高/m	层高/m

结构层楼面标高
结 构 层 高

图 5-22　柱平法施工图截面注写方式示例

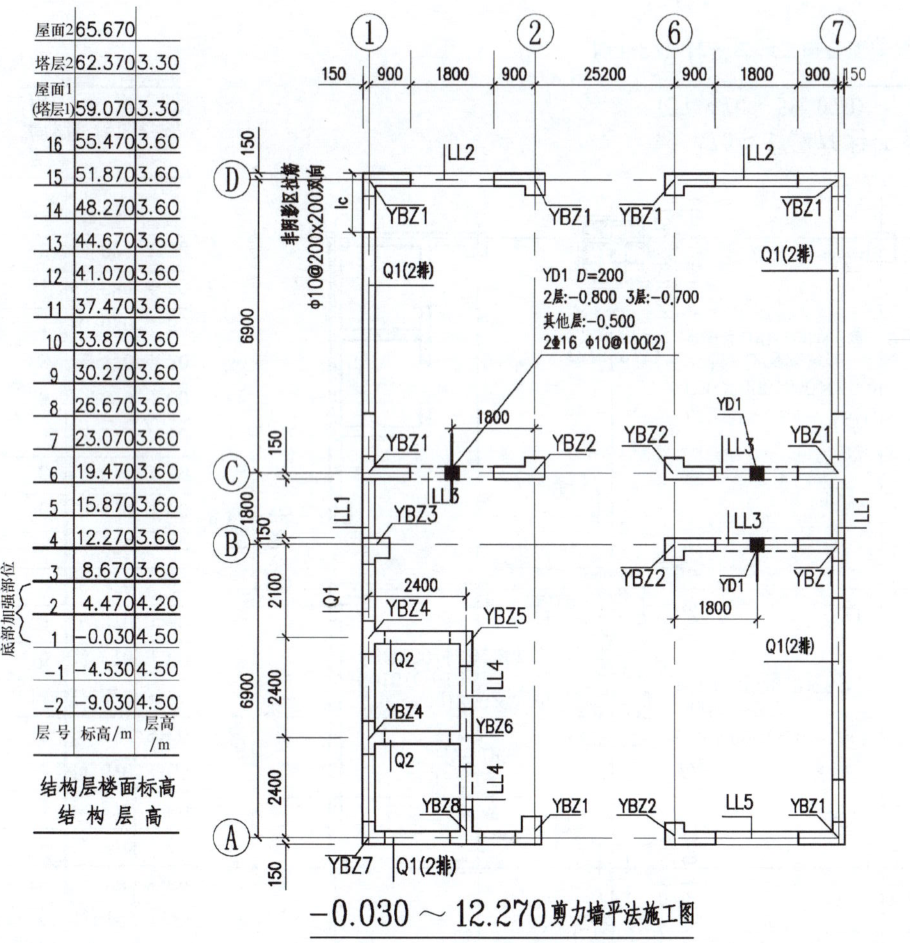

(a)

图 5-23

剪力墙梁表

编号	所在楼层号	相对标高高差	梁截面 $b \times h$	上部纵筋	下部纵筋	箍筋
LL1	2～9	0.800	300×2000	4⌀22	4⌀22	Φ10@100(2)
	10～16	0.800	250×2000	4⌀20	4⌀20	Φ10@100(2)
	屋面1		250×1200	4⌀20	4⌀20	Φ10@100(2)
LL2	3	-1.200	300×2520	4⌀22	4⌀22	Φ10@150(2)
	4	-0.900	300×2070	4⌀22	4⌀22	Φ10@150(2)
	5～9	-0.900	300×1770	4⌀22	4⌀22	Φ10@150(2)
	10～屋面1	-0.900	250×1770	3⌀22	3⌀22	Φ10@150(2)
LL3	2		300×2070	4⌀22	4⌀22	Φ10@100(2)
	3		300×1770	4⌀22	4⌀22	Φ10@100(2)
	4～9		300×1770	4⌀22	4⌀22	Φ10@100(2)
	10～屋面1		250×1770	3⌀22	3⌀22	Φ10@100(2)
LL4	2		250×2070	3⌀20	3⌀20	Φ10@120(2)
	3		250×1770	3⌀20	3⌀20	Φ10@120(2)
	4～屋面1		250×1770	3⌀20	3⌀20	Φ10@120(2)
AL1	2～9		300×600	3⌀20	3⌀20	Φ8@150(2)
	10～16		250×500	3⌀18	3⌀18	Φ8@150(2)
BKL1	屋面1		500×750	4⌀22	4⌀22	Φ10@150(2)

剪力墙身表

编号	标高	墙厚	水平分布筋	垂直分布筋	拉筋
Q1(2排)	-0.030～30.270	300	⌀12@200	⌀12@200	Φ6@600@600
	30.270～59.070	250	⌀10@200	⌀10@200	Φ6@600@600
Q2(2排)	-0.030～30.270	250	⌀10@200	⌀10@200	Φ6@600@600
	30.270～59.070	200	⌀10@200	⌀10@200	Φ6@600@600

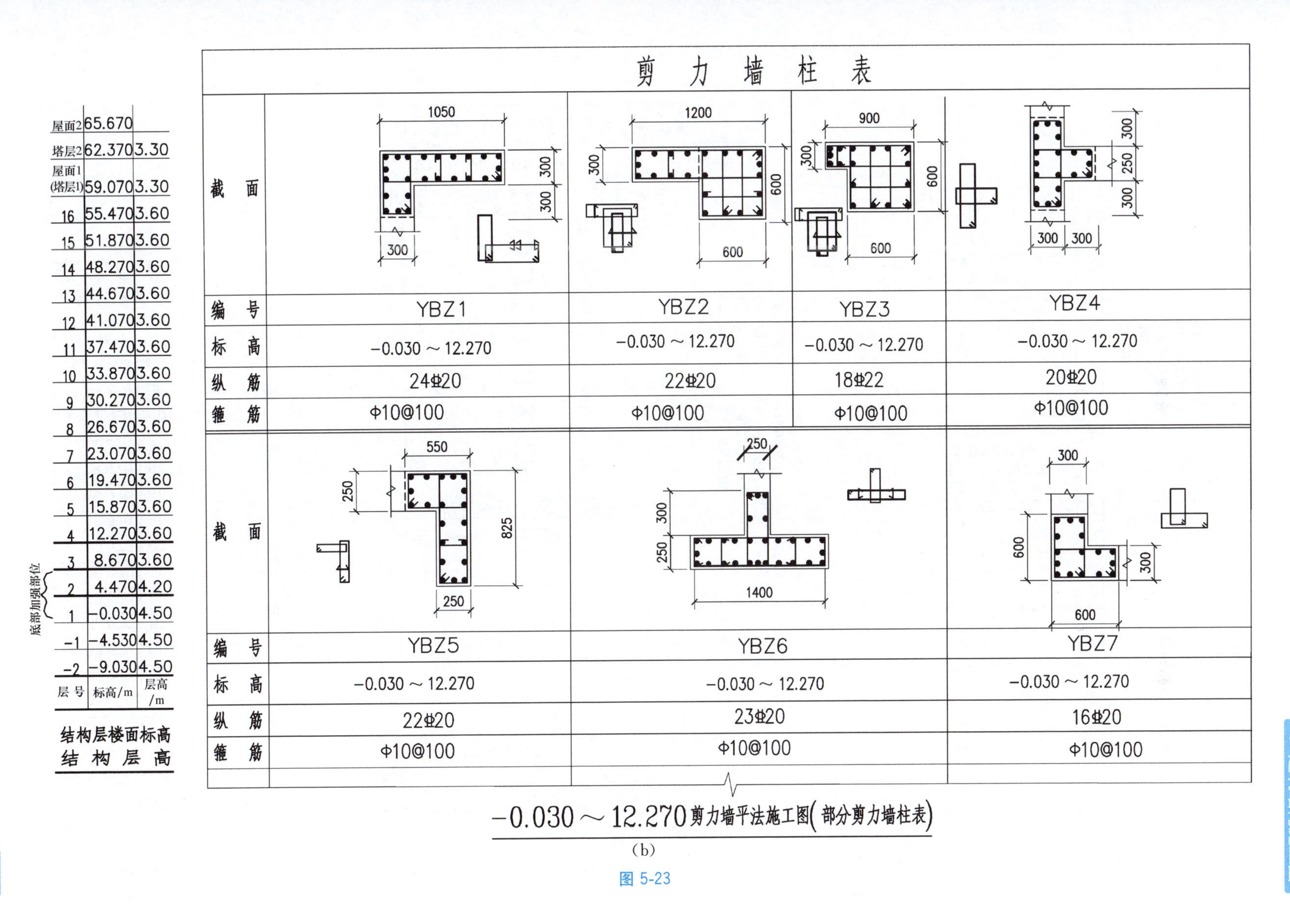

层号	标高/m	层高/m
屋面2	65.670	
塔层2	62.370	3.30
屋面1 (塔层1)	59.070	3.30
16	55.470	3.60
15	51.870	3.60
14	48.270	3.60
13	44.670	3.60
12	41.070	3.60
11	37.470	3.60
10	33.870	3.60
9	30.270	3.60
8	26.670	3.60
7	23.070	3.60
6	19.470	3.60
5	15.870	3.60
4	12.270	3.60
3	8.670	3.60
2	4.470	4.20
1	-0.030	4.50
-1	-4.530	4.50
-2	-9.030	4.50

底部加强部位（2、1层）

结构层楼面标高
结构层高

剪力墙柱表

截面	1050 / 300 / 300 / 300	1200 / 300 / 600 / 600	900 / 300 / 600 / 600	300 / 250 / 300 / 300 / 300
编号	YBZ1	YBZ2	YBZ3	YBZ4
标高	-0.030～12.270	-0.030～12.270	-0.030～12.270	-0.030～12.270
纵筋	24⌀20	22⌀20	18⌀22	20⌀20
箍筋	Φ10@100	Φ10@100	Φ10@100	Φ10@100

截面	550 / 250 / 825 / 250	250 / 300 / 250 / 1400	300 / 600 / 300 / 600
编号	YBZ5	YBZ6	YBZ7
标高	-0.030～12.270	-0.030～12.270	-0.030～12.270
纵筋	22⌀20	23⌀20	16⌀20
箍筋	Φ10@100	Φ10@100	Φ10@100

-0.030～12.270剪力墙平法施工图（部分剪力墙柱表）

(b)

图 5-23

层号	标高/m	层高/m
屋面2	65.670	
塔层2	62.370	3.30
屋面1（塔层1）	59.070	3.30
16	55.470	3.60
15	51.870	3.60
14	48.270	3.60
13	44.670	3.60
12	41.070	3.60
11	37.470	3.60
10	33.870	3.60
9	30.270	3.60
8	26.670	3.60
7	23.070	3.60
6	19.470	3.60
5	15.870	3.60
4	12.270	3.60
3	8.670	3.60
2	4.470	4.20
1	−0.030	4.50
−1	−4.530	4.50
−2	−9.030	4.50

结构层楼面标高
结构层高

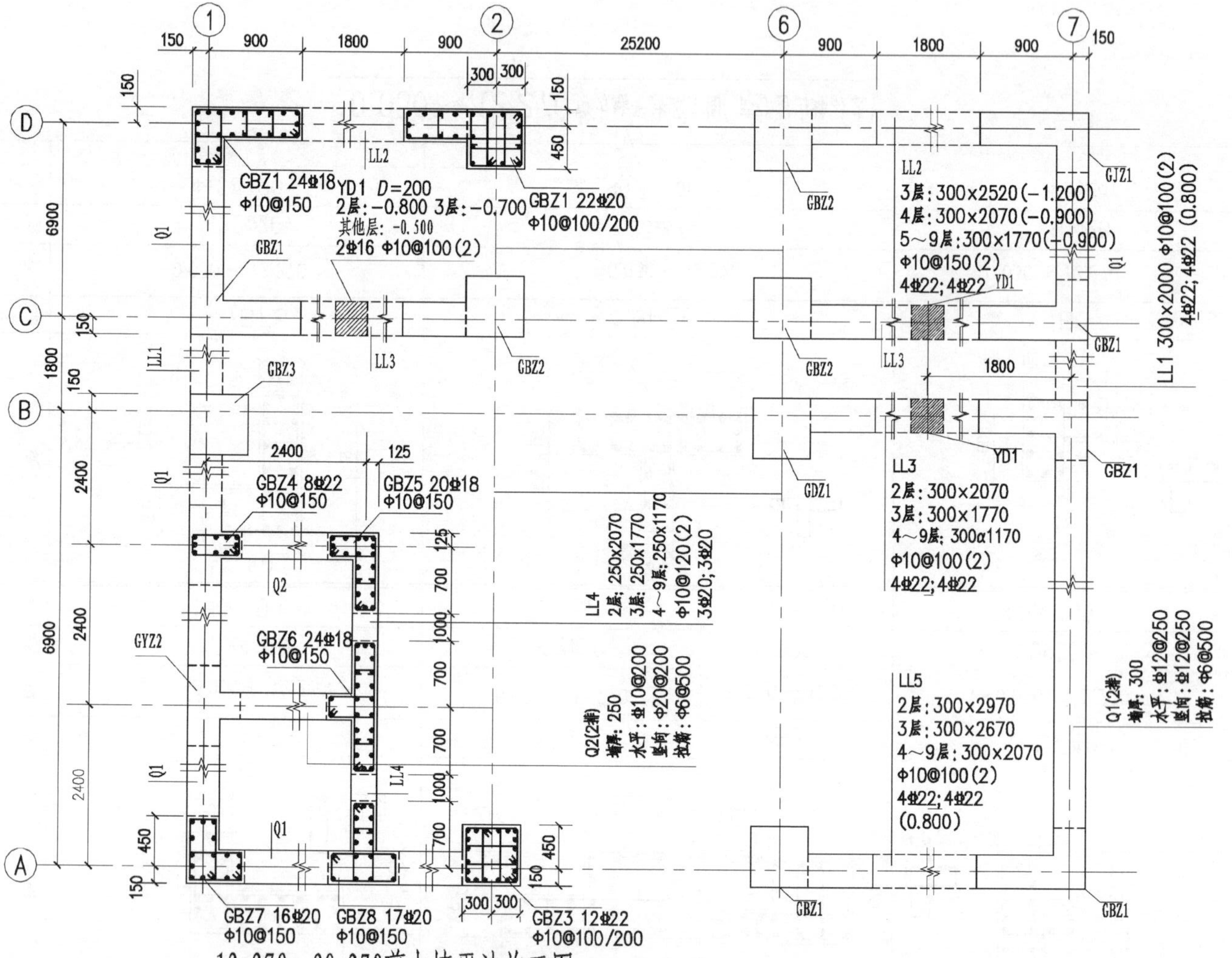

12.270～30.270剪力墙平法施工图

（c）

图 5-23　剪力墙平法施工图截面注写方式示例

表 5-11　墙柱编号

墙柱类型	代号	序号
约束边缘构件	YBZ	××
构造边缘构件	GBZ	××
非边缘暗柱	AZ	××
扶壁柱	FBZ	××

表 5-12　墙梁编号

墙梁类型	代号	序号
连梁	LL	××
连梁(对角暗撑配筋)	LL(JC)	××
连梁(交叉斜筋配筋)	LL(JX)	××
连梁(集中对角斜筋配筋)	LL(DX)	××
暗梁	AL	××
边框梁	BKL	××

5.7.3.2　截面注写方式

截面注写方式，系在分标准层绘制的剪力墙平面布置图上，以直接在墙柱、墙身、墙梁上注写截面尺寸和配筋具体数值的方式来表达剪力墙平法施工图。

5.7.3.3　剪力墙洞口的表示方法

剪力墙上洞口均在剪力墙平面布置图上原位表达，如图 5-23（c）所示。

在洞口的中心位置引注以下内容：

（1）洞口编号：矩形洞口为 JD××（××为序号）；圆形洞口为 YD××（××为序号）。

（2）洞口几何尺寸：矩形洞口为洞宽×洞高（$b \times h$）；圆形洞口为洞口直径 D。

（3）洞口中心相对标高：指相对于结构层楼（地）面标高的洞口中心高度。

（4）洞口每边补强钢筋。

6 给水排水施工图

6.1 概述

给水排水工程是建筑物的有机组成部分，它的完善程度是建筑标准等级的重要标志。给水排水施工图是给水排水施工的最重要依据，设计单位应严格按照国家制图规范绘制。给水排水工程包括给水工程和排水工程两个方面。相应地，给水排水施工图由给水施工图和排水施工图组成。给水排水工程一般由各种管道及其配件和水处理设施、贮存设备等组成。根据其位置与建筑物的相对关系，给水排水施工图可分为室内给水排水施工图和室外给水排水施工图。

6.1.1 给水排水施工图的特点

给水排水工程是通过一系列管道和设备对水进行输送和处理的过程。因此，其施工图就是表示这些管道、设备的相互联系、位置和规格的工程图样。给水排水施工图除了按照正投影的原理绘出外，由于其自身的特殊性，又存在以下几个特点：

（1）图形的网络性。给水与排水工程均是通过管道连接，这些管道相互重叠、交错，形成了一系列的管道网络。

（2）图形的直观性。给水、排水管道在平面图上很难表明它们的空间走向，因此在给水排水施工图中，用轴测图辅助绘出管道系统图，直观地表明管道走向。

（3）不同系统的独立性。给水、排水的各种管道、配件虽然交织在一起，但它们相互独立，自成系统。为了使图面清晰，应把生活给水系统、消防给水系统、污水系统等单独绘出。

6.1.2 给水排水施工图的组成

给水排水施工图由平面图、系统图、详图、设备材料表、设计说明等部分组成。

（1）平面图。平面图是给水排水施工图的主要部分，平面图应反映如下内容：

① 建筑的平面布置情况、给水排水点位置。

② 给水排水设备、卫生器具的类型、平面位置、污水构筑物位置和尺寸。

③ 引入管、干管、立管及其平面位置，各管道走向、规格、编号、连接方式等。

④ 管道附件（如阀门、水表、喷头、消火栓、报警阀、水流指示器等）的平面位置、

规格、种类、敷设方式等。

（2）系统图。系统图亦称轴测图，系统图主要表明管道空间走向，应反映如下内容：

① 引入管、干管、立管、支管等给水管空间走向。

② 排水支管、排水横管、排水立管、排出管空间走向。

③ 各种给水排水设备接管情况、标高、连接方式等。

（3）详图。详图亦称大样图，对于系统中的某些部位，如结构相对复杂，在平面图和系统图上无法或很难反映清楚，应单独采用较大比例绘图，以使施工单位准确把握设计意图。

（4）设计施工说明。凡是不能以图的形式表达清楚的内容，需单独出设计施工说明。设计施工说明应包括以下内容：

① 管道的材料及连接方式。

② 管道的防腐、保温方法。

③ 给水排水设备类型及安装方式。

④ 遵循的施工验收规范及标准图集。

（5）设备材料表。对于施工过程中用到的主要材料和设备应单列明细表，应表明材料、设备的名称、规格、数量，以供施工人员参考。

6.1.3 给水排水施工图的一般规定

6.1.3.1 图线

（1）在给水排水施工图中，一般新建给水管道采用粗实线，排水管道采用粗虚线，雨水管道采用粗点画线。

（2）给水排水设备、原有给水排水管线采用中实线（可见管线）、中虚线（不可见管线）。

（3）建筑物、构筑物的轮廓线，被剖切的建筑构造轮廓线采用细实线（可见管线）、细虚线（不可见管线）。

（4）尺寸、图例、标高、设计地面线等采用细实线。

（5）细点画线、折断线、波浪线的使用同建筑图。

6.1.3.2 比例

给水排水施工图的绘图比例由管道和卫生器具布置的复杂程度和画图需要确定。常见的绘图比例如表 6-1 所示。

表 6-1　给水排水施工图常用比例

名　称	比　例
厂区(小区)总平面图	1∶2000、1∶1000、1∶500、1∶200
管道纵剖面图	横向:1∶1000、1∶500,纵向:1∶200、1∶100、1∶50
给水排水平、剖面图	1∶300、1∶200、1∶100、1∶50
给水排水系统图	1∶200、1∶100、1∶50 或不按比例
流程图或原理图	无比例
设备加工图	1∶100、1∶50、1∶40、1∶30、1∶20、1∶10、1∶2、1∶1
详图	1∶50、1∶40、1∶30、1∶20、1∶10、1∶5、1∶3、1∶2、1∶1、2∶1

6.1.3.3 标高

（1）单位：米（m）。一般标注至小数点后三位，在总平面图中可标注至小数点后两位。

（2）标注位置：一般应标注在管道的起讫点、转角点、连接点、变坡点、交叉点等处。压力管道宜标注管中心标高；室内外重力管道宜标注管内底标高；必要时，室内架空重力管道可标注管中心标高，例如室内排水管道可标注管中心标高，但施工图中应加以说明。

（3）标高种类：室内管道应标注相对标高；室外管道宜标注绝对标高，无资料时可标注相对标高，但应与总建筑图一致。

（4）标注方法：在给水排水工程平面图、剖面图、系统图中可分别按图 6-1、图 6-2、图 6-3 所示的方式进行标注。

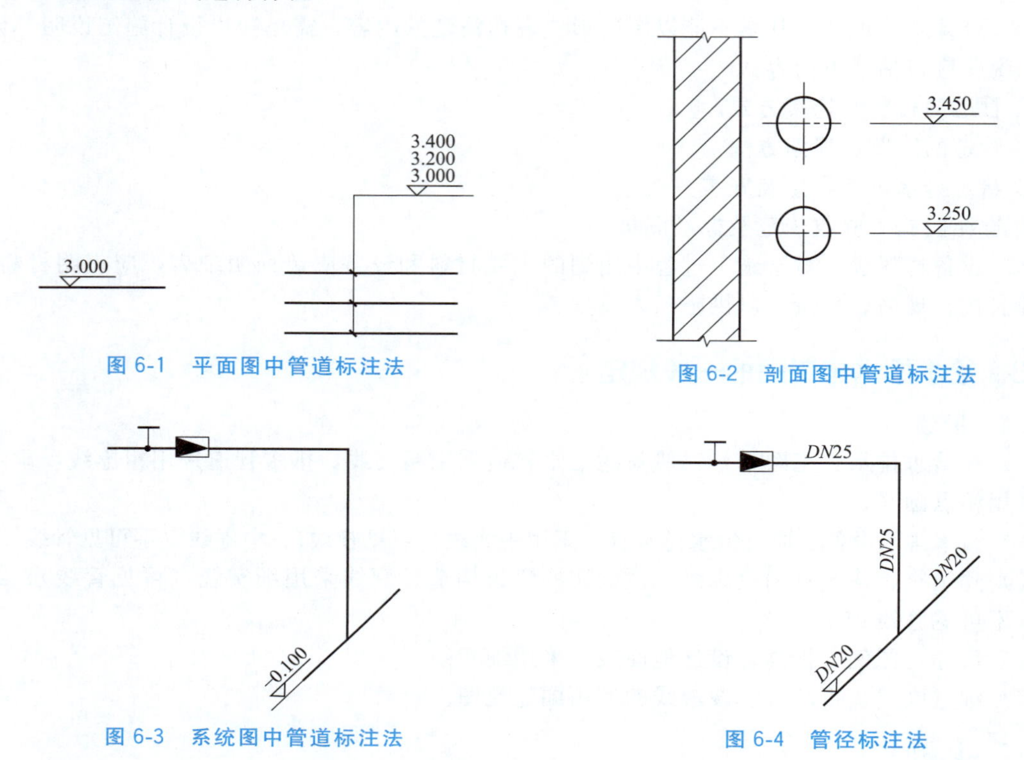

图 6-1　平面图中管道标注法

图 6-2　剖面图中管道标注法

图 6-3　系统图中管道标注法

图 6-4　管径标注法

6.1.3.4　管径

（1）单位：毫米（mm）。

（2）表示方法。

① 钢管（镀锌、非镀锌）、铸铁管等管材，管径宜以公称直径 DN 表示（如 $DN20$、$DN40$ 等）；耐陶瓷管、混凝土管、钢筋混凝土管及陶土管等，管径应以内径 d 表示（如 $d230$、$d380$ 等）。

② 焊接钢管、无缝钢管等，管径应以外径×壁厚表示（如 $D108\times4$、$D159\times4.5$ 等）。

（3）标注位置：管径在施工图上一般按以下要求标注。

① 管径改变处；

② 水平管道标注在管道的上方，倾斜管道标注在管道的斜上方，立管道标注在管道的左侧，如图 6-4 所示。当管径无法按上述要求标注时，可另找适当位置标注。多根管线的管径可用引出线进行标注，如图 6-5 所示。

6.1.3.5　管道坡度及坡向

管道的坡度及坡向表示管道安装时的倾斜程度和坡度方向。标注坡度时，在坡度数字下，应加注坡度的符号。坡度符号的箭头一般指向下坡方向，如图 6-6 所示。

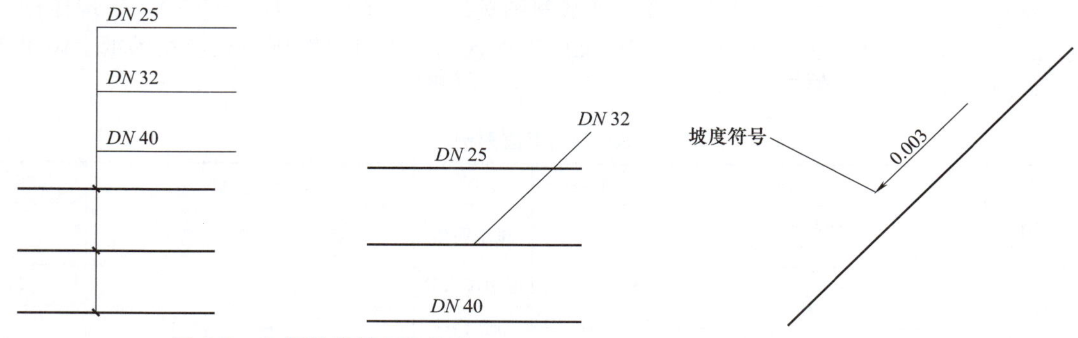

图 6-5　多根管线管径标注法

图 6-6　坡度及坡向表示法

6.1.3.6　管道编号

（1）一般给水管道用字母“J”表示；污水管用字母“W”表示；排水管用字母“P”表示；雨水管道用字母“Y”表示。

（2）在底层给水排水平面图中，当建筑物的给水引入管和污水排出管的数量多于一个时，应对每一个给水引入管和污水排出管进行编号，如图 6-7 所示。

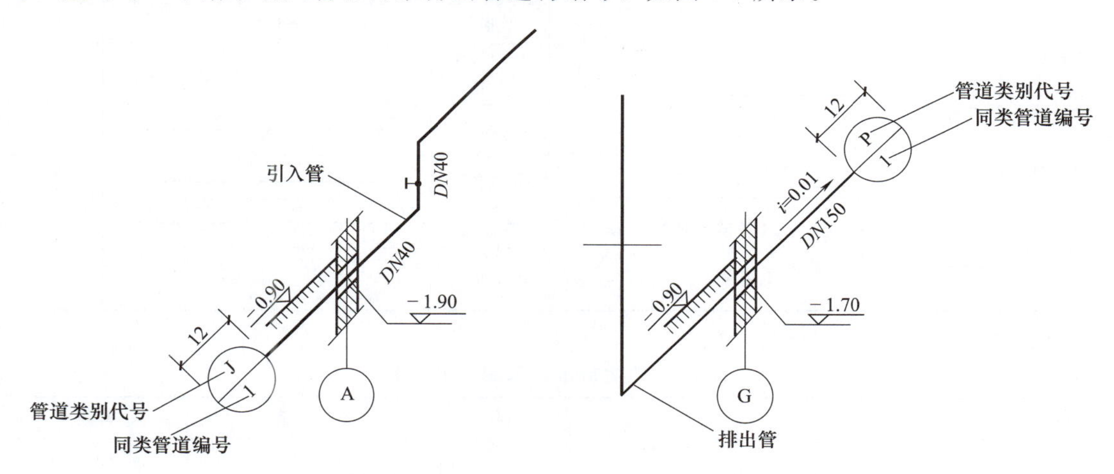

图 6-7　给水引入管及污水排出管编号表示法

（3）建筑物内的立管，其数量多于一个时，也应用拼音字母和阿拉伯数字为管道进出口进行编号，如图 6-8 所示，“WL-4”为 4 号污水立管。

（4）给水排水附属构筑物（如阀门井、检查井、水表井、化粪池等）多于一个时亦应编号。

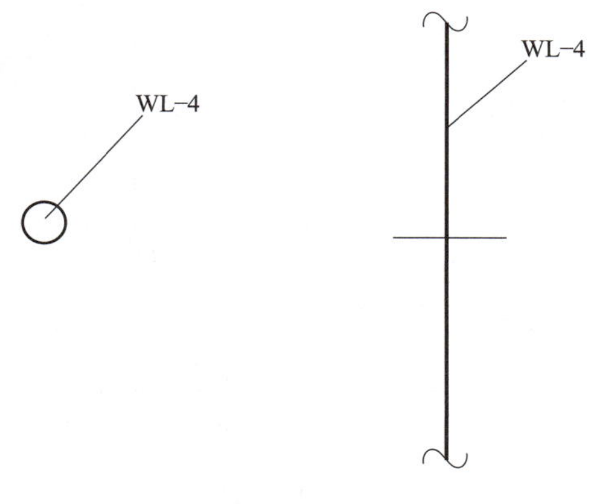

图 6-8　立管编号表示法

6.1.4　给水排水施工图的图例

给水排水工程中所使用的管道、附件、卫生器具及水池、仪表等多是定型产品，因此在给水排水施工图中采用图例表示。给水排水施工图的绘制应遵守《房屋建筑制图统一标准》、《建筑给水排水制图标准》(GB/T 50106—2010)以及国家现行的有关标准、规范的规定。

表 6-2～表 6-6 中摘录了《建筑给水排水制图标准》(GB/T 50106—2010)中规定的一部分图例，应用时可查阅该标准。在该标准中未列入的，可自设图例，且应在图纸上画出自设的图例，并加以说明。

表 6-2　管道图例

名称	图　例	备注	名称	图　例	备注
生活给水管	—J—		排水明沟	坡向 →	
热水给水管	— RJ —		压力废水管	— YF—	
热水回水管	— RH—		通气管	—T—	
中水给水管	— ZJ —		污水管	—W—	
循环给水管	— XJ —		通气管	— T —	
循环回水管	— Xh—		污水管	—W—	
热媒给水管	—RM—		压力污水管	—YW—	
热媒回水管	—RMH—		雨水管	—Y—	
蒸汽管	—Z—		压力雨水管	—YY—	
凝结水管	—N—		膨胀管	—PZ —	
废水管	—F—	可与中水源水管合用	空调凝结水管	—KN—	
多孔管			保温管		
地沟管			防护套管		
管道立管	XL-1 平面　XL-1 系统　X:管道类别 L:立管 1:编号	X:管道类别 L:立管 1:编号	伴热管		
			排水暗沟	坡向 →	

注：分区管道用加注角标方式表示：J_1、J_2、RJ_1、RJ_2……

表 6-3　给水排水施工图常用图例

名称	图　例	备　注	名称	图　例	备注
管堵			圆形地漏		通用。如为无水封，地漏应加存水管
立管检查口			雨水斗	YD- 平面　YD- 系统	
			套管伸缩器		
			方形伸缩器		
清扫口	平面　系统		波纹管		
通气帽	成品　铅丝球		正三通		

续表

名称	图例	备注	名称	图例	备注
斜三通			存水弯		
法兰堵盖			乙字弯		
弯折管		表示管道向后及向下弯转90°	弯头		
三通连接			正四通		
四通连接			斜四通		
盲板					
管道交叉		在下方和后面的管道应断开			

表 6-4 控制及配水附件常用图例

名称	图例	备注	名称	图例	备注
闸阀			三通阀		
截止阀			压力调节阀		
球阀			浮球阀	平面 系统	
蝶阀			电磁阀	M	
旋塞阀			放水龙头		左侧为平面，右侧为系统
减压阀		左侧为高压端	肘式龙头		
止回阀			脚踏开关		
角阀			混合水龙头		
延时自闭冲洗阀			旋转水龙头		

表 6-5　水泵和计量仪器常用图例

名称	图　例	备注	名称	图　例	备注
水泵	平面　系统		水表		
潜水泵			浮球液位器		
管道泵			开水器		
温度传感器	T		压力传感器	P	
温度计			压力表		左侧为平面，右侧为系统

表 6-6　卫生器具常用图例

名称	图　例	备注	名称	图　例	备注
立式洗脸盆			立式小便器		
台式洗脸盆			壁挂式小便器		
挂式洗脸盆			蹲式大便器		
浴盆			坐式大便器		
化验盆、洗涤盆			小便槽		
带沥水板洗涤盆		不锈钢制品	淋浴喷头		
盥洗室			矩形化粪池	HC	HC 为化粪池代号
污水池			跌水井		
妇女卫生盆			水表井		

6.2 室内给水排水施工图

室内给水排水施工图主要显示建筑物内部管道的布置情况及卫生器具的安装位置，一般包括室内给水施工图和室内排水施工图。

6.2.1 室内给水施工图

6.2.1.1 室内给水系统的概述

室内给水系统是指自建筑物外墙给水引入管至室内各配水点之间的一段管路系统，它是将水自室外引入室内，并向各配水点（如配水龙头、淋浴器、消防用水设备等）提供满足一定水质、水量和水压的用水。

一般情况下，室内给水系统由以下几个基本部分组成。

（1）引入管：穿越建筑物承重墙和基础，自室外给水管将水引入室内给水管网的水平管段。引入管一般采用埋地暗敷方式埋设。

（2）水表节点：在引入管上安装的水表、阀门、泄水口等计量及控制附件，其作用是对整个管道的用水进行总计量或总控制。水表节点一般设置在易于观察的室内或室外水表井内。

（3）给水管网：由水平干管、立管和支管等组成的管道系统。

（4）用水和配水设备：建筑物中的供水终点，如配盥洗槽、大便器等。

（5）给水附件：给水管路上装设的各种闸门、止回阀和水龙头等。

（6）其他设备：如增压设备水泵或气压罐、贮水设备水箱或水池等。

6.2.1.2 室内给水平面图

室内给水平面图是建筑给水排水施工图中最基本的图样，它是绘制轴测图的依据。室内给水平面图主要用来表示卫生器具、给水管道及其附件相对于建筑物的平面位置。图 6-9、图 6-10 分别为某小区住宅楼地下室给水排水平面图、标准层给水排水平面图。

在绘制给水排水施工图时，一般先绘制管道平面图，再绘制给水系统图。室内给水平面图可按照以下方法绘制。

首先绘制底层给水平面图，其次绘制各楼层给水平面图。在绘制每一层给水平面图时，可按照以下步骤绘制：

（1）用 1∶50 或 1∶25 比例绘出用水房间的平面图，如用水房间分散且需要全面表达时，可采用与建筑平面图相同的比例绘制。

（2）画出卫生设备或用水设备的平面位置。卫生设备或用水设备是配合管网表达的内容，且常配有详图或标准图，在给水平面图中，用中实线或细实线按照图例绘制其轮廓即可。

（3）画出管道的平面布置。管道是室内给水平面图的主要内容，水平管采用单条中粗实线（0.75*b*）中间加管道类别符号（用汉语拼音字母）表示，并且按其中心位置绘制。垂直管用中粗线圆圈表示并编号，水龙头、球阀等附件按标准图例符号表示。底层给水平面图应画出给水引入管并编号。

在绘制给水管道平面图时，先画立管，再画引入管，最后按水流方向绘出横支管和各种附件。

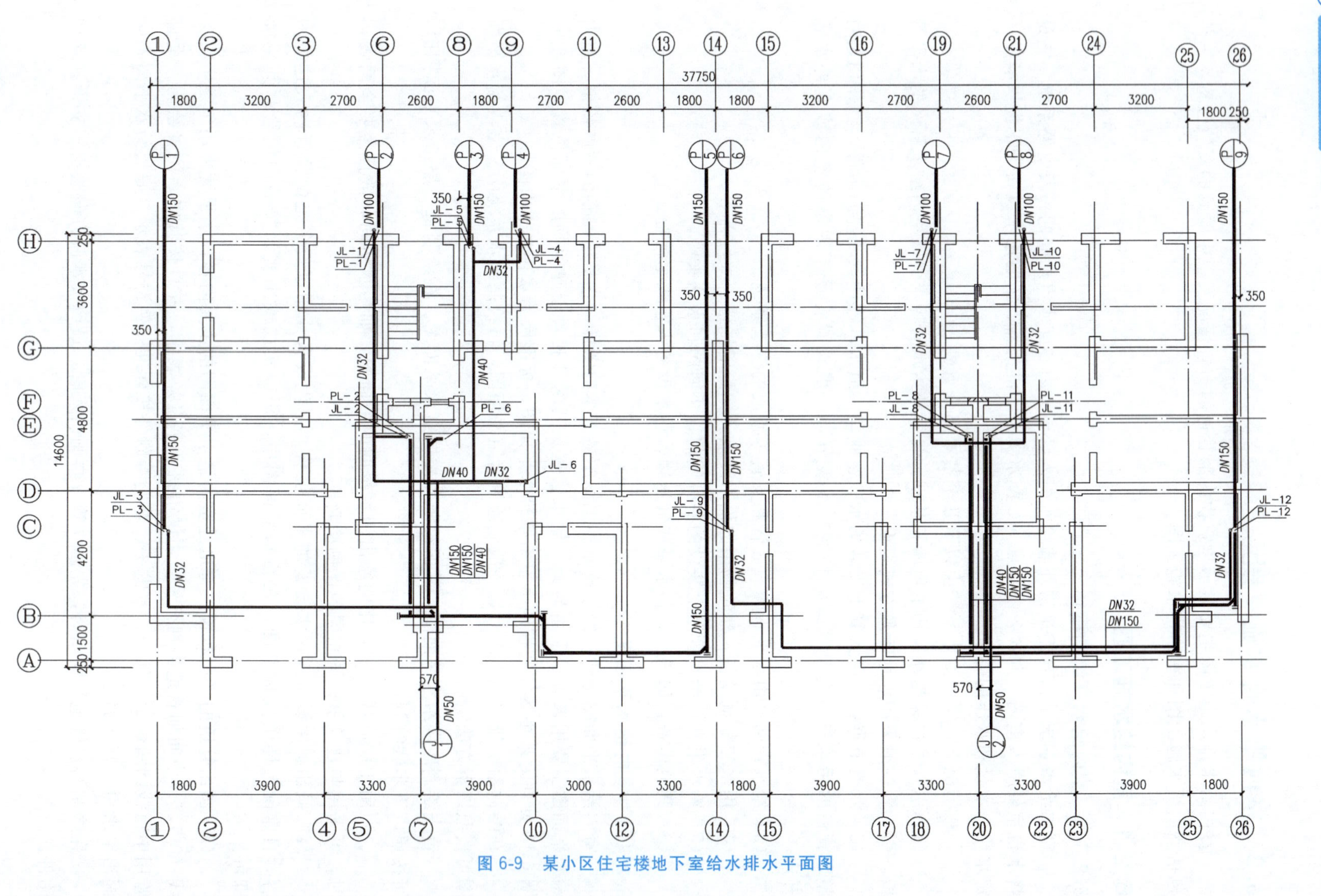

图 6-9 某小区住宅楼地下室给水排水平面图

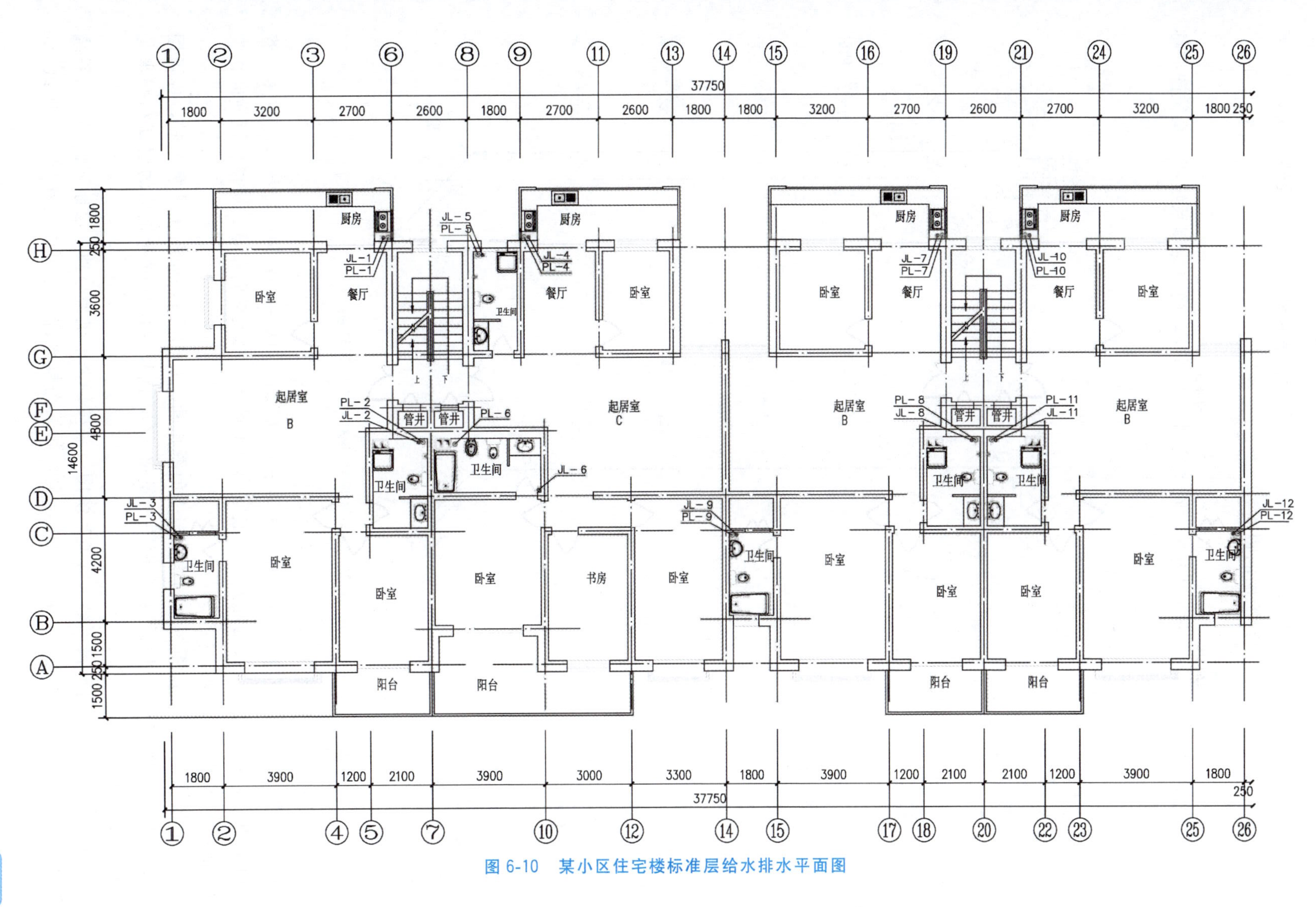

图 6-10 某小区住宅楼标准层给水排水平面图

(4) 标注有关尺寸、标高和文字说明等。平面图中的管道线仅表示其安装位置，并不表示其具体平面位置尺寸，如距墙面的距离。

6.2.1.3 室内给水系统图

为了清楚表示给水管道的空间走向，除了绘制平面图外，尚应绘制系统图。系统图亦称轴测图，图 6-11 为某小区住宅楼室内给水系统图。

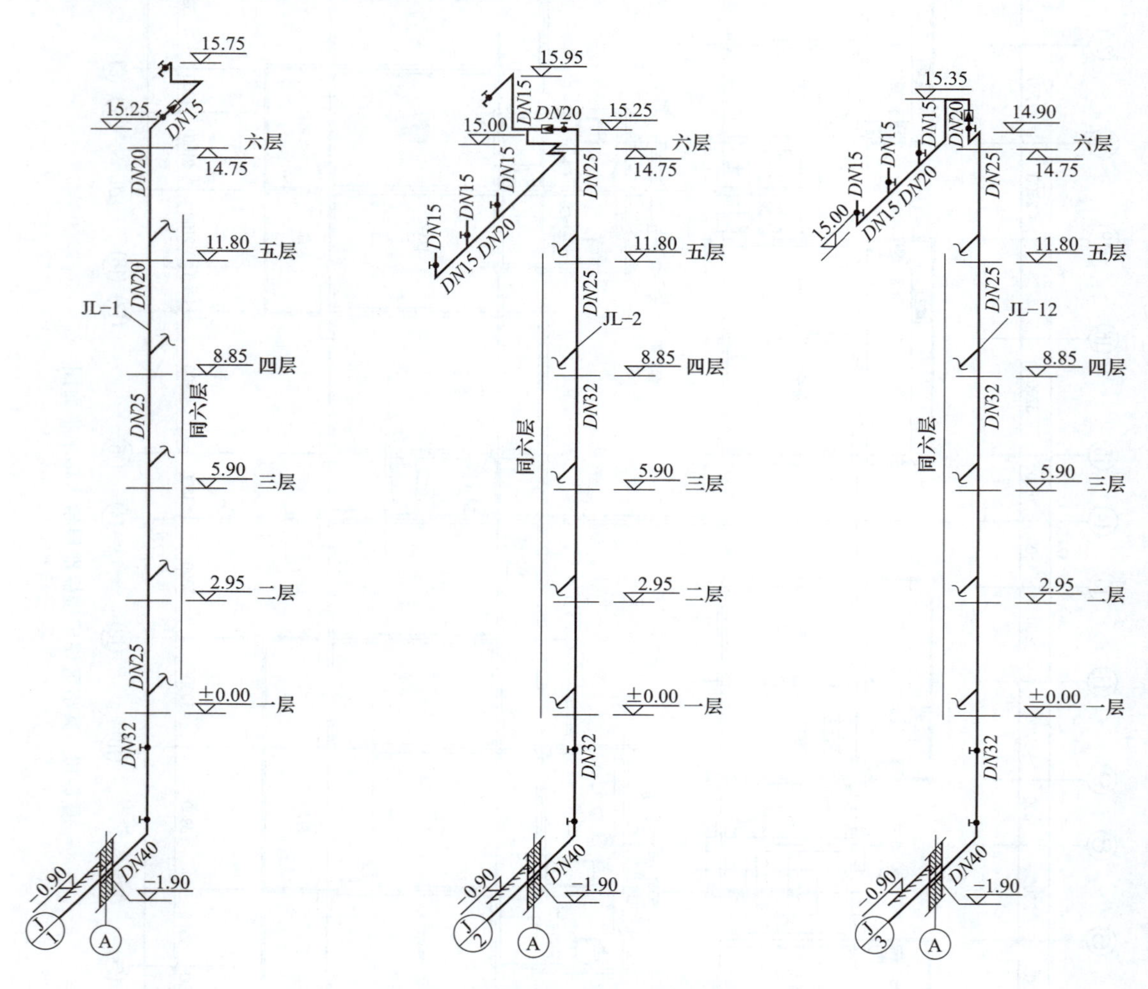

图 6-11 某小区住宅楼室内给水系统图

室内给水系统图的绘制应注意以下几点：

(1) 轴向选择。通常把房屋的高度方向作为 OZ 轴，OX 和 OY 轴的选择以能使图上管道简单明了，避免过多交叉为原则。一般室内卫生设备多沿屋横向布置，所以应以横向作为 OX 轴，纵向作为 OY 轴。

(2) 绘图比例。一般系统图的比例与平面图相同（1∶100），如图比较复杂时，也可用 1∶50。OX、OY 向尺寸可直接从平面图上量取，OZ 向尺寸应根据建筑物的层高和配水龙头的安装高度决定。

(3) 系统图的绘制步骤。给水管道系统图一般按每个系统编号独立绘制（此即称为系统图的原因）。为了使图面整齐，便于识读起见，如果图幅允许，尽可能画在同一张图纸上，并且尽量将各管路系统中的立管穿越相应楼层的楼地面线绘制在同一水平线上。

作图步骤如下：

① 先画系统的立管，确定出各层的楼地面线、屋面线，再画给水引入管系统中的横管。

② 从立管上引出各层横管，并画出横管上的各种附件等。

③ 画出管道穿越的墙、梁等的位置。

④ 标注各管段的公称直径、坡度、标高等。

为了使系统图表达清楚，当各层管路布置相同时，系统图上中间层的管路可以省略不画，在折断的支管处注上“同某层”即可。

6.2.2 室内排水施工图

6.2.2.1 室内排水系统的分类及组成

室内排水系统是接纳、汇集建筑内部各种卫生器具和用水设备排放的污、废水以及屋面的雨、雪水，并在满足排放要求的条件下，将其排入室外排水管网的管道系统。室内排水系统，按所排除的污、废水性质，可分为生活污水系统、工业废水系统和雨水管道系统。

室内排水系统一般由以下基本部分组成：

(1) 污废水收集器：一般指各种卫生器具、排放生产废水的设备、雨水斗及地漏等。

(2) 器具排水管：指卫生器具和排水横管之间的短管，除坐便器外，一般都有 P 型或 S 型存水弯。

(3) 排水横支管：指连接器具排水管和立管之间的水平管段。

(4) 排水立管：指连接各横支管和水平排出管之间的垂直管段，其接受各横支管的污废水并送至排出管。

(5) 排出管：指室内排水立管与室外检查井之间的连接管段。通常为埋地敷设，有一定的坡度，坡向室外检查井。

(6) 通气管：指排水立管上端延伸出屋面的一段立管。排水横管上连接的卫生设备较多、卫生条件要求较高的建筑及高层建筑应设辅助通气管，用以稳定排水系统内的气压，使排水通畅。

(7) 清扫设备：指为疏通排水管道而设置的检查口和清扫口。检查口设在立管上，应每隔两层设置一个，设置高度距地面 1.0m；清扫口设置在具有两个及两个以上大便器或三个及三个以上卫生器具的排水横管上。

6.2.2.2 室内排水平面图

室内排水平面图与室内给水平面图的表示方法基本相同，主要表明建筑物内排水管道及卫生器具的平面布置情况。如给水排水系统比较简单时，可将两种平面图合并绘制在一张图纸上，如图 6-9、图 6-10 所示，但必须采用不同的线型分别表示给水管网和排水管网。一般给水管路采用中粗实线表示，排水管路采用中粗虚线表示。如给水排水系统比较复杂，则需将其分开绘制。

室内排水平面图主要绘制的内容有：

(1) 室内卫生设备的类型、数量及平面位置。

(2) 室内排水系统中各干管、立管、支管的平面位置、走向，立管编号和管道的安装方式（明装或暗装）。

(3) 管道附属设备，如地漏、清扫口等的平面位置。

(4) 污废水排出管、化粪池的平面位置、走向及与室外排水管网的连接。

（5）管道及设备安装预留洞的位置、预埋件、管沟等方面对土建的要求等。

6.2.2.3 室内排水系统图

室内排水系统图亦是给水排水施工图的主要图纸，它表示排水管道系统在室内的具体走向、管路的分支情况、管径及横管坡度、标高、存水弯形式、清通设备情况等，图 6-12 为某小区住宅楼室内排水系统图。室内排水系统图的绘制及表达方法同给水系统图，常采用正面斜等轴测图。不同之处在于，图中的管路采用粗虚线表示，其他构配件采用图例符号表示，图中应注明立管和排出管的编号。横管的标高一般由卫生器具的安装高度和管径尺寸决定，不必标注。检查口和排出管起点的标高，均须标出。

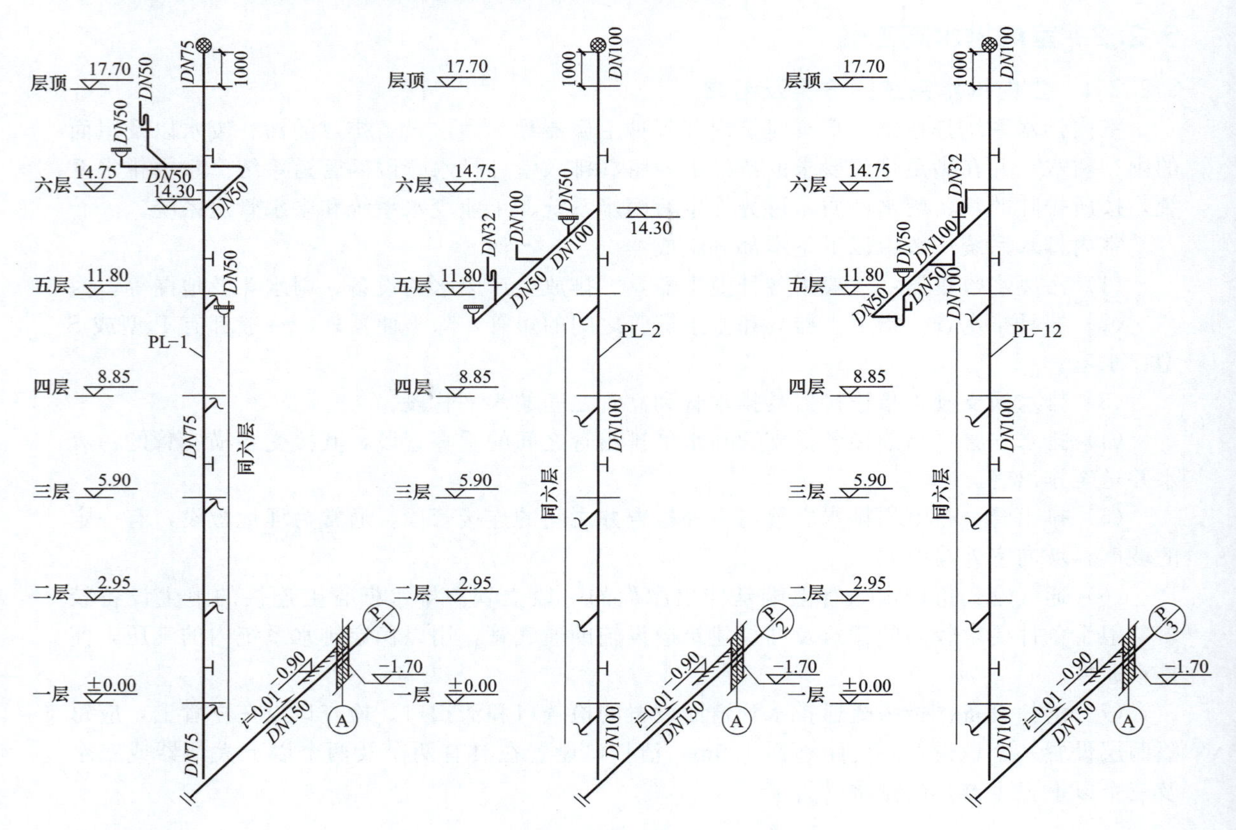

图 6-12 某小区住宅楼室内排水系统图

6.2.3 室内给水排水施工详图

室内给水排水施工图除了平面图、系统图以外，有些细部构造和安装尺寸，需要局部放大详细具体地进行表示，这种放大比例的图样称作详图，亦称之为大样图。室内给水排水施工详图通常可以引用有关的标准图集，如有特殊要求，可由设计人员在图纸上自行绘制，图 6-13 为某住宅楼卫生间、厨房给水排水详图。绘制施工详图采用的比例较大，一般可采用 1∶10、1∶20、1∶25 或 1∶50 等。施工详图必须按施工安装的需要表达详尽、具体、明确，一般采用正投影的方法绘制，设备外形可以简化绘制，管道采用双线表示，安装尺寸应注写完整和清晰，同时应与给水排水平面图和系统图中各种进出水管的平面位置和安装高度一致。

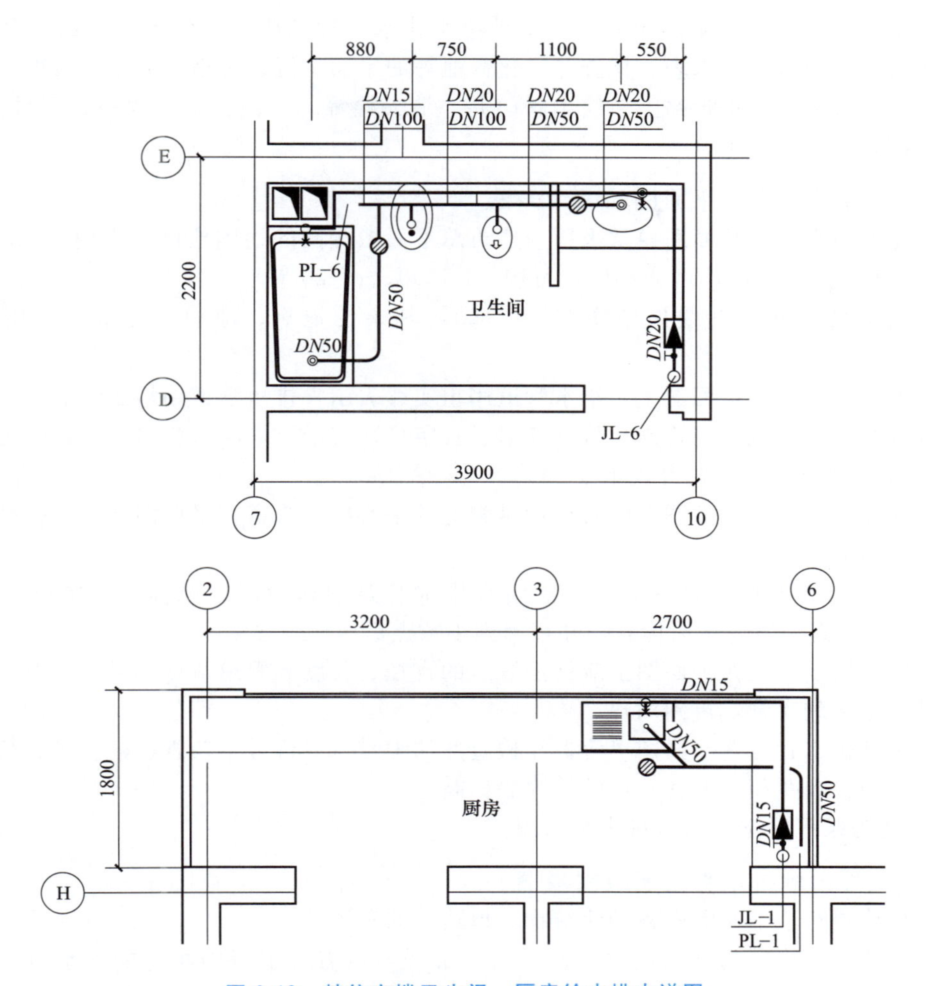

图 6-13　某住宅楼卫生间、厨房给水排水详图

6.3　室外给水排水施工图

室外给水排水施工图，主要是表明新建房屋建筑室外给水排水管道的布置，与室内管道的引入管、排出管之间的连接以及管道敷设的坡度、埋深和交接等情况。室外给水排水施工图一般包括：室外给水排水平面图、管路纵断面图和附属设施的施工图等。

6.3.1　室外给水排水平面图

室外给水排水平面图是以建筑总平面图为基础，表明厂区或小区内给水排水管路平面布置情况的图纸，分为室外给水管路平面图和排水管路平面图。根据给水排水管路复杂程度，可分别绘制，亦可绘制在一幅图纸上。

6.3.1.1　室外给水排水平面图表示的内容

（1）室外给水排水平面图是以建筑总平面图的主要内容为基础，重点突出与房屋建筑有关的室外给水排水管道和设施。因此，在室外给水排水平面图中，房屋、道路、绿化等附属设施，均按建筑总平面图的图例绘制。

（2）给水排水管道及附属设施。在室外给水排水平面图中，各建筑物的给水管、排水管、排水出口、雨水管、水表、检查井、化粪池等的平面位置、规格、数量、坡度、流向等都应绘出。同时室外给水管路上要绘出阀门井、消火栓等的平面位置、规格、型号及数量。它们一般都要用图例表示。

6.3.1.2 室外给水排水平面图的表示方法

（1）室外给水排水平面图通常采用与建筑总平面图相同的绘图比例，常用1∶200、1∶500等，对于范围较大的厂区或小区，可用1∶1000、1∶2000。

（2）建筑物的外轮廓线用中实线（0.5b），其余的地物、地貌、道路等均用细实线（0.35b）。

（3）通常，在室外平面图上，给水管道用粗实线表示，排水管道用粗虚线表示，雨水管道用粗点画线表示。也可用管道代号（汉语拼音字母）表示，如给水管道用“J”、污水管道用“W”、雨水管道用“Y”等表示。

（4）室外给水排水平面图上的管道即是管道的中心线，管道在平面图上的定位即是指到管道中心的距离。

（5）室外给水排水平面图上应标注给水排水管路的埋设深度或标高，单位一般为米（m）。标注的标高一般为绝对标高，并精确到小数点后两位数。

（6）室外给水管道在平面图上应标注管道的直径、长度和管道节点编号。管道节点编号的顺序是从干管到支管，再到用户。

（7）室外排水管道在平面图上应标注检查井的编号（或桩号）及管道的直径、长度、坡度、流向及与检查井相连的各管道的管内底标高。

图6-14为某厂区室外给水排水平面图。

6.3.1.3 室外给水排水平面图绘制步骤

（1）抄绘建筑总平面图中各种建筑物、道路等的布置。

（2）按照新建房屋的室内给水排水底层平面图，将有关房屋中相应的给水引入管、污（废）水排出管、雨水连接管等的平面位置在图中绘出。

（3）画出室外给水和排水的各种管道，以及水表井、检查井、化粪池等附属设备。

（4）标注管道管径、检查井的编号和标高以及有关尺寸。

6.3.2 室外给水排水管路纵断面图

室外给水排水管道纵断面图，主要表明室外给水排水管道在纵向（即长度方向）自然地面的高低起伏、管道与管井等设施的连接和埋深情况，以及表明与其他各种管道（如电力、采暖管道等）交叉时的相对位置的图纸。管道纵断面图一般用于较复杂的或大型的工程。图6-15、图6-16分别为某厂区室外局部生活污水管网纵断面图及雨水管网纵断面图。

室外给水排水管道纵断面图可按下列方法进行绘制和表示：

（1）绘图比例

室外给水排水管道的长度方向比直径方向大很多，为了说明地面起伏情况，在纵断面图中，通常竖向、横向采用两种不同的比例绘制，一般竖向采用1∶50、1∶100、1∶200比例绘制，而横向采用1∶500、1∶1000、1∶2000等。

（2）管道轮廓线型

管道纵断面图是沿干管轴线铅垂剖切后绘制的剖面图，一般压力管道（给水管道）宜采

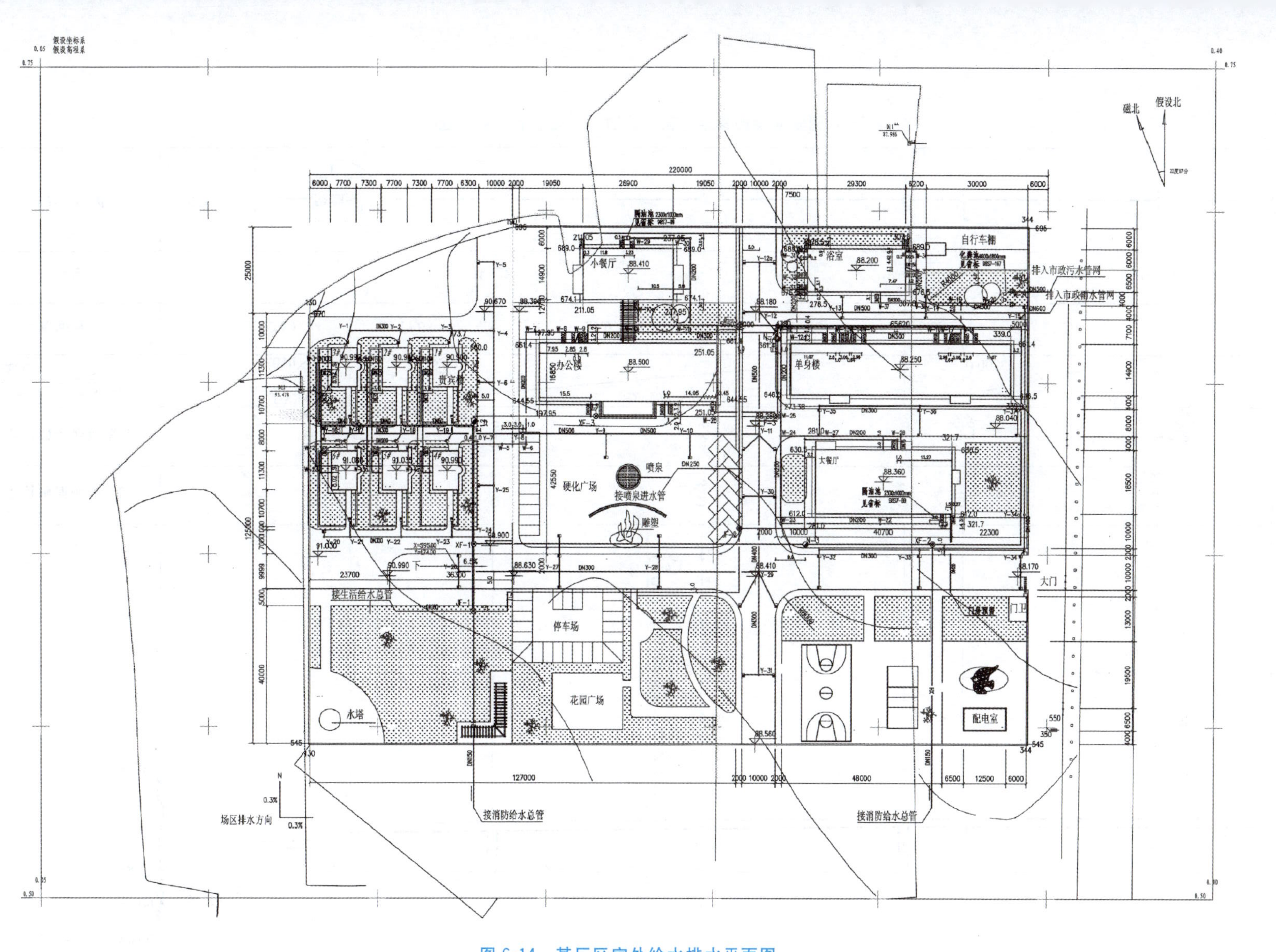

图 6-14 某厂区室外给水排水平面图

注：本图中未标出室外喷洒栓的位置，依建设方要求就现场具体情况而定。

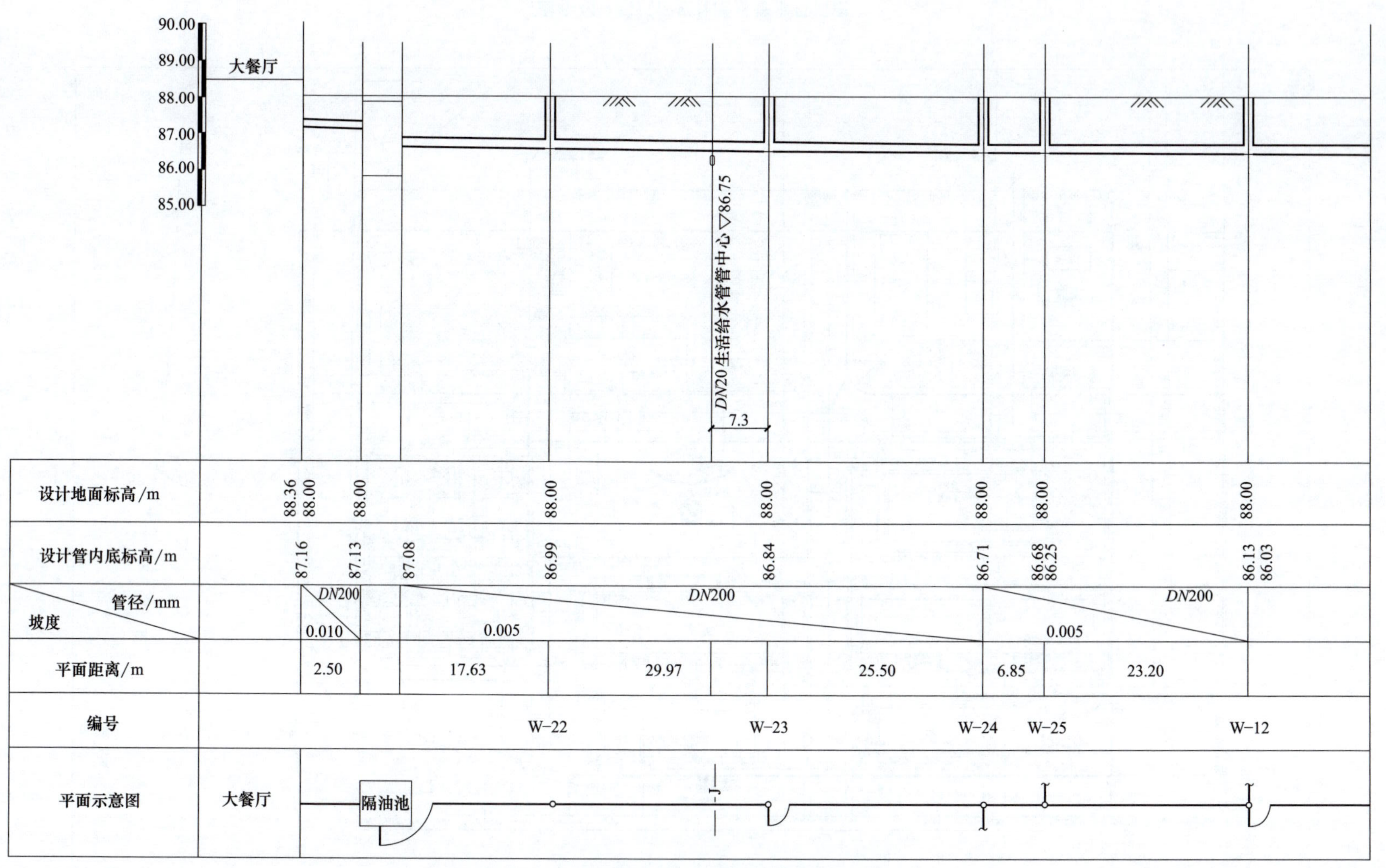

图 6-15　某厂区室外局部生活污水管网纵断面图

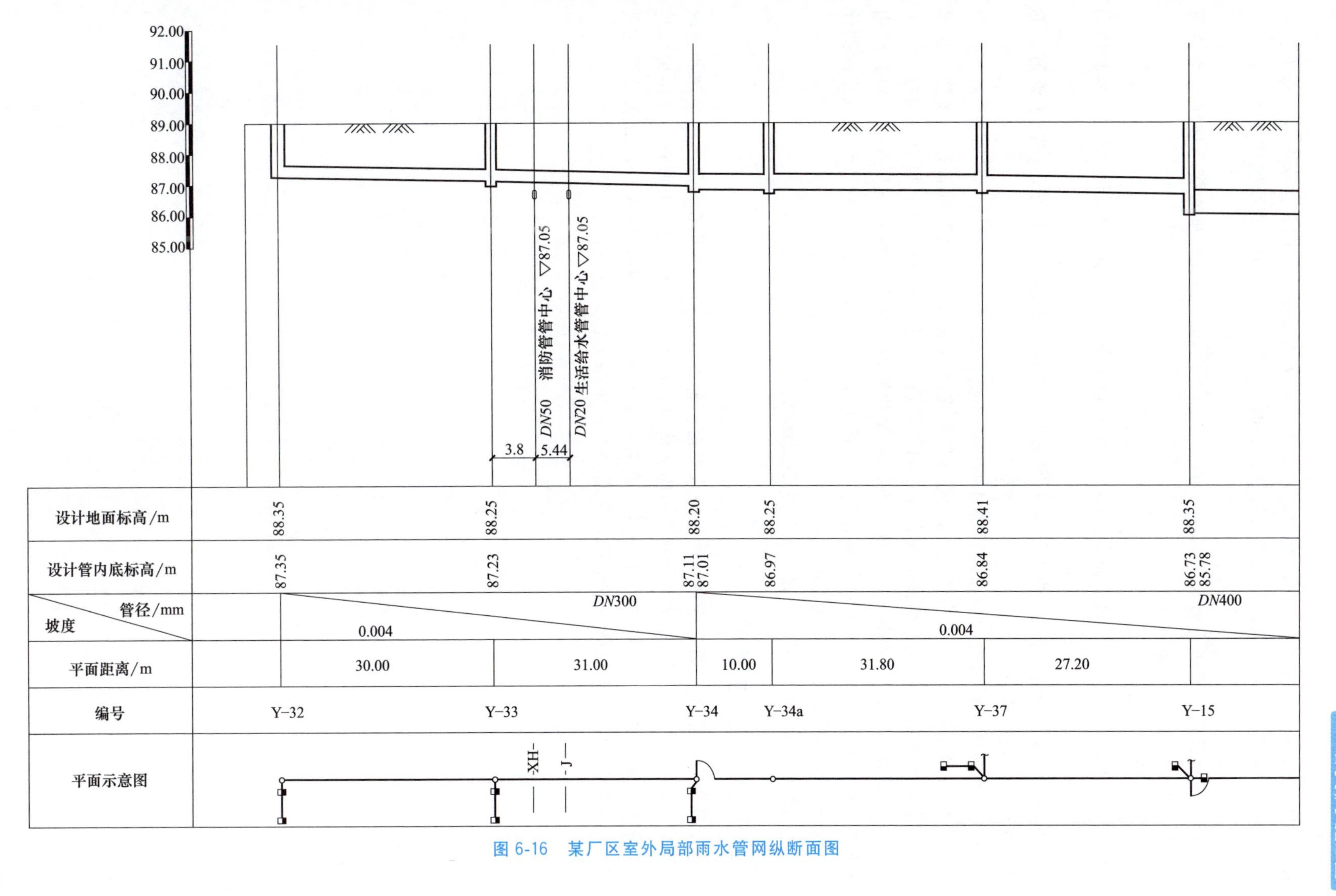

图 6-16 某厂区室外局部雨水管网纵断面图

用单粗实线绘制，重力管道（污废水管道）宜用双粗实线绘制；地面、检查井等，用中实线绘制；与给水排水管道交叉的其他设施管道的横断面可以不按比例，用小圆圈表示。

(3) 标高

室外给水管道属于压力管路，其标注的是管中心标高；而室外排水管道属于重力流管路，其标注的是管内底标高。

(4) 其他绘制内容

室外给水排水管道纵断面图需标注的其他资料以表的形式绘制在纵断面下方，其具体内容如下：

① 编号。在编号栏内，对给水管道上的阀门节点位置进行节点编号；对排水管道上的检查井位置进行检查井编号。

② 平面距离。相邻阀门节点或检查井的中心距离。

③ 管径及坡度。注写给水管道上两阀门节点或排水两检查井之间的管径和坡度。如果若干给水管道阀门节点或排水管道检查井之间的管道直径和坡度相同时，可合并注写。

④ 设计排水管内底标高。室外排水管道的设计管内底标高是指检查井进、出口处管道的内底标高。如进、出管道内底标高相同，只需注写一个标高；否则，应在该栏纵线两侧分别注写进、出口处管道的内底标高。

⑤ 设计路面标高。指检查井井盖处的地面标高。

6.3.3 附属设施施工图

室外附属设施施工图是指室外给水排水管道上各种节点和检查井等的施工图。前者表示室外给水管道相交点、转弯点等管配件的连接情况，可不按比例绘制，但节点平面位置应与室外管道平面图相对应；后者表示室外排水管道上布置的阀门井、检查井、雨水口等构筑物，有关构筑物施工图由统一的标准，无需另绘，可参见相关图集。

7 采暖通风施工图

7.1 概述

采暖通风工程是为了改善人们的生活和工作条件及满足生产工艺、科学实验的环境要求而设置的。采暖通风包括采暖、通风和空气调节三方面的内容。三者组成和工作原理虽各不相同，但就施工图绘制是类似的。

7.1.1 采暖通风的概念及组成

7.1.1.1 采暖工程

采暖是根据热平衡原理，在冬季以一定的方式向房间补充热量，以维持人们日常生活、工作和生产活动所需要的环境温度。

采暖工程由热源、室外管网和室内采暖系统组成。采暖系统按热媒的不同，可分为热水采暖系统、蒸汽采暖系统和热风采暖系统。

7.1.1.2 通风工程

通风是把室内污浊或有害气体排至室外，再把新鲜或经过处理的符合室内空气环境卫生标准和满足生产工艺需要的空气送入室内，从而保持室内空气的新鲜和清洁，使室内环境达到卫生标准和生产工艺要求。

通风工程包括进风和排风两个系统。按通风作用的范围不同，通风可以分为局部通风和全面通风；按照工作动力不同，可分为自然通风和机械通风。

7.1.1.3 空调工程

空气调节，简称空调，是用人工方法调节室内空气的温度、相对湿度、清洁度和气流速度等指标，从而满足人类一定生活、生产的要求。

空调工程由空气处理室、风机、空气输送管道及空气分布器等组成。空调工程分为中央空调系统和局部空调系统。

7.1.2 采暖通风施工图的特点

采暖通风施工图的特点与给水排水施工图的特点类似，可参见第 6 章 6.1 节相关论述，在此不再赘述。

7.1.3 采暖通风施工图的组成

采暖通风施工图由采暖通风平面图、采暖通风系统图、详图、设计说明、设备及主要材料表等组成。其中，采暖通风平面图和系统图是采暖通风施工图的最主要图样。

7.1.4 采暖通风施工图的一般规定

7.1.4.1 图线

采暖通风工程中的图线应采用《暖通与空调制图标准》(GB/T 50114—2010) 中规定的各种线型。图线宽度 b，应根据图样的比例和类别，按《房屋建筑制图统一标准》中图线的规定选用。

通常采暖管道用单线表示，供水干管、供汽干管用粗实线表示，冷凝水干管用粗虚线表示；通风管线用双线表示。

7.1.4.2 比例

采暖通风工程绘图采用的比例，应符合表 7-1 中的规定。

表 7-1 比例

图 名	常用比例	可用比例
总平面图	1∶500、1∶1000	1∶1500
管道断面图	1∶50、1∶100、1∶200	1∶150
平面、剖面图及放大图	1∶20、1∶50、1∶100	1∶30、1∶40、1∶150、1∶200
详图	1∶1、1∶2、1∶5、1∶10、1∶20	1∶3、1∶4、1∶15

7.1.4.3 管道与散热器连接

采暖工程施工图中管道与散热器的连接可用表 7-2 中图示方法绘制。

表 7-2 管道与散热器连接的表示方法

系统形式	楼层	平 面 图	系 统 图
双管上分式	顶层	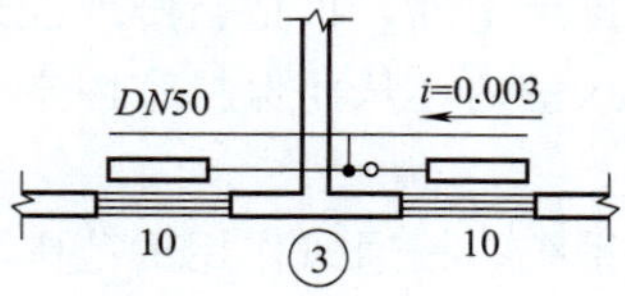 DN50 i=0.003 10 ③ 10	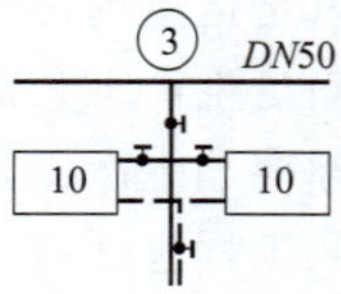 ③ DN50 10 10
	中间层	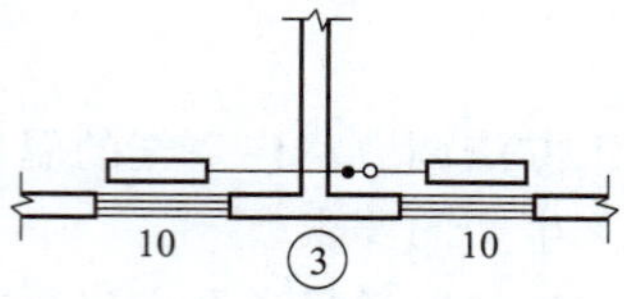 10 ③ 10	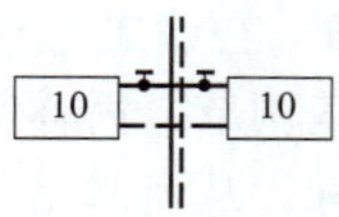 10 10
	底层	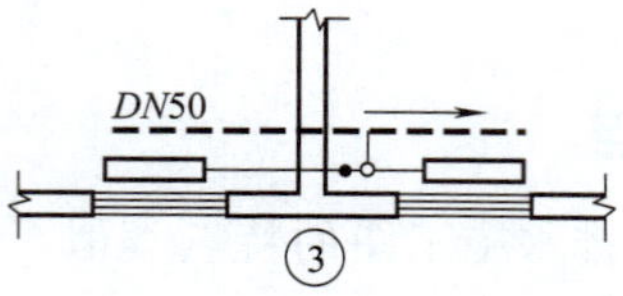 DN50 ③	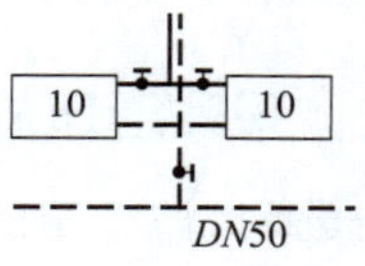 10 10 DN50

续表

系统形式	楼层	平面图	系统图
单管垂直式	顶层	DN40 i=0.003 12 3 12	3 DN40 12 12
	中间层	DN40 i=0.003 12 3 12	12 12
	底层	12 3 12	12 12 DN40

7.1.4.4 系统编号

在一个建筑工程中，若同时有两个或两个以上采暖通风系统时，应对各系统进行编号。系统的编号如图 7-1（a）所示；当一个系统出现多个分支时，可采用如图 7-1（b）所示。系统代号由大写拉丁字母表示，如表 7-3 所示，顺序号由阿拉伯数字表示，系统编号宜标注在系统总管处。

竖向布置的垂直管道系统，应标注立管号，如图 7-2 所示。

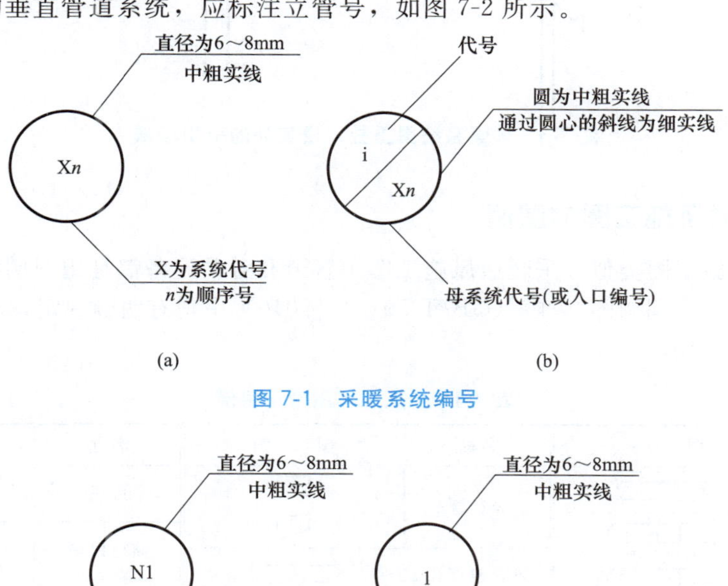

图 7-1 采暖系统编号

图 7-2 采暖系统立管编号

表 7-3 采暖通风系统代号

序号	系统代号	系 统 名 称	序号	系统代号	系 统 名 称
1	N	供暖系统	9	X	新风系统
2	L	制冷系统	10	H	回风系统
3	R	热力系统	11	P	排风系统
4	K	空调系统	12	JS	加压送风系统
5	T	通风系统	13	PY	排烟系统
6	J	净化系统	14	P(Y)	排风兼排烟系统
7	C	除尘系统	15	RS	人防送风系统
8	S	送风系统	16	RP	人防排风系统

7.1.4.5 系统图中重叠部分的图示

在采暖通风系统图中，当一部分管道和散热器等被另一部分管道和散热器等遮挡时，可把被遮挡部分的立管断开，同时标注字母，然后再在旁边绘出被断掉的部分，断端同样注出该字母以示连接处，如图 7-3 所示。

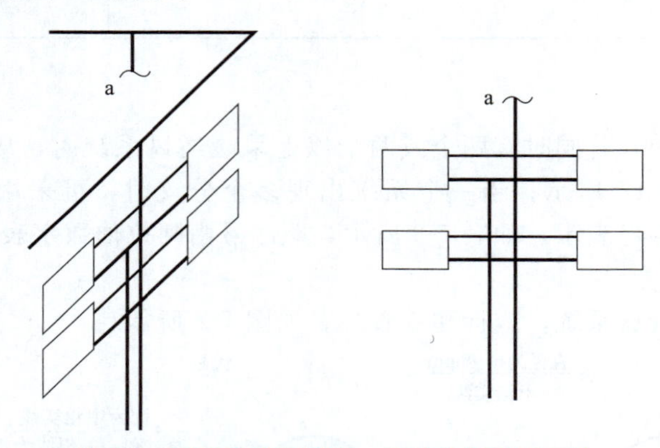

图 7-3 采暖系统图重叠、密集处的引出画法

7.1.5 采暖通风施工图的图例

与给水排水施工图类似，采暖通风施工图中管道和各种设备都是用图例符号表示的，相关图例在《暖通与空调制图标准》(GB/T 50114—2010) 中均有明确规定，现摘录常用图例如表 7-4、表 7-5 所示。

表 7-4 通风工程图常用图例

名称	图 例	名称	图 例	名称	图 例
风管		异径管		伞形风帽	
送风管	可见剖面 不可见剖面	风管检查孔		筒形风帽	
		弯头		送风口	
排风管	可见剖面 不可见剖面	矩形三通		回风口	

续表

名称	图例	名称	图例	名称	图例
百叶窗		风管止回阀		风机	流向:自三角形的底边至顶点
		加湿器			
插板阀		空气加热器		离心式通风机	
蝶阀		窗式空调器		轴流式通风机	

表 7-5 采暖工程图常用图例

序号	名称	图例	说明	序号	名称	图例	说明
1	管道	A F	用汉语拼音字头表示管道类别	14	闸阀		
2	供水(汽)管采暖回(凝结)水管		用图例表示管道类别	15	止回阀		
3	保温管			16	安全阀		
4	软管			17	减压阀		左侧:低压 右侧:高压
5	方形伸缩器			18	散热放风门		
6	套管伸缩器			19	手动排气阀		
7	波形伸缩器			20	自动排气阀		
8	球形伸缩器			21	疏水器		
9	流向			22	散热器三通阀		
10	丝堵			23	散热器		左图:平面 右图:立面
11	滑动支架						
12	回定支架		左图:单管 右图:多管	24	集气罐		
13	截止阀			25	除污器		上图:平面 下图:立面
				26	暖风机		

7.2 室内采暖施工图

室内采暖施工图由采暖平面图、采暖系统图、详图、设计说明、设备及主要材料表等组成。其中采暖平面图和系统图是采暖施工图的最主要图样。

7.2.1 室内采暖施工图绘制内容

7.2.1.1 采暖平面图

采暖平面图表明了建筑物内采暖管道及设备的平面布置。采暖平面图根据其所在位置,可分为底层平面图、中间层平面图和顶层平面图。

（1）在底层平面图上应绘制的内容。

① 供热总管入口和回水总管出口的位置，并注明管径和坡度。

② 各立管的位置、编号。

③ 散热器的安装位置、片数及安装方式（明装或暗装）。

④ 下分式供暖时，要表明供热水平干管的位置、管径和坡度。

⑤ 蒸汽供暖时要表明管线间及末端的疏水装置，并注明其规格。

⑥ 地沟的位置和主要尺寸，管道的固定支架位置等。

（2）在中间层平面图上应绘制的内容。

① 散热器的安装位置、片数及安装方式（明装或暗装）。

② 立管的位置、编号，支管与立管、散热器的连接方式。

（3）在顶层平面图上应绘制的内容。

① 散热器的安装位置、片数及安装方式（明装或暗装）。

② 立管的位置、编号，支管与立管、散热器的连接方式。

③ 上分式采暖时，要表明供热总立管、水平干管的位置，干管管径、坡度以及各种阀门、管道固定支架及其他构件等的安装位置。

④ 热水采暖时，要表明膨胀水箱、集气罐等设备的位置及其连接管，并注明规格。

7.2.1.2 采暖系统图

在采暖系统图上，主要标注各管段的管径大小、水平干管的坡度、立管的编号和散热器的片数等。系统图中的所有标注必须和平面图中的有关标注一致，并且与平面图配合说明采暖系统的全貌。

7.2.1.3 采暖详图

在采暖详图上，主要绘制在平面图上无法清楚表示的较复杂的安装位置或构件制作，如采暖系统入口节点等。绘图比例较大，一般可采用 1∶25 或 1∶50 的比例绘制。

7.2.2 室内采暖平面图的绘制

室内采暖平面图主要表示管道、附件及散热设备在建筑平面上的布置情况，以及它们之间的相互关系，是室内采暖施工图中的主要图纸。图 7-4、图 7-5 分别为某小区住宅楼首层采暖平面图、顶层采暖平面图。

室内采暖平面图的绘制应注意以下事项：

（1）采暖平面图的数量。采暖平面图原则上应分层绘制，对于管道及散热设备布置相同的楼层平面可绘制一个标准层平面图，但顶层和底层平面图必须单独绘制。

（2）采暖平面图中的建筑图的简化。室内采暖平面图是在已有的建筑平面图上根据各房间散热器布置情况绘制而成。因此，需抄绘与采暖有关部分的建筑平面图，一般采用1∶100 或 1∶50 的比例进行抄绘。对采暖需要的有关建筑图，仅需抄绘房屋的墙身、柱、门窗洞、楼梯、台阶等主要构配件，房屋的细部和门窗代号等均可省略。同时，房屋平面图的图线也一律简化为用细实线（0.35*b*）绘制；底层平面图要绘出全轴线，楼层平面图可只绘制边界轴线。

（3）采暖平面图中的管道绘制。室内采暖管道不考虑其可见性，一律按管道的类型用规定线型和图例绘制在相应楼层上。

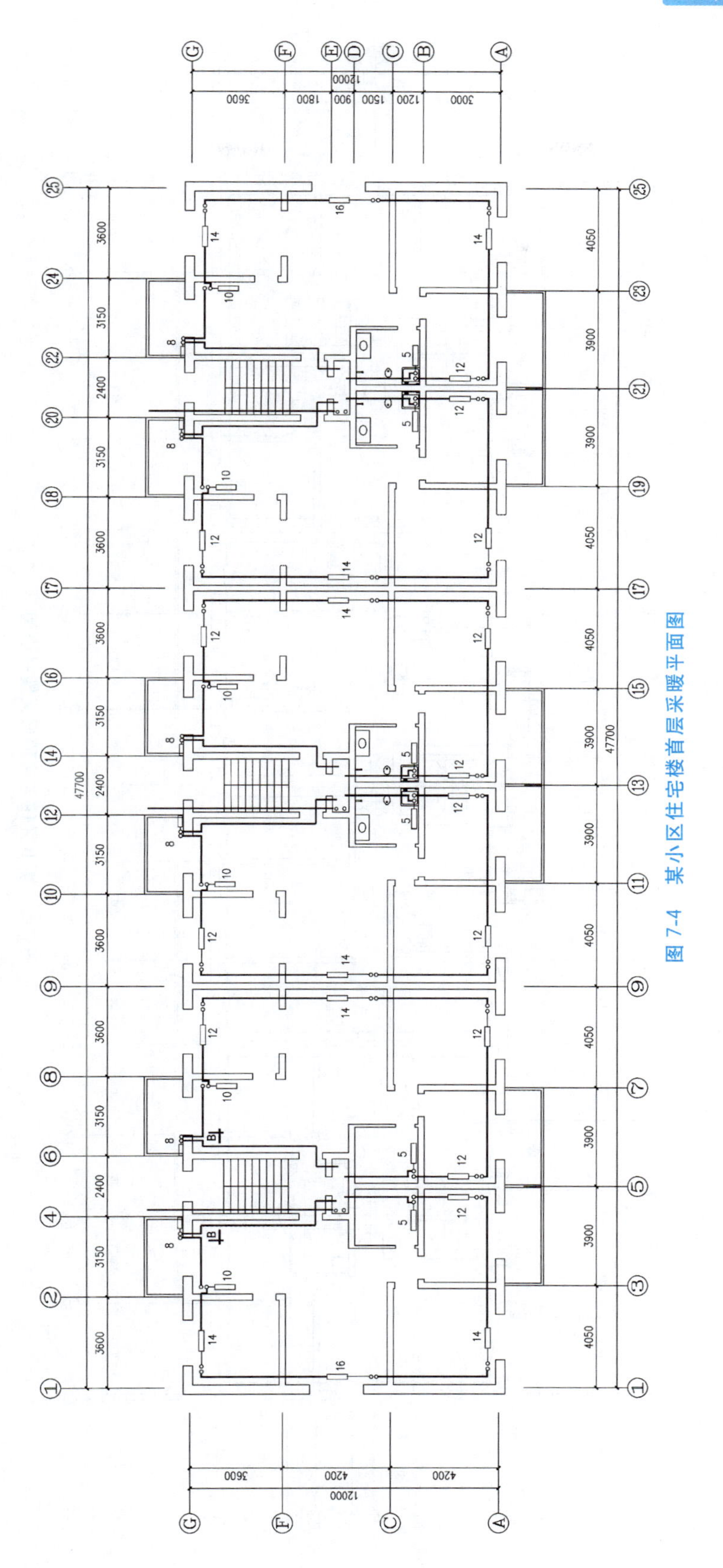

图 7-4　某小区住宅楼首层采暖平面图

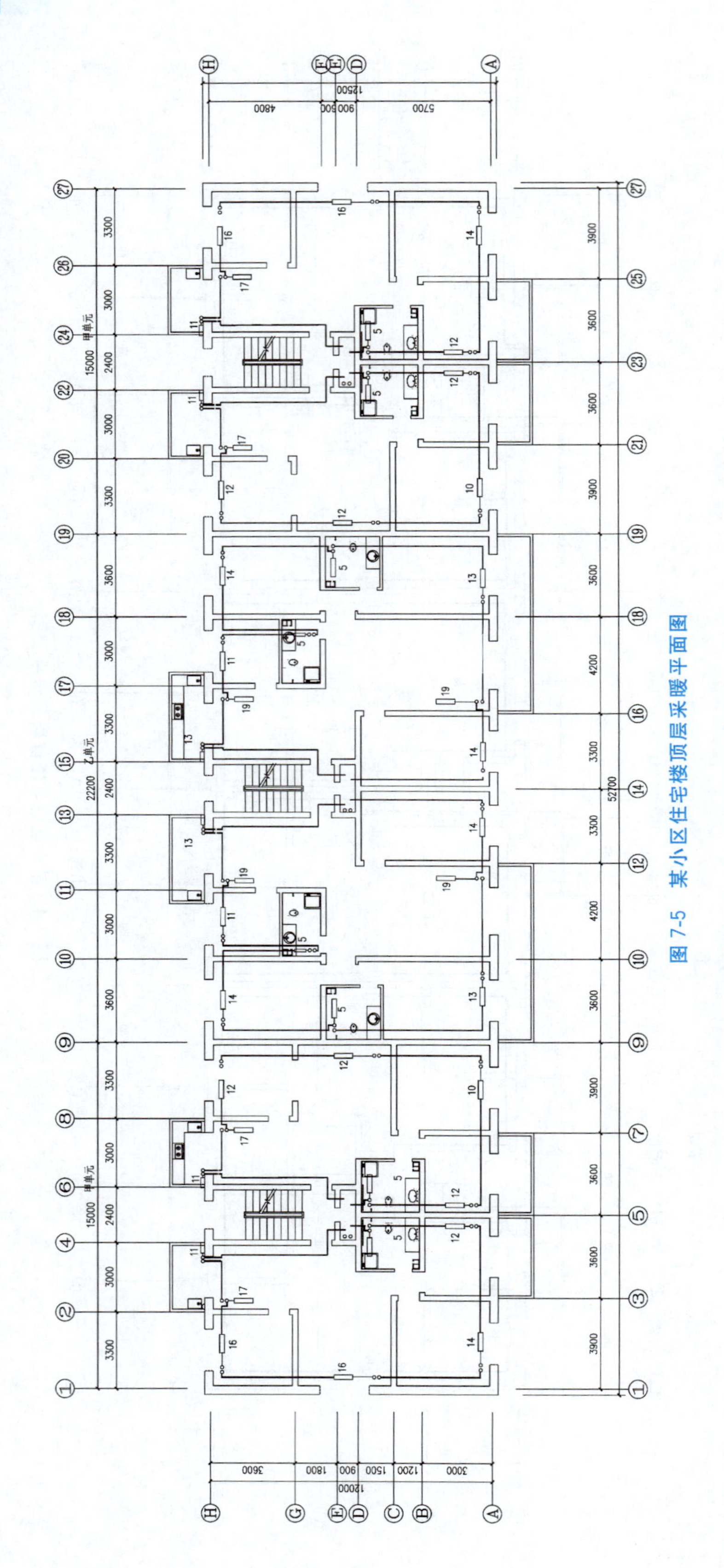

图 7-5 某小区住宅楼顶层采暖平面图

(4) 散热器。散热器等主要设备及部件均为工业定型产品，不必详细绘制，可按规定图例表示，用中线（0.5b）、细线（0.35b）绘制。

(5) 尺寸标注。

① 房屋的平面尺寸一般只需在底层平面图中标注出轴线间的尺寸，另外要标注室外地面的标高和各楼层地面标高。

② 管道及设备一般沿墙和柱设置，不必标注定位尺寸。必要时，以墙面和柱面为基准。

③ 采暖入口定位尺寸应由管中心至所相邻墙面或轴线的距离标注。

④ 管道的直径、坡度和标高都标注在管道系统图中，平面小不必标注。管道长度在安装时以实测尺寸为依据，故图中不予标注。

⑤ 散热器要标注其规格和数量，标注在窗口或散热器附近。

7.2.3 室内采暖系统图的绘制

采暖系统图是以平面图为主视图，根据各层采暖平面图中各管道及设备的平面和竖向标高，采用正面斜等轴侧法绘制。它表明从热媒入口至出口的采暖管道、散热设备、主要附件的空间位置和相互间的关系。图 7-6 为某小区住宅楼 A 单元采暖系统图。

室内采暖系统图的绘制应注意以下事项：

(1) 轴向选择。

① 采暖系统图用正面斜等轴测法绘制。OX 轴处于水平，OZ 轴处于垂直，OY 轴与水平线夹角应选用 45°或 30°，三轴的变形系数均为 1。

② 采暖系统图的轴向与平面图轴向一致，亦即 OX 轴与平面图的长度方向一致，OY 轴与平面图的宽度方向一致。

(2) 比例。

① 系统图一般采用与相对应的平面图相同的比例绘制。当管道系统较复杂时，亦可采用较大比例。

② 当采用与相对应的平面图相同的比例时，水平的轴向尺寸可直接从平面图上量取，垂直的轴向尺寸，可依据层高和设备安装高度量取。

(3) 绘图要点。

① 采暖系统图中管道系统的编号应与底层采暖平面图中的系统索引符号的编号一致。

② 采暖系统图应按管道系统的编号分别绘制，进而可避免过多的管道重叠和交叉。

③ 管道的表示方法与平面图相同，供热管道用粗实线，回水管道用粗虚线，设备及部件均用图例表示，以中、细线绘制。

④ 当空间交叉的管道在图中相交时，在相交处位于后面的管道或下面的管道，其管线断开绘制。

⑤ 当管路过于集中，无法清晰绘制时，可将某些管段断开并引出绘制，相应的断开处宜用相同的小写拉丁字母注明。

⑥ 设计有一定坡度的水平横管不需按比例绘制其坡度，用水平线表示即可，但应注明其坡度或另加说明。

(4) 尺寸标注。

① 管径：管道系统中所有管段均需标注管径，当连续若干段的管径相同时，可仅标注其两端管段的管径。焊接钢管采用公称直径“DN”表示，如 $DN32$，$DN40$ 等。无缝钢管

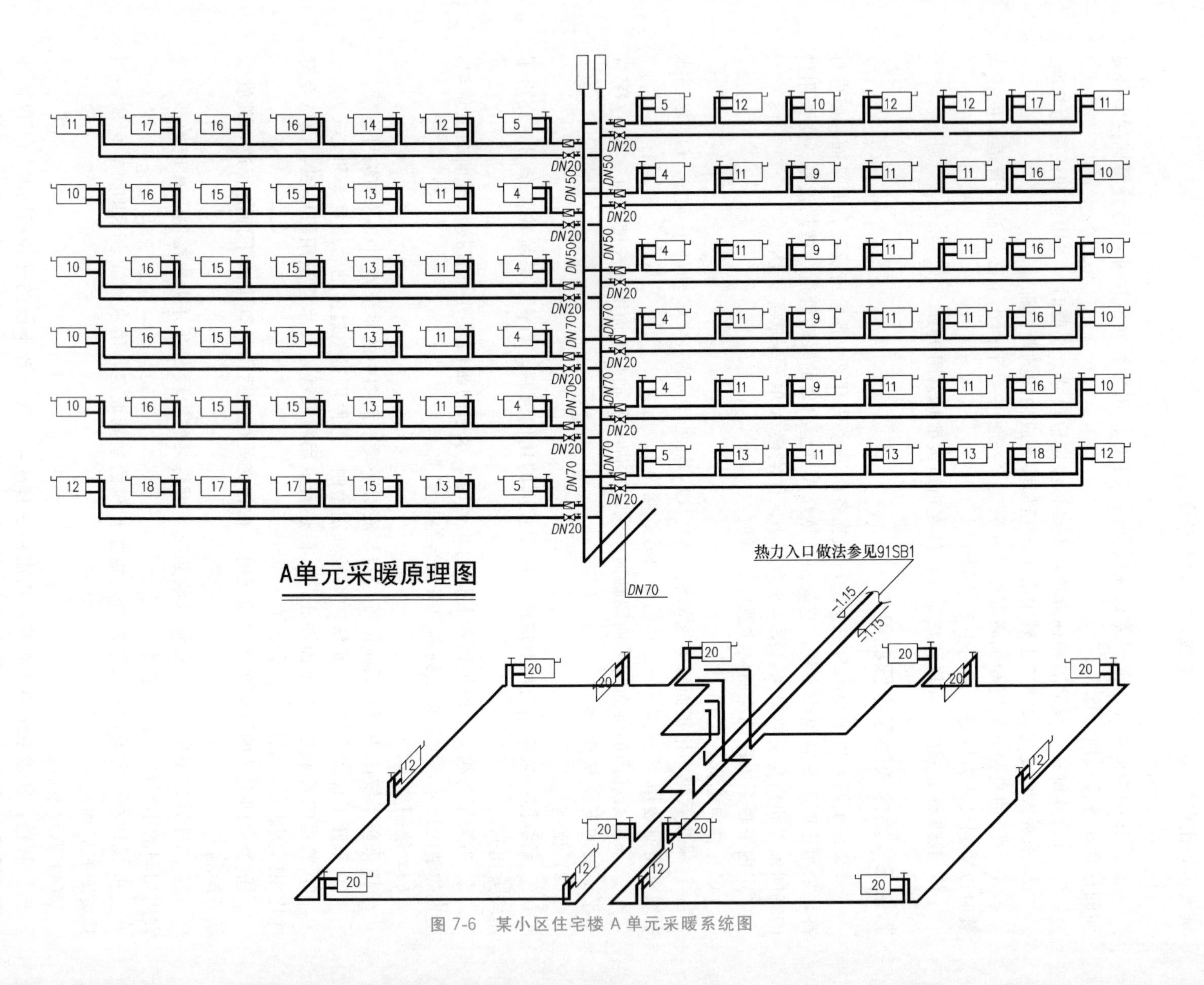

图 7-6 某小区住宅楼 A 单元采暖系统图

应用“外径×壁厚”表示，如 $D114\times5$。

② 坡度：凡横管均需标注或说明其坡度。

③ 标高：系统图中的标高是以底层室内地面为±0.000m 的相对标高，采暖管道标注管中心的标高。除标注管道及设备的标高外，尚需标注室内、外地面及各层楼面的标高。

④ 散热器规格、数量的标注：柱式、圆翼形散热器的数量，标注在散热器内；光管式、串片式散热器的规格、数量应标注在散热器的上方。

⑤ 图例：系统图和平面图应统一列出图例。

7.2.4 室内采暖详图的绘制

室内采暖施工详图可套用《采暖施工安装图册》，一般不必另行绘制，在施工图中注明所套用的详图图号即可。如有特殊的安装和设置，另行绘制，绘制比例一般为 1∶50 或 1∶25。图 7-7 为某小区住宅楼 A 单元采暖管井详图。

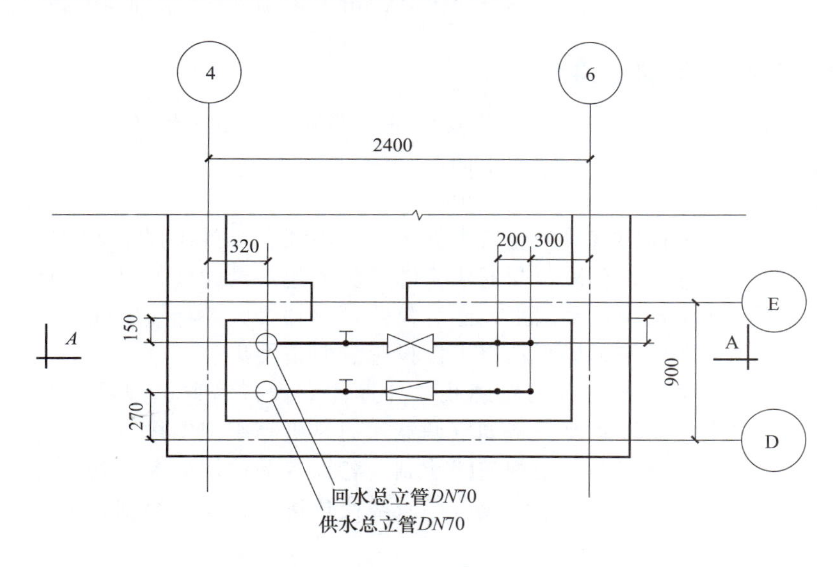

图 7-7 某小区住宅楼 A 单元采暖管井详图

7.3 通风空调施工图

通风空调施工图由通风空调平面图、剖面图、系统图、设备构件制作安装详图及文字说明等组成。其中通风空调平面图、剖面图、系统图是通风空调施工图的主要图样。

7.3.1 通风空调施工图的绘制内容

7.3.1.1 通风空调平面图

通风空调平面图是表明通风管道系统及设备、部件等平面布置的图样，一般绘制以下内容：

（1）建筑平面轮廓、轴线编号与轴线尺寸。

（2）通风管道与设备的平面布置及连接形式，风管上构件、配件的装配位置，风管上送风口或吸气口的分布及空气流动方向。

（3）通风设备、风管与建筑结构的定位尺寸，风管的断面或直径尺寸，管道和设备部件的编号，送风系统、排风系统的编号。

（4）设计或施工说明。

7.3.1.2 通风空调剖面图

通风空调剖面图表示管道及设备在高度方向的布置情况。其主要内容与平面图基本相同，区别在于在表达风管及设备的位置尺寸时须明确标注出它们的标高。圆管标注管中心标高，管底保持水平的变截面矩形管标注管底标高。

7.3.1.3 通风空调系统图

通风空调系统图是根据各层通风系统平面图中管道及设备的平面位置和竖向标高，用轴测投影法绘制而成。它表明通风系统各种设备、管道系统及主要配件的竖向空间位置关系。通风空调系统图内容完整，标注详尽，富有立体感，从中便于了解整个通风空调工程系统的全貌。当用平面图和剖面图不能准确表达系统全貌或不足以说明设计意图时，均应绘制系统图。对于简单的通风空调系统，除了平面图以外，可不绘制剖面图，但必须绘制系统图。

7.3.2 通风空调平面图的绘制

通风空调平面图是表明通风管道系统及设备、部件等平面布置的图样。图 7-8、图 7-9 分别为某宾馆首层通风风管、空调管网平面图。

绘制通风空调平面图时应注意以下事项。

（1）对与通风空调平面图有关的建筑平面图，需用细实线抄绘其主要轮廓，其中包括墙身、梁、柱、门窗洞、楼梯、台阶等与通风系统有关的建筑构配件，对于其他细部应从略绘制。底层平面图要绘制全轴线，楼层平面图可仅绘边界轴线，并标注轴线编号和房间名称。

（2）通风空调平面图应按本层平顶以下以投影法俯视绘出。

（3）用图例绘出有关工艺设备的轮廓线，并标注其设备名称、型号，如空调器、除尘器、通风机等。通风空调系统主要设备如空调器、通风机等用中实线绘制，次要设备及部件如过滤器、吸气罩、空气分布器等用细实线绘制，各设备部件均应标出其编号并列表示之。

（4）绘出风管把各设备连接起来。风管用双线按比例以粗实线绘制，风管法兰盘等附件用单线以中实线绘制。

（5）如建筑平面较大，建筑图纸采取分段绘制时，通风空调系统平面图亦可分段绘制。分段部位应与建筑图纸一致，并应绘制分段示意图。

（6）多根风管在图上重叠时，可根据需要将上面（下面）或前面（后面）的风管用折断线断开，但断开处需用文字注明。两根风管交叉时，可不断开绘制，其交叉部分的不可见轮廓线可不绘制。

（7）注明设备及管道的定位尺寸（即它们的中心线与建筑定位轴线或建筑墙面的距离）和管道的断面尺寸。圆形风管的截面尺寸以“ϕ”表示直径；矩形风管的截面尺寸以“$A\times B$”表示，“A”表示该视图投影面的边长尺寸，“B”表示另一边尺寸。A、B 的单位均为毫米（mm）。风管管径或断面尺寸宜标注在风管上或风管法兰盘处延长的细实线上方。对于送风小室（简易的空气处理室），只需注出通风机的定位尺寸，各细部构造尺寸则需标注在另行绘制的送风小室详图上。

图 7-10 为某小区住宅楼通风空调正压系统图。

7.3.3 通风空调剖面图的绘制

通风空调剖面图表示管道及设备在高度方向的布置情况。其绘制时应注意事项如下：

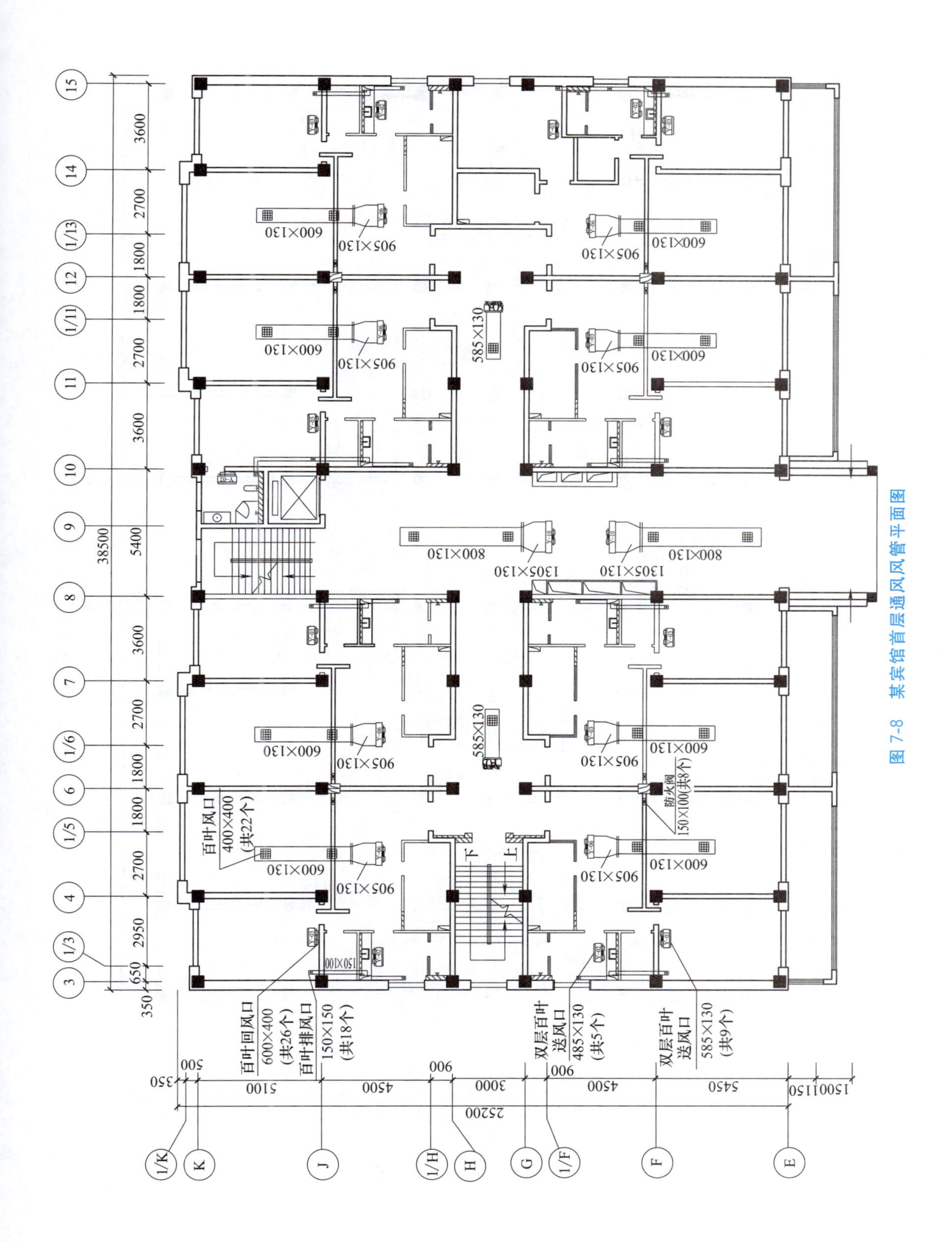

图 7-8　某宾馆首层通风风管平面图

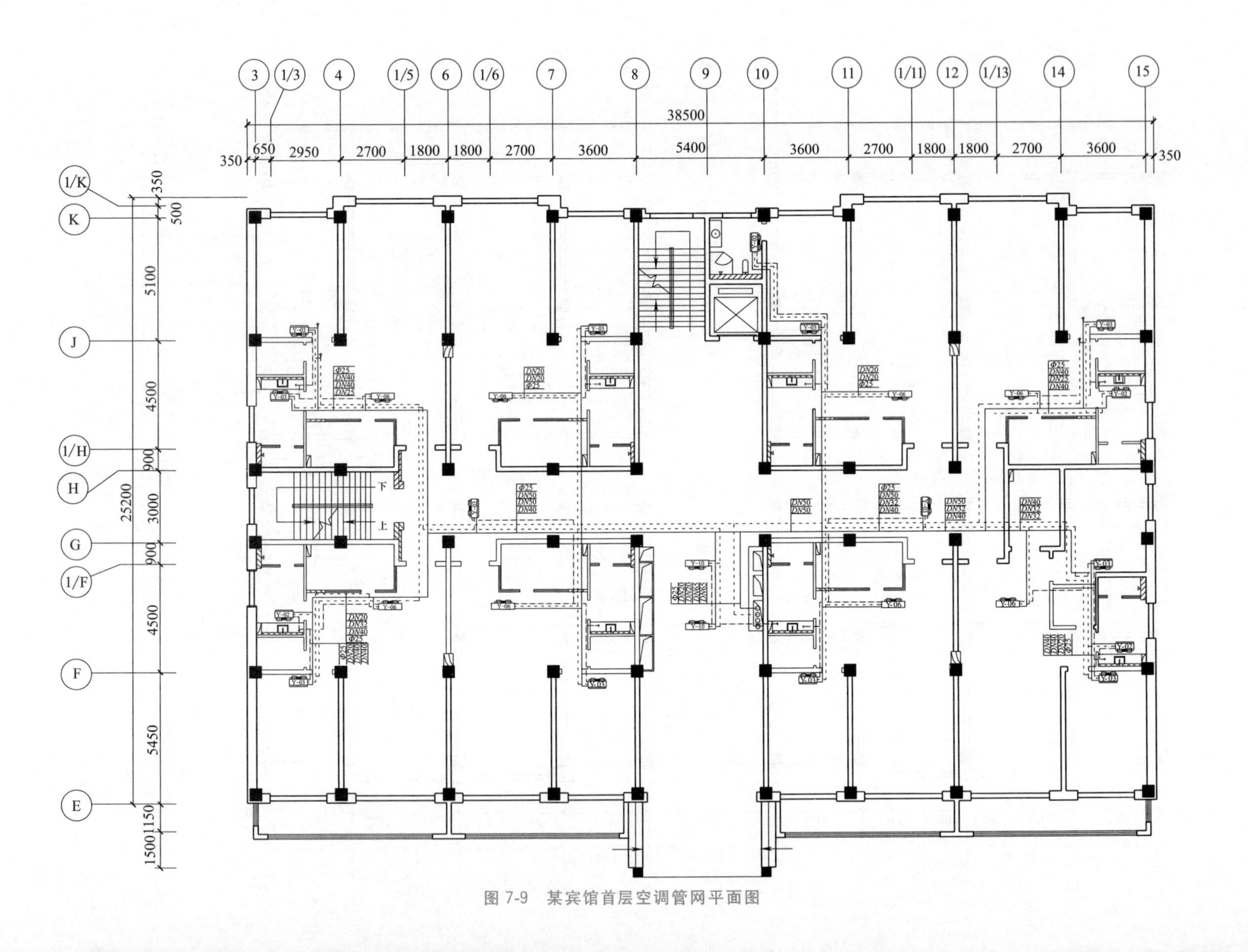

图 7-9 某宾馆首层空调管网平面图

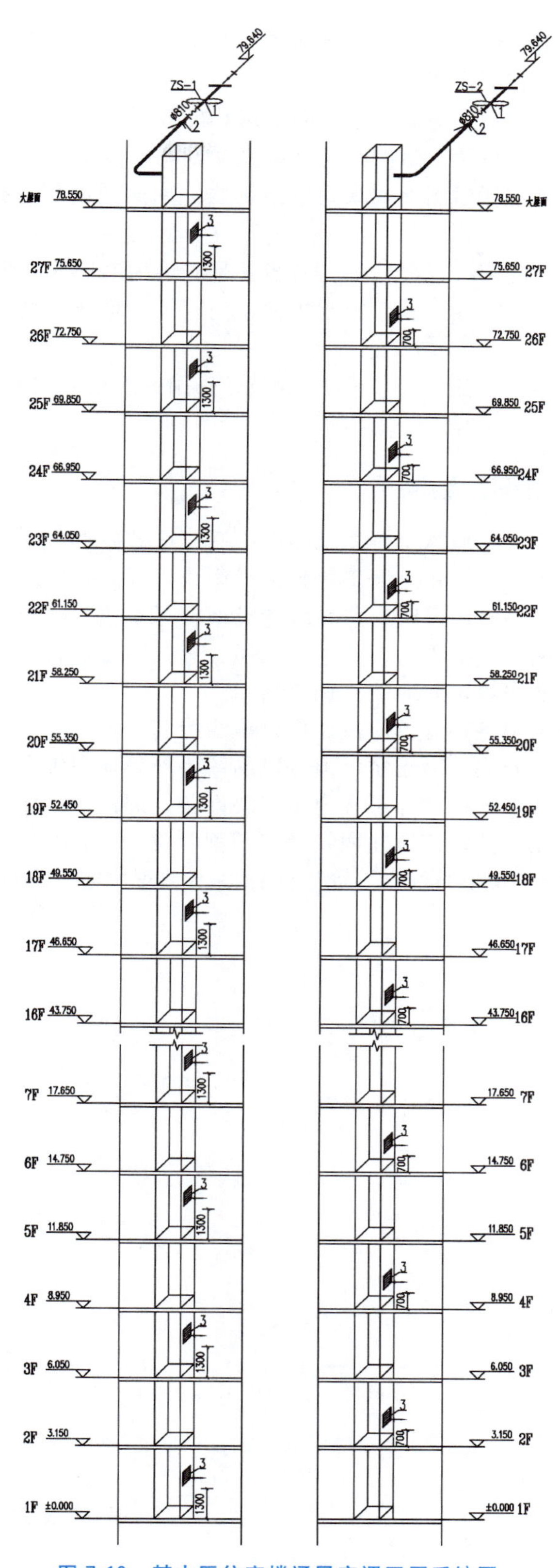

图 7-10 某小区住宅楼通风空调正压系统图

(1) 简单的通风空调管道系统可省略剖面图。对于较复杂的管道系统，当平面图和系统图不足以表达清楚时，须有剖面图。

(2) 通风空调系统剖面图，应在其平面图上选择能够反映全貌、与建筑构造间相互关系比较特殊，以及需要把管道系统表达清楚的部位直立剖切，按正投影法绘制。对于多层房屋并且管道比较复杂的，每层平面图上均须画出剖切线。剖面图剖切的投影方向一般宜向上、向左。

(3) 绘出房屋建筑剖面图的主要轮廓，其步骤是先绘出地面线，再绘制定位轴线，然后绘制墙身、楼层、屋面、梁、柱，最后绘制楼梯、门窗等。除地面线用粗实线外，其他部分均用细线绘制。

(4) 通风系统的各种设备部件和管道（双线），采用的线型应同平面图一致。

(5) 标注必要的尺寸、标高。

7.3.4 通风空调系统图的绘制

同其他设备施工图类似，通风空调系统图的绘制应注意以下事项：

(1) 通风空调系统图一般采用正面斜等轴测投影或正等测投影绘制。有关轴向选择、绘图比例及某些具体画法，与室内采暖工程系统图类似，可参照之绘制。

(2) 通风空调系统图应包括设备、管道、三通、弯头、变径管等配件，以及设备与管道连接处的法兰盘等完整的内容，并应按比例绘制。

(3) 通风空调系统图中各种管道应按比例以单线绘制。

(4) 通风空调系统图允许分段绘制，但分段的接头处必须用细实线连接或用文字说明。

(5) 通风空调系统图必须标注详尽齐全。主要设备、部件应标注出编号，以便与通风空调平、剖面图及设备表相对照；还应注明管径（截面尺寸）、标高、坡度（标注方法同平面图）。管道标高一般应标注管中心标高，如所注标高不是管中心标高时，则必须在标高符号以下以文字说明。

8 电气施工图

8.1 概述

建筑电气工程是建筑工程的基本组成之一，它可以为照明设备、电梯、家电、通信、消防、防盗、报警等日常生活设施提供电能，提高建筑的舒适性、安全性、智能性、艺术性。建筑电气工程主要包括电能的输入、分配、输送和使用等，相应地分为变配电系统、动力系统、照明系统、智能系统等。其施工图一般包括变配电工程施工图、动力工程施工图、照明工程施工图、弱电工程施工图、智能系统施工图等。

本章以电气照明工程施工图为例介绍电气施工图的绘制。

8.1.1 电气施工图的特点

电气施工图除了具有其他设备施工图具有的网络性、直观性等特点外，其尚具有一些不同的特点：

(1) 图形符合性。在电气施工图上，电气设备是以一定的图形符号表示的，而电气设备的规格、型号、参数、安装位置等信息是通过文字来表示的。因此，电气施工图具有鲜明的图形符号和文字符号的特点。

(2) 电路闭合性。任何电路都必须构成闭合回路。一个完整的电路由电源、用电设备、导线、开关控制设备等组成，并组成一个闭合的回路。因此，电气施工图具有电路闭合性的特点。

8.1.2 电气施工图的组成

电气施工图一般由电气施工说明、电气平面图、电气系统图、电气设备布置图、电气接线原理图、电气施工详图和主要设备材料表等组成。其中电气平面图和系统图是电气施工图的最主要图样。

(1) 电气施工说明。电气施工说明主要说明电源的来路、线路的敷设方法、电气设备的规格、安装要求以及施工中应注意的其他事项等。

(2) 电气平面图。电气平面图是电气安装的重要依据，它是将同一层内不同高度的电气设备及线路都投影到同一平面上来表示。主要表明电源进户线的位置、规格、穿线管径、配电箱的位置，各配电干线、支线的编号、敷设方法、规格，导线根数，各电气设备（如灯具、开关、插座）的种类、型号、规格、安装方式和位置等。

（3）电气系统图。电气系统图是根据用电负荷和配电方式绘制的，主要表明建筑物内配电系统的组成与连接示意图。由电气系统图可以得知电源进户线的型号、敷设方式，整个建筑物用电负荷，进户线、干线、支线的连接与分支情况，配电箱、开关、熔断器的型号与规格，以及配电导线的型号、截面、采用的管径及敷设方式等。

（4）电气设备布置图。电气设备布置图是表示各种电气设备平面与空间的位置、安装方式及其相互关系。通常由平面图、立面图、断面图、剖面图及各种构件详图等组成。

（5）电气接线原理图。电气接线原理图是表示某一设备内部各种电气元件之间的位置关系及接线关系，用来指导电气安装、接线、查线。它是与电路图相对应的一种图。

（6）电气施工详图。电气施工详图是电气安装工程的局部大样图，用于表达在平面图、系统图中表示不清楚的较复杂安装部位，主要表明复杂部位的具体构造和安装要求。一般的施工图不绘制详图，具体做法参考标准图集施工。特殊情况时，可由设计人员另行绘制。

（7）主要设备材料表。主要设备材料表是表明电气工程所需的主要设备名称、数量、规格等情况，用表格的形式罗列出来，以供施工人员参考。

8.1.3 电气施工图的一般规定

8.1.3.1 图线

建筑电气施工图常用的图线，宜符合下列规定：

（1）粗实线表示电路中的主回路线。

（2）虚线表示事故照明线、直流配电线路、钢索或屏蔽等。

（3）单点长画线表示控制及信号线。

（4）双点长画线表示 50V 及以下电力照明线路。

（5）中粗线表示交流配电线路。

（6）细实线表示建筑物的轮廓线。

8.1.3.2 绘图比例

建筑电气施工图一般是示意性简图，不需要严格按照比例绘制。但对于动力或照明平面图，需按比例绘制。一般选择缩小比例绘制，常采用比例为 1∶10、1∶20、1∶50、1∶100、1∶200、1∶500 等。

8.1.3.3 绘图符号

电气施工图中，常用电气符号和文字标注来表示各种设备、元件和线路以及相应含义等。常用的电气符号有图形符号和文字符号两种。

（1）电气符号。在电气施工图中，各种电气设备、元件和线路用统一的图形符号和文字符号表示，应尽量按照国家标准规定的符号绘制，如《电气图用图形符号》（GB 4728）、《电气技术中的文字符号制订通则》（GB 7159）等。现摘录部分符号如表 8-1、表 8-2 所示。

表 8-1 室内电气照明施工图常用图形符号

名称	线型	名称	线型
	单相插座		带接地插孔单相插座
	单相插座（暗装）		带接地插孔单相插座（暗座）

续表

名　称	线　型	名　称	线　型
	带接地插孔三相插座		双极开关
	带接地插孔三相插座(暗装)		双极开关(暗装)
	具有单极开关的插座		三极开关
	带防溅盒的单相插座		三极开关(暗装)
	配电箱		单极拉线开关
	熔断器的一般符号		延时开关
	灯的一般符号		单极双控开关
	荧光灯(图示为三管)		双极双控开关
	天棚灯		带防溅盒的单极开关
	壁灯		风扇的一般符号
	单极开关		向上配线
	单极开关暗装		向下配线

表 8-2　室内电气照明施工图常用文字符号

文字符号	含　义	文字符号	含　义	文字符号	含　义
电光源种类					
IN	白炽灯	FL	荧光灯	Na	钠气灯
I	碘钨灯	Xe	氙灯	Hg	汞灯
线路敷设方式					
E	明敷	C	暗敷	CT	用电缆桥架敷设
SC	穿焊接钢筋敷设	MT	穿电线管敷设	M	用钢索配线敷设
PC	用硬塑料管敷设	MR	金属线槽敷设	CP	穿金属软管敷设
线路敷设部位					
B	梁	W	墙	C	柱
P	地面(版)	SC	吊顶	CE	沿天棚或顶板面敷设

续表

文字符号	含　义	文字符号	含　义	文字符号	含　义
导线型号					
BX(BLX)	铜(铝)芯橡胶绝缘电线	RFS	铜芯丁腈聚氯乙烯复合物绝缘软线	BV(BLV)	铜(铝)芯聚氯乙烯绝缘电线
BXR	铜芯橡胶绝缘软线	BVR	铜芯聚氯乙烯绝缘软线	RVS	铜芯聚氯乙烯绝缘胶型软线
设备型号					
XRM	嵌入式照明配电箱	KA	瞬时接触继电器	QF	断路器
XXM	悬挂式照明配电箱	FU	熔断器	QS	隔离开关
其他辅助文字符号					
E	接地	PE	保护线	AC	交流
PEN	保护线与中性线的共用线	N	中性线	DC	直流

(2) 文字标注。在电气施工图中，各种设备、元件和线路除采用电气符号绘制外，还必须在电气符号旁加注文字标注，用以说明其功能和特点，如型号、规格、数量、安装方式、安装位置等。不同的设备和线路有不同的标注方式。

① 照明配电箱。配电箱的文字标注格式一般为 $a/b/c$ 或 $a-b-c$。当需要标注引入线的规格时，则应标注为

$$a\frac{b-c}{d(e\times f)-g}$$

式中：a 为设备编号；b 为设备型号；c 为设备容量，kW；d 为导线型号；e 为导线根数；f 为导线截面面积，mm^2；g 为导线敷设方式及部位。

② 照明灯具。照明灯具的文字标注格式一般为

$$a-b\frac{c\times d\times l}{e}f$$

灯具吸顶安装时

$$a-b\frac{c\times d\times l}{e}f$$

式中：a 为同类照明灯具的个数；b 为灯具的型号或编号；c 为照明灯具的灯泡数；d 为灯泡或灯管的功率，W；e 为灯具的安装高度，m；f 为灯具安装方式；l 为电光源的种类（一般不标注）。

③ 开关、熔断器及配电设备。开关、熔断器及配电设备的文字标注格式一般为 $a\frac{b}{c/i}$ 或 $a-b-c/i$，当需要标注引入线时，文字标注方式为

$$a\frac{b-c/i}{d(e\times f)-g-h}$$

式中：a 为设备编号；b 为设备型号；c 为额定电流（A）或设备功率（kW），对于开关、熔断器标注为额定电流，对于配电设备标注为功率；i 为整定电流（A），配电设备不需要标注；e 为导线根数；f 为导线截面面积（mm^2）；g 为配线方式和穿线管径（mm）；h 为导线敷设方式及部位。

如：$2\frac{HH_3-100/3-100/80}{BX(3\times3.5)-SC40-FC}$，表示 2 号设备是型号为 $HH_3-100/3$ 的三根铁壳开关，额定电流为 100A，开关内熔断器的额定电流为 80A，开关的进线是 3 根截面面积为 3.5mm^2 铜芯胶绝缘导线（BX），穿 40mm 的钢管（SC40），埋地（F）暗敷（C）。

④ 线路。在电气平面图上用图线表示动力及照明线路时，在图线旁还应标一定的文字符号，以说明线路的编号、导线型号、规格、根数、线路敷设方式及部位等，其标注的一般格式为

$$a-b-(e\times f)-g-h$$

式中：a 为线路编号或线路功能符号；b 为导线型号；e 为导线根数；f 为导线截面（mm^2）；g 为导线敷设方式或穿管管径（mm）；h 为导线敷设部位。

8.2 电气照明施工图

电气照明施工图是房屋电气照明设计方案的集中体现，也是电气照明工程施工的主要依据。电气照明施工图是在建筑施工图的基础上，依据电气照明设计的要求，严格按照相关制图规范绘制而成的。

电气照明施工图是由电气照明平面图、电气照明系统图、电气安装详图、设计说明及材料明细表等组成。

8.2.1 电气照明平面图

电气照明平面图主要表明房屋内部电气照明设备、元件的设置和照明线路的布量、走向、敷设等情况。

8.2.1.1 电气照明平面图的绘制内容

（1）表明电源引入线的位置、安装高度及电源方向。

（2）配电箱、接线盒的平面位置。

（3）线路敷设方式、根数、走向。

（4）各种电气设备的平面位置、电器容量、规格、安装高度。

（5）各种开关的安装位置。

8.2.1.2 电气照明平面图的绘制

电气照明平面图是在已有建筑平面图上布置配电箱、房间灯具、插座及开关的位置、线路的走向及安装要求等。图 8-1 为某小区住宅楼首层应急照明及插座平面图。

在多层建筑中，电气照明平面图应逐层绘制，但当有标准层时，可以绘制一张标准层平面图和一张底层平面图。绘制电气照明平面图时，一般应先绘制底层电气照明平面图，再绘制其余各层平面图。电气照明平面图的绘制步骤如下：

（1）绘制建筑平面图。抄绘与电气照明施工图有关的建筑平面图，一般采用 1∶100 的比例进行抄绘。抄绘时仅抄绘房屋的墙身、柱、门窗洞、楼梯、台阶等主要构配件，房屋的细部和门窗代号等均可省略。

（2）绘制电气元件及配电设备。采用国家颁布的图形符号（GB/T 4728），在相应设计位置上绘制各种灯具、开关、插座和配电箱等电气元件及配电设备。

（3）绘制配电线路。按照规定的线型绘制各条配电线路，并连接灯具、开关、插座和配电箱等电气元件及配电设备。

（4）绘制必要的图例。

（5）标注尺寸、标高、编号和必要的文字。

8.2.2 电气照明系统图

电气照明系统图是表明照明系统的供电方式、配电回路的分布及相互联系情况的示意图。图 8-2 为某小区住宅楼电气系统图。

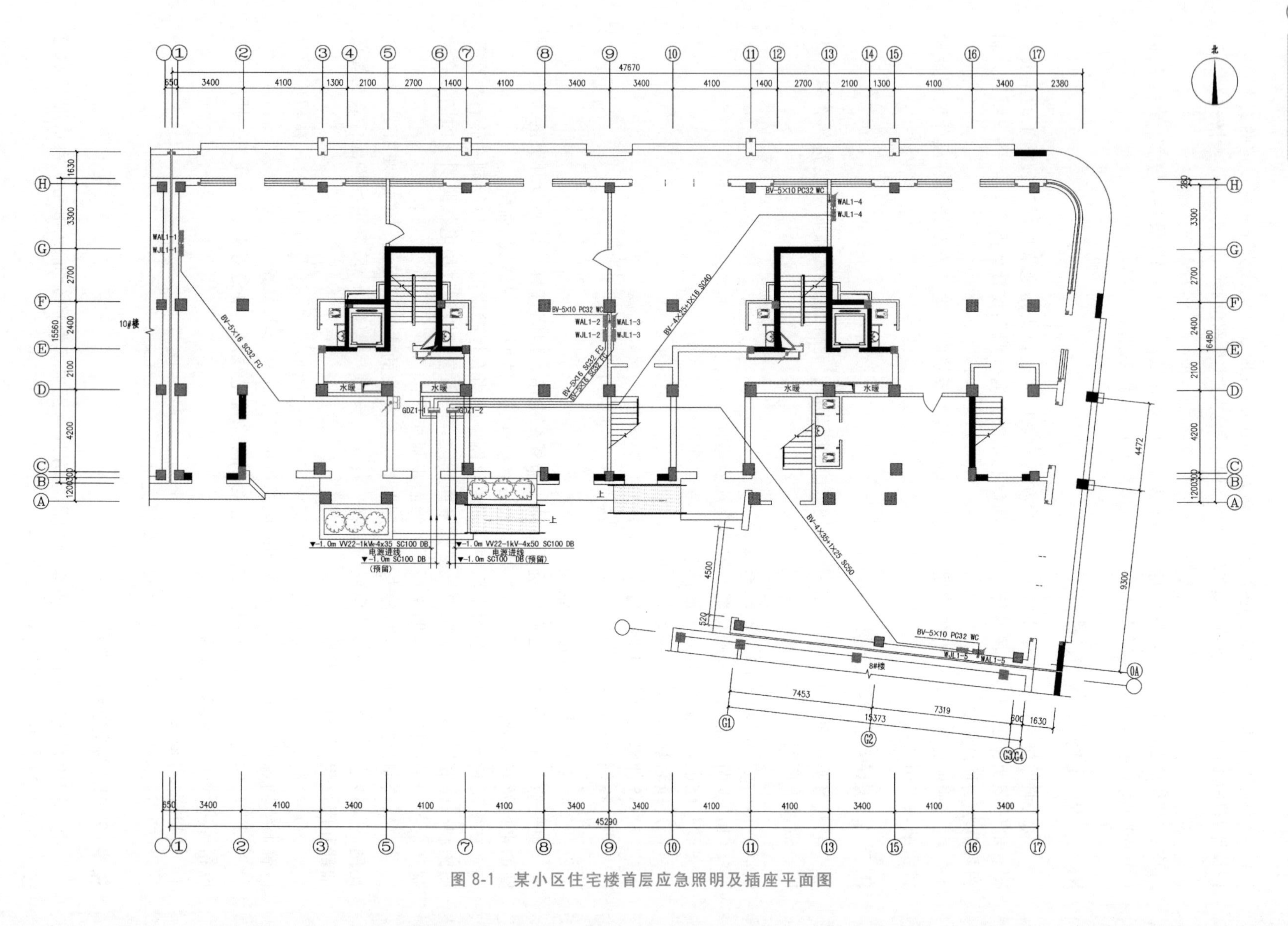

图 8-1 某小区住宅楼首层应急照明及插座平面图

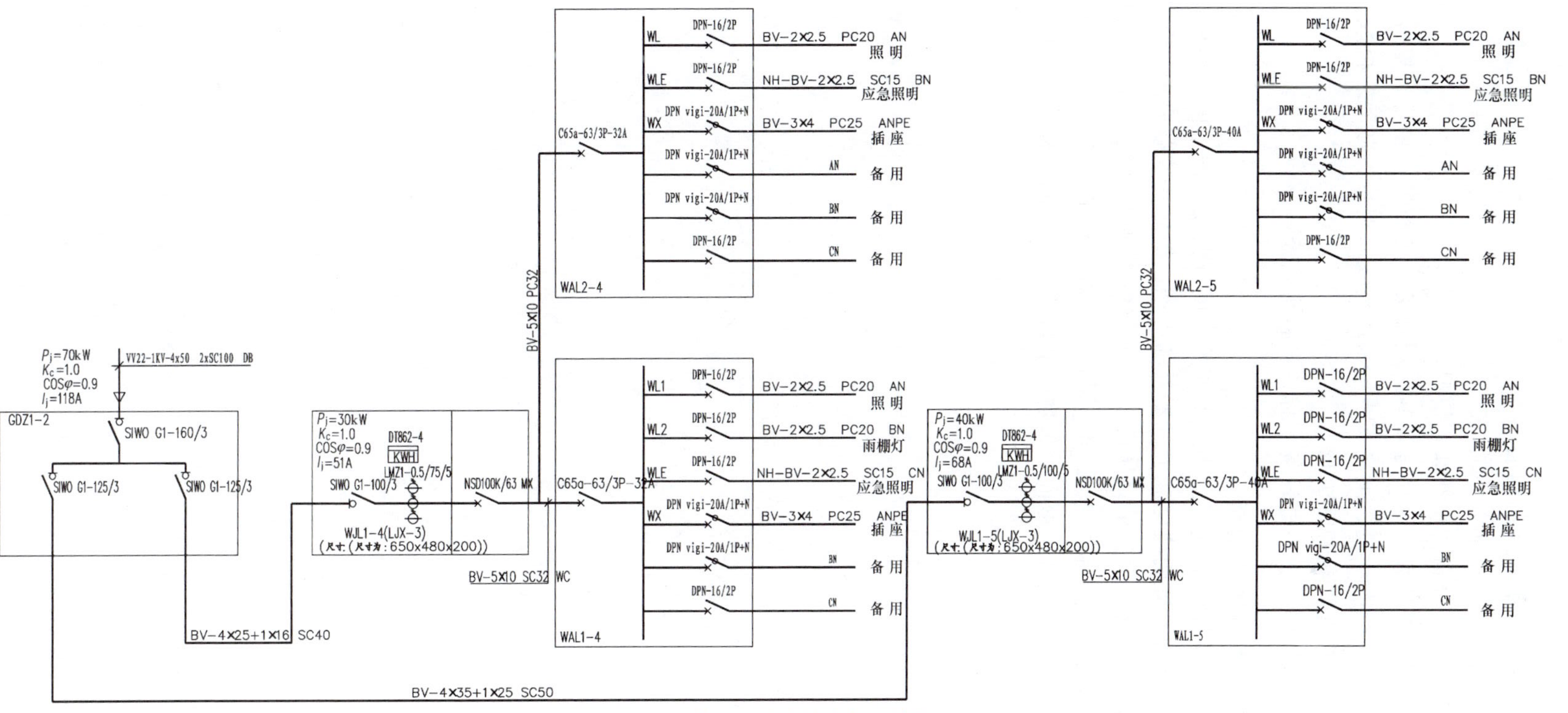

图 8-2 某小区住宅楼电气系统图

8.2.2.1 电气照明系统图的绘制内容

（1）表明整个电气工程的供电方式。

（2）表明配电回路的分布及相互联系情况。

（3）配电箱或配电盘的数量、编号及其所用开关、熔断器的型号、规格。

（4）电源引入线、配电干线、配电支线所采用导线的型号、截面、根数、敷设方式（如穿管敷设，还应标明穿管管材和管径）。

（5）各支路回路的编号、用电设备名称、设备容量及电流。

8.2.2.2 电气照明系统图的绘制

电气照明系统图是以线框的形式表示照明系统的线路图。图中的线型根据表达的含义按照规定绘制。用文字符号说明线路和电气器件的类型、型号和安装要求。一般电气照明系统图用单线绘制，图中以虚线所框的范围作为一个配电盘或配电箱（也可以以表格的形式绘制），标注每个配电盘或配电箱的编号和所用开关、熔断器的规格。用规定的文字符号标注每个配电线路所用导线的型号、截面、根数、敷设方式等。同时标注各支路的编号、用电设备名称、设备容量及电流。

附图　图线宽度选用示例

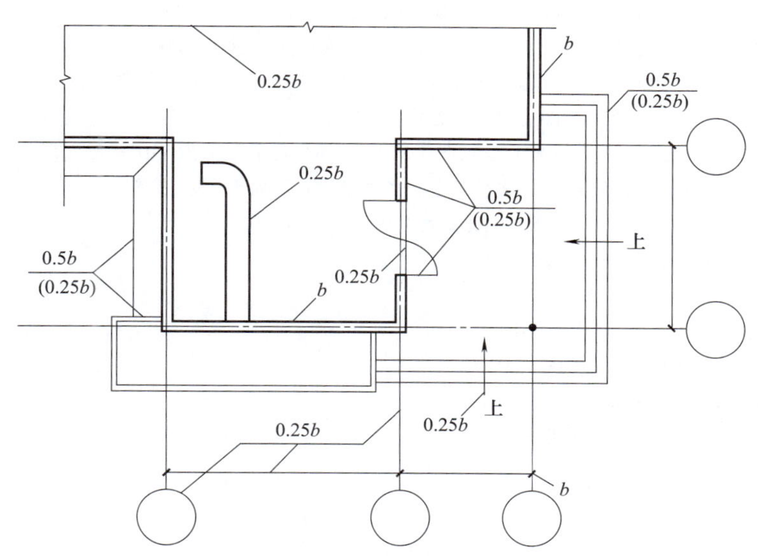

附图1　平面图图线宽度选用示例

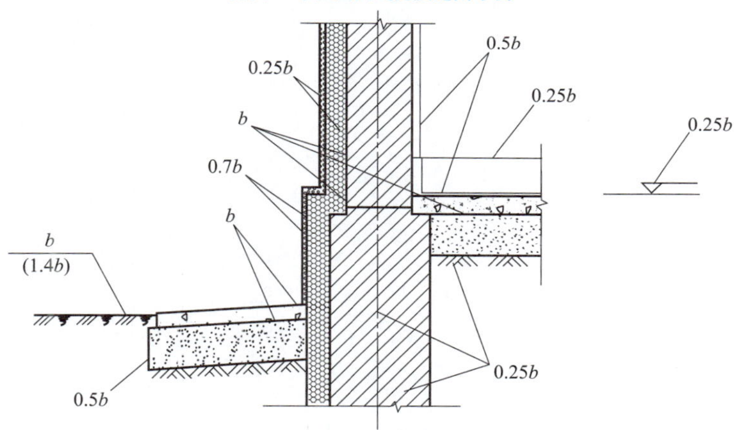

附图2　墙身剖面图图线宽度选用示例

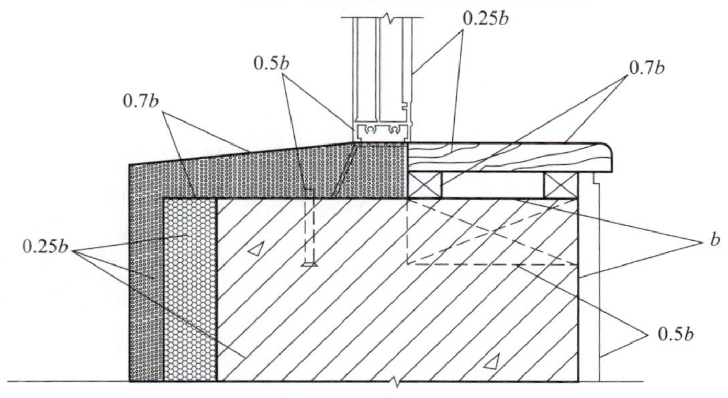

附图 3　详图图线宽度选用示例

参考文献

[1] 陈文斌，章金良．建筑工程制图［M］．上海：同济大学出版社，1997.

[2] 叶晓芹，朱建国．建筑工程制图［M］．重庆:重庆大学出版社，2005.

[3] 朱育万．画法几何及土木工程制图［M］．北京:高等教育出版社，2002.

[4] 罗康贤，左宗义，冯开平．土木建筑工程制图［M］．广州:华南理工大学出版社，2006.

[5] 马光红，伍培．建筑制图与识图［M］．北京:中国电力出版社，2008.

[6] 薛奕忠，王虹，高树峰,等．土木工程制图［M］．北京:北京理工大学出版社，2009.

[7] 王强，张小平．建筑工程制图与识图［M］．北京:机械工业出版社，2003.

[8] 宋兆全．土木工程制图［M］．武汉:武汉大学出版社，2000.

[9] 房屋建筑制图统一标准(GB 50001—2017)．

[10] 总图制图标准(GB/T 50103—2010)．

[11] 建筑制图统一标准(GB 50104—2010)．

[12] 建筑结构制图标准(GB/T 50105—2010)．

[13] 暖通空调制图标准(GB/T 50114—2010)．

[14] 给水排水制图标准(GB/T 50106—2010)．